KB122198

우주의
비밀

갈매나무

THE SECRET OF THE UNIVERSE
by Isaac Asimov

SF 소설의 거장
아이작 아시모프에게 다시 듣는
인문학적 과학 이야기

우주의 비밀

아이작 아시모프 지음
이충호 옮김

갈매나무

여느 작가와 마찬가지로 나도 비평 때문에 애를 먹는다. 내 책에 관한 비평이라면 보고 싶은 충동을 억제하기가 힘든 데다 순전히 칭찬으로 일관한 비평이 아니면 화가 나는 게 인지상정이기 때문이다. 나는 매사에 확고한 원칙을 가지고 있는 훌륭한 친구 레스터 델 레이Lester del Rey에게 이 문제를 상의했는데, 그는 다음과 같이 말해 주었다.

"아이작, 비평은 아예 읽지 말게. 만약 어쩔 수 없이 꼭 읽어야 한다면, 비위에 거슬리는 첫 번째 형용사가 눈에 띄는 순간 찢어서 던져 버리게."

나도 내 친구만큼 강한 의지를 가진 사람이라면 얼마나 좋을까! 얼마 전에 내가 쓴 에세이 모음집(이 책 또한 그런 책 중 하나이다)에 대한 비평 하나를 받았다. 그것은 영국 신문에 실린 것이어서 보통의 경우라면 나는 그 비평을 볼 기회가 없었을 것이다. 그런데 스리랑카에 가 있던 친구 아서 클라크Authur C. Clarke가 난롯가에서 죽을 먹다가 그것을 보았다고 한다. 내가 그것을 보지 못하면 어떡하나 염려되었던지 그는 그것을 조심스럽게 오려 내게 우편으로 보냈다. 내가 청부업자를 스리랑카로 보내 그의 죽에 독을 넣지 않은 것은 오로지 내가 아주 너그러운 사람이기 때문이다.

비평은 이런 말로 시작되었다. "이 책은 결코 쓰지 말았어야 할 책이다." 맙소사! 델 레이의 원칙을 따른다면 그 자리에서 그 기사를 찢어서 버려야 했다. 나는 그 원칙을 따랐으나, 그러기 전에 이미 이 책이 왜 쓰지 말았어야 할 책인지 그 이유를 재빨리 훑어보았다. 그래서 내 책이 다양한 주제에 관한 잡다한 에세이를 묶어 놓은 것으로, 이 주제에서 주제로 정신없이 옮겨 다니는 것이 그 비평가의 비위에 거슬렸다는 사실을 알았다. 그는 그런 글쓰기 태도를 파렴치한 것으로 여기는 듯했다.

그것은 매우 유감스러운 일이다. 그는 아마도 찰스 램Charles Lamb이나 몽테뉴Montaigne, 키케로Cicero에 대해 들어 보지 못한 게 분명하다.

게다가 그는 내가 이미 40여 권의 에세이 모음집(전부 다는 아니지만 대부분은 과학에 관한 것)을 출간했다는 사실과, 이 책들도 다양한 주제를 다루면서 이 주제에서 저 주제로 건너뛰길 밥 먹듯이 했다는 사실을 전혀 모르는 것이 분명했다.

그렇다면 그는 내게 무엇을 기대했을까? 나는 이 책에 실린 것과 같은 연재물을 위해 600여 편 이상의 에세이를 썼으며, 그것들은 40여 권의 책으로 출판되었다. 그렇게 많은 글을 쓰면서 어떻게 다양한 주제를 다루지 않을 수 있겠는가?

다른 예를 하나 더 들어보자. 최근에 나는 《아시모프의 과학과 발견의 연대기Asimov's Chronology of Science and Discovery》라는 책을 출간하였다. 이 책에 대해 익명의 한 비평가가 비평을 했는데, 그 첫 문장은 "지나치게 많은 것을 아는 사람……"으로 시작되었다. 그걸 보는 순간, 나는 델 레이의 원칙을 적용하여 그 비평을 찢어서 던져 버렸다.

그렇지만 그 문장이 계속 머릿속에 맴돌았다. 어떻게 내가 지나치게 많은 것을 안다고 말할 수 있을까? 그리고 내가 지나치게 많은 것을 아는 게 왜 비위에 거슬렸을까? 그리고 그 말은 옳지 않다. 나는 과학 전반과 인문학에 대해 조금 알기는 하지만, 보통 사람들이 잘 알고 있는 세속적인 분야에 대해서는 모르는 것이 많다.

예를 들면, 그 비평가는 TV를 통해 미식축구나 야구 경기를 보면서 그 모든 동작을 전부 이해할 것이다.(그렇지만 내게는 그러한 것들이 혼란스러운 복마전으로 비칠 뿐이다.) 그는 또한 마치 전문가처럼 맥주잔을 단숨에 들이켤 수 있을 것이다.(그렇지만 나는 냄새만 맡아도 졸도한다.) 그는 또한 포커 게임이나 크랩 게임*도 능숙하게 할 수 있을 것이다.(물론 나는 이런 것을 전혀 할 줄 모른다.) 이러한 것들은 내가 전혀 재능이 없는 분야인데, 이와 달리 그 비평가는 이러한 것들에 대단한 재능이 있을지도 모른다.(미국인은 이런 사람을 존경한다.)

대체로 과학이나 인문학에 대한 지식을 가지고 있는 사람은 따분한 사람으로 비치며(내가 본 몇 편의 영화에 따른다면), 다른 사람들에게 곧잘 놀림감의 대상이 된다. 그렇다면 대부분의 사람은 나를 정작 중요한 것

---

* 주사위 2개를 던져서 하는 게임.—옮긴이

은 잘 모르는 덜 떨어진 사람이라고 불쌍하게 여겨야 하지 않는가?

∝∾↝

보통 사람들이 중요하지 않다고 여기는 것은 과연 어떤 것일까? 한 연구에 따르면, 미국 학생들은 지난 18년 사이에 읽고 쓰는 능력이 조금도 나아지지 않았다고 한다. 1972년 당시 전체 학생 중 상당수가 제대로 읽거나 쓰지를 못했는데, 그러한 상황은 1990년이 되어서도 별로 나아지지 않았다. 이 연구는 그 이유로 1) 지나친 TV시청, 2) 가정에서 책, 잡지, 신문 등 읽을거리가 부족한 현실, 3) 너무 적은 숙제 등을 꼽았다. 그리고 이 통탄할 만한 상황을 개선하기 위한 해결책으로 부모에게 자녀가 하는 일에 좀더 많은 관심을 갖고 함께 참여하도록 권했다.

그런데 나처럼 모르는 것투성이인 사람을 '지나치게 많은 것을 알고 있는 사람'이라고 생각하는 부모가 자기 자녀를 볼 때에는 어떨까? 모르는 것이 너무 많다고 생각할까? 사실 나는 대부분의 부모가 읽기나 쓰기나 사고 능력 면에서 자녀보다 더 낫다고 생각하지 않는다. 또한 그들이 그러한 것을 중요하게 여긴다고 생각하지도 않는다.

위의 연구에서는 어린이의 가치관과 사고방식을 알아보기 위해 어린이에게 던진 질문이 여러 가지 있었다고 한다. "어떤 직업을 가장 좋은 직업이라고 생각하나요?"라는 질문에 한 어린이는 이렇게 답했다고 한다. "일하지 않고도 돈을 많이 버는 직업."

나는 이 어린이의 답을 듣고는 박장대소하지 않을 수 없었으며 그 어린이에게 A⁺를 주어야 한다고 생각했다. 왜냐하면 그 어린이는 지식을 경멸하는 미국인의 꿈을 완벽하게 표현하였기 때문이다. 이 어린이는 아주 훌륭한 정치인이 되지 않겠는가!

나는 여기서 난처한 처지에 빠지고 말았다. 나는 사람들이 많은 것을 알기를 원하고 이해하기를 바란다. 나는 그들이 세계를 이끌어 가고 우주를 즐기기를 바란다. 그런 바람으로 나는 사람들에게 과학과 인문학을 설명해 주기 위해 전 생애를 바쳤다.

나는 글을 통해 수십만 명과 접촉하고 있다. 물론 이것이 대단한 일은 아니다. 나머지 대다수 사람은 나와 전혀 인연이 닿지 않으니까. 그렇지만 불 속에서 구제받은 영혼은 축복받은 영혼이다. 지난주에 나는 이란에서 온 편지를 받았는데, 거기에는 내가 이란에서 가장 인기 있는 과학 작가라고 쓰여 있었다. 믿거나 말거나지만……. 내가 이란에까지 알려지다니, 얼마나 놀라운 일인가!

나는 실제로는 실없는 비평가가 말한 것과 달리 아는 게 그리 많지 않다. 심지어는 내가 자주 다루는 주제에 대해서도 충분히 알지 못한다. 그렇지만 나는 내가 아는 것은 남들도 알면 좋지 않을까 생각한다.

아이작 아시모프

아이작 아시모프는 만 5세 때부터 혼자서 글을 읽는 법을 터득하여 11세 때부터 이야기를 쓰기 시작했다. 평생 동안 다방면에 걸쳐 500권이 넘는 책을 썼는데, 주로 SF(공상과학소설)과 대중을 대상으로 한 교양 과학 작품을 많이 썼다. 특히 SF계에서는 아서 클라크, 로버트 하인라인과 함께 3대 SF 거장으로 불린다. 운동도 싫어했고, 집 밖으로 나가는 것조차 싫어했으며, 평생 동안 글 쓰는 데에만 몰두했으니 과연 글 쓰는 기계라고 부를 만하다. 글쓰기 대신 미국 대통령이 되라고 하면 차라리 죽음을 택하겠다고 말할 정도였다니까.

아쉽게도 아시모프는 1992년에 72세의 나이로 세상을 떠났다. 10년 뒤에 아내 재닛이 펴낸 아시모프의 자서전에 따르면 그의 죽음의 원인이 에이즈였다고 한다. 1983년에 심장 수술을 받은 적이 있었는데, 아마도 그때 수혈 받은 혈액에 감염된 것으로 보인다. 아시모프는 그 사실을 공개하려고 했으나, 에이즈에 대한 편견이 아직 남아 있던 때여서 의

사들이 만류했다고 한다.

어쨌든 온 세상 사람들이 그의 죽음을 애도했고, 우리나라 신문에도 관련 기사가 대서특필되었던 것으로 기억한다. 오늘날 정신없는 속도로 발전하는 과학과 기술에 접하다 보면, 가끔 아시모프가 그리울 때가 있다. 그가 아직 살아 있었더라면, 복잡하고 난해한 과학 지식을 누구나 알기 쉽게 설명해 줄 수 있었을 텐데…….

∞∞∞

아시모프는 짧은 에세이를 잡지에 연재한 뒤에 그 글들을 모아 책으로 낸 게 많은데, 이 책도 그런 책이다. 이 책은 태양계, 은하와 우주, 우리가 사는 지구 등 3부로 나누어져 있으며, 《우주의 비밀》이란 제목 그대로 인류가 지구에 출현한 이래 우주의 비밀을 풀어 가는 과정을 흥미진진하게 설명한다.

아시모프의 글은 재미있으면서도 과학의 원리와 발견 과정을 초등학생도 충분히 이해할 수 있을 정도로 아주 쉽게 설명한다는 특징이 있다. 특히 과학의 개념을 그것이 처음 나타나고 발전한 단계부터 파헤치며 차근차근 설명하기 때문에, 과학이 어떤 단계를 거쳐 어떻게 발전해 왔는지 이해하는 데 큰 도움을 준다. 또한 아시모프의 글에는 과학 이야기만 나오는 게 아니다. 고전에 대한 해박한 지식을 바탕으로 그리스 신화와 역사뿐만 아니라, 과학사의 에피소드 등 온갖 흥미로운 이야깃거리까지 곁들여 자칫 무미건조할 수도 있는 과학 이야기를 완성도 높은 작품으로 빚어낸다.

아시모프의 작품은 20~30년 전에 우리나라에 교양 과학 붐을 선도하면서 많이 소개되었다. 그런데 지금은 남아 있는 책이 별로 없다. 아마도 그 당시에 주로 해적판으로 소개된 것이 많았던 탓이 아닐까 싶다. 그렇지만 아시모프처럼 과학을 쉽고 재미있게 풀어 쓰는 작가는 역사적으로도 드물고, 그의 독창적인 작품들은 지금 읽어도 감탄을 자아낸다. 천재성이 반짝이는 작품이 그냥 묻혀 사라지는 것은 인류의 지식 세계에도 큰 손실이 아니겠는가? 이번에 나온 이 《우주의 비밀》을 통해 아시모프의 진가가 알려져 그의 작품이 더 소개되었으면 좋겠다.

그런데 이 책은 한 가지 약점이 있다. 아시모프가 죽고 나서 과학 분야에는 많은 발전이 일어났는데, 아시모프는 그런 정보와 자료를 참고하지 못한 것이다. 그렇지만 부족한 정보와 자료를 가지고서도 정확한 결론을 이끌어 낸 것을 보면, 오히려 그의 통찰력에 감탄하게 된다. 그래도 그 후에 일어난 발견이나 정보 중 꼭 알아두어야 할 것도 있으니, 그런 것은 따로 주석을 달았다.

자, 그러면 왜 한때 온 세상 사람들이 아시모프에 열광했는지 이 작품을 통해 그의 솜씨를 음미해 보라.

2011년 겨울
옮긴이 이충호

Contents

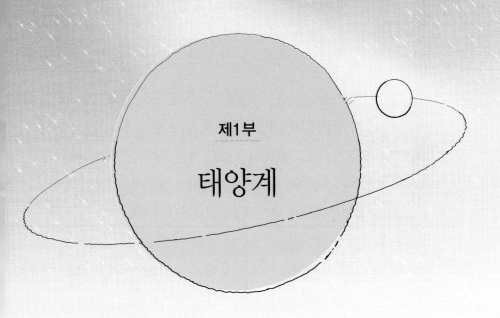

제1부

태양계

Isaac Asimov

하늘을 뒤집어엎다

내가 어렸을 때(일곱 살을 넘지 않은 것으로 기억한다), 그 레이터뉴욕Greater New York(맨해튼에 브롱크스, 브루클린, 퀸즈, 스태튼아일랜드를 추가한 뉴욕 시)의 전체 지도를 본 적이 있다. 그 전에는 지도를 본 적이 한 번도 없었기 때문에, 나는 그것이 무엇인지 전혀 몰랐다.

거기에는 이상한 모양들과 선들과 작은 글자들이 여기저기 흩어져 있었다. 의구심과 호기심을 가지고 한참 그것을 들여다보던 나는 'BROOKLYN' (브루클린)이라고 크게 쓰여 있는 글자를 발견했다.

나는 그것을 보고 흥분했다. 왜냐하면 우리가 브루클린에 살고 있다는 것을 알고 있었기 때문이다. 어른들의 대화에서 나는 브루클린이 우리의 고향임을 알고 있었다. 그래서 나는 의미 있는 단어가 또 없나 찾아보려고 애썼으며, 마침내 귀에 익은 거리들의 이름을 발견하였다.

그때 내가 느꼈던 놀라움과 즐거움은 아직까지 기억에 남아 있다. 그 당시 내가 알고 있는 세계의 지평선은 내가 서 있는 중심에서 아주 가까웠으므로, 그 너머에 무엇이 있는지 전혀 몰랐다. 그래서 내가 알고 있는 거리들의 이름이 실려 있고, 그와 함께 내가 알지 못하는 퀸즈나 맨해튼처럼 멀리 떨어진 아련한 장소까지 실려 있는 그 지도는 바야흐로 나를 전 세계, 나아가서는 전 우주로 안내해 주지 않을까 하는 느낌을 주었다.

나는 곧 학교에서 더 나은 것들을 배우게 되었는데, 내가 받은 지리 책에는 훨씬 많은 지역이 나와 있는 지도들이 있었다. 거기서 나는 브루클린이나 뉴욕 시의 5개 구가 그것보다 훨씬 큰 세계와 비교하면 하찮은 땅덩어리에 지나지 않는다는 사실을 알게 되었다.

나는 길을 잃은 듯한 느낌이 들었다. 잠깐 동안 나는 세상에 존재하는 모든 것이 그 위에 나타나 있고, 내가 아는 것이 전부라고 생각하였다. 그래서 안개 속에 싸여 있는 아득하게 먼 곳을 접하는 것은 곧 무시무시한 미지의 세계로 들어가는 듯한 느낌을 주었다.

밤하늘에 보이는 것

내가 태어나서 첫 10년 동안에 경험한 것은 인류가 장구한 시간을 통해 겪은 경험과 같은 것이었다. 밤하늘은 우리가 밟고 서 있는 지구를 제외한 우주의 모든 것을 우리에게 보여 주는 것으로 비쳤다. 내가 뉴욕의 지도가 세상의 모든 것을 나타낸다고 생각했던 것처럼, 인류도 밤하늘에 보이는 것이 우주에 존재하는 모든 것이라고 생각했던 시절이 있었다.

물론 하늘에는 구름이나 기상 현상, 유성, 혜성 등이 나타나기도 하지만, 그런 것은 그저 대기 현상에 불과하다고 생각했다. 또한 태양을 비롯해 달, 수성, 금성, 화성, 목성, 토성, 이렇게 7개의 '행성'*은 서로 와 다른 모든 별에 대해서 계속 위치를 바꾸었지만, 이것들은 지구와 하늘 사이에 존재한다고 생각했다.

고대인에게 대기 현상과 7개의 행성을 제외한 모든 것이 '하늘'이었다. 고대인은 하늘을 얇은 고체 물질로 만들어진 부드러운 곡면이라고 생각했다. 성경 영어판에서는 하늘을 'firmament'라 표현했는데, 그 첫 음절의 'firm'은 하늘이 '단단한firm' 고체로 이루어져 있다는 것을 암시한다. 이 단어는 원래 그리스어 'stereoma(단단한 돔)'를 라틴어로 번역한 것이며, stereoma는 또 히브리어 'rakia(얇은 금속판)'를 그렇게 번역한 것이다.

성경 집필자들은 하늘을 편평한 지구를 덮고 있는 작고 단단한 반구형 돔으로 생각하였고, 그것이 땅과 닿는 부분이 지평선이라고 생각하였다. 그래서 요한묵시록(90년경에 써진)에서는 땅과 하늘의 멸망을 다음과 같이 표현하였다. "별들은……땅으로 떨어졌습니다. 하늘은 두루마리가 말리듯 사라져 버리고……."(요한묵시록: 6장 13~14절.) 다시 말해서, 하늘을 이루고 있는 얇은 금속판이 말리면서 그 위에 붙어서 반짝반짝 빛나던 모든 별이 떨어진다는 것이다.

나는 지금도 지구에 살고 있는 수많은 사람들이 하늘과 땅에 대해 이러한 견해를 가지고 있다는 사실에 조금도 놀라지 않는다.

---

* 고대인은 늘 같은 자리에 고정된 항성에 대해 하늘에서 마음대로 돌아다니는 별을 모두 '행성'이라고 불렀다. 물론 근대 천문학에 와서는 '행성'의 개념이 변했다.—옮긴이

성경 집필자들은 또한 별의 수가 셀 수 없을 정도로 많다고 생각하였다. 그래서 하느님이 아브람(나중에 아브라함으로 이름을 바꾼다)에게 얼마나 많은 자손을 가질지 알려 줄 때, "그러고는 그를 밖으로 데리고 나가시어 말씀하셨다. '하늘을 쳐다보아라. 네가 셀 수 있거든 저 별들을 세어보아라. 너의 후손이 저렇게 많아질 것이다"(창세기: 15장 5절)라고 말했던 것이다.

그런데 사실은 맨눈으로 볼 수 있는 별의 수는 6000여 개에 지나지 않는다. 그중에서 어느 순간에 지평선 위에 떠 있는 별의 수는 그 절반쯤 된다. 또한 지평선 근처에 있는 별들은 아주 맑은 밤이라도 대기의 영향으로 빛이 약해 잘 보이지 않는다. 따라서 아브람이 볼 수 있었던 별의 수는 기껏해야 2500개를 넘지 않았을 것이다.

고대 그리스 철학자들은 일찍이 기원전 500년경부터 지구가 구형이라고 생각하기 시작하였다. 그들은 하늘을 거대하고 완전한 구로 보았고, 그 중심에 구형의 지구가 떠 있다고 생각하였다. 그렇지만 그들 역시 하늘은 밤이 되면 어두워지고 낮이 되면 파란색으로 변하는 단단한 구라고 보았으며, 밤에만 보이는 별들은 하늘의 천장에 붙어서 빛을 내는 작은 점들이라고 생각하였다.

그리고 천구天球는 지구를 중심으로 24시간마다 한 바퀴씩 천천히 돈다고 생각하였다. 하늘이 움직이는 것은 볼 수 없었지만, 별들은 지평선에 대해 한 덩어리로 움직였다. 마치 모든 별이 단단한 돔에 붙박인 채움직이는 것처럼. 그래서 이들 별을 '항성(고정된 별)'이라 불렀고, 이에대해 그 사이에서 자유롭게 돌아다니는 별들을 행성行星이라 불렀다.(행성을 영어로 'planet'이라 하는데, 그리스어로 '방황하는 별'이란 뜻이다.)

이것은 아주 훌륭하고도 간단한 우주관이었으며, 근대 천문학 시대로 넘어오기 이전에 여기에 수정을 가하려고 시도한 사람은 별로 없었다. 그리스 철학자 데모크리토스Demokritos(기원전 460?~기원전 370?)는 은하수가 수많은 별들로 이루어져 있으며, 그 별들은 너무 작아서 개개의 별로 보이지 않고, 그 빛들이 섞여서 뿌연 안개처럼 보일 뿐이라고 주장했다.

은하수는 하늘에 붙박인 천체들 중에서 유일하게 별을 닮지 않은 존재였다. 은하수를 하늘에 존재하는 다른 천체들과 같은 범주에 넣으려고 한 데모크리토스의 시도는 우주의 모습을 더욱 단순하게 만들 수는 있었지만, 그것을 뒷받침할 증거가 없었기 때문에 설득력이 없었다. 다시 말해, 믿음이 가지 않았다. 실제로 은하수를 눈에 보이는 그대로 빛나는 안개로 생각하는 쪽이 옛사람들에게는 이해하기가 훨씬 쉬웠다. 그리고 은하수가 수많은 별이 모인 것이든 빛나는 안개이든, 그 어느 쪽이라도 '하늘은 단단한 구' 라는 우주관에는 아무런 변함이 없었다.

독일의 니콜라우스Nicolaus(1401~1464)는 좀더 혁명적인 견해를 내놓았다. 1440년에 출판된 책에서 그는 이렇게 주장했다. 우주는 무한하고, 거기에는 우리 태양과 같은 별이 무한히 많이 존재하며, 그 별들은 우리 태양처럼 사람이 살고 있는 세상을 각각 비추고 있다. 이 태양들은 아주 멀리 떨어져 있기 때문에 우리에게는 아주 작은 물체(별)로 보이며, 우리가 볼 수 있는 별들은 전체의 일부일 뿐 대부분은 너무 멀리 떨어져 있어 볼 수가 없다.

이것은 최초로 하늘이 단단한 물체가 아니라 무한한 공간이라고 가정한, 아주 탁월한 생각이었다. 그렇지만 이 생각도 뒷받침할 만한 증거가 없어 사람들을 설득할 수 없었다. 사람들은 여전히 별들을 눈에 보이는 그대로 단단한 하늘에 붙어 있는 작은 빛의 점으로 생각하길 더 좋아했다.

그로부터 1세기 반이 지났을 때, 이탈리아의 수사 조르다노 브루노 Giordano Bruno(1548~1600)가 니콜라우스의 견해를 받아들여 그것을 널리 떠들고 다녔다. 그는 니콜라우스보다 조심성이 좀 부족했다. 게다가 당시의 시대 분위기도 험악하여 이단적인 생각을 가진 사람에게 관대하지 않았다. 그리하여 니콜라우스는 추기경의 신분으로 성스러운 분위기 속에서 편안하게 죽음을 맞이한 반면, 브루노는 불행하게도 불에 타 죽었다.

고대 그리스 천문학자 아리스타르코스Aristarchos(기원전 310~기원전 230)는 기원전 260년경에 이것과는 전혀 다른 각도에서, 태양과 행성들이 지구 주위를 돈다고(지구 중심설 또는 천동설이라 함) 보기보다는 지구를 포함해 모든 행성이 태양 주위를 돈다고(태양 중심설 또는 지동설이라 함) 보는 게 훨씬 합리적이라고 주장하였다. 그렇지만 이 주장 역시 그 증거를 제시할 수 없었고, 사람들은 이 주장이 눈에 보이는 현상과는 정반대로 보였으므로 받아들이지 않았다.

그러다가 1543년에 폴란드 천문학자 니콜라우스 코페르니쿠스 Nicolaus Copernicus(1473~1543)가 아리스타르코스의 견해를 받아들였다. 비록 그 증거를 댈 수는 없지만, 태양 중심설이 옳다고 가정하면 행성들의 운동을 더 쉽게 계산할 수 있다고 주장한 것이다. 이것은 마치 태양 중심설(지동설)이 수학적 편의를 위해 필요한 도구에 불과하다고 주장하는 것으로 비쳤고, 그에 따른 설득력 있는 증거도 내놓지 못했으므로,

그로부터 50여 년이 지날 때까지 코페르니쿠스의 견해는 일반적으로 받아들여지지 않았다.

그런데 지구 중심설을 버리고 태양 중심설을 받아들인다 하더라도, 그것은 단지 지구 주위의 좁은 범위에만 영향을 미친다는 사실에 주목할 필요가 있다. 즉, 태양 중심설에서 주장하는 것처럼 행성들이 태양 주위를 돈다손 치더라도, 천구라는 개념 자체에는 아무 변화가 없다. 하늘은 여전히 옛날부터 생각해 온 것처럼 단단한 구면으로 존재하였으며, 다만 그 중심이 지구에서 태양으로 바뀐 것에 지나지 않았다.

무한한 우주

1609년, 이탈리아 과학자 갈릴레오 갈릴레이Galileo Galilei(1564~1642)가 간단한 망원경을 만들어 밤하늘을 보면서 마침내 태양 중심설이 설득력을 얻기 시작했다.

갈릴레이는 망원경으로 본 하늘의 모든 곳에서 맨눈으로는 보이지 않던 별들을 발견했으며, 은하수가 데모크리토스의 주장처럼 수많은 별들로 이루어져 있다는 사실을 확인하였다. 그리고 목성의 주위를 도는 위성들을 발견하고 금성의 위상 변화를 관측하였는데, 이 두 가지 사실은 태양 중심설을 뒷받침해 주었다. 갈릴레이는 결국 종교 재판소에 끌려가 고문의 위협을 받고서 자신의 주장을 철회하지 않을 수 없었지만, 그 후 천문학자들의 견해는 대체로 태양 중심설 쪽으로 기울었다.

이것은 하늘이 눈에 보이는 것처럼 동쪽에서 서쪽으로 도는 것이 아니라, 오히려 그 반대로 지구가 서쪽에서 동쪽으로 돌고 있음을 의미했다. 그러나 그렇다고 해서 하늘의 본질이 바뀐 것은 아니었다. 하늘은 이제 돌지 않고 정지해 있으며 그 중심에는 지구 대신에 태양이 있긴 하지만, 여전히 밤에는 캄캄해졌다가 낮에는 파란색으로 변하는 단단한 구면으로 남아 있었다. 즉, 그 표면에 빛나는 별들이 붙어 있는 '단단한 천구' 라는 개념에는 아무런 변화가 없었다.

고대 그리스 시대부터 갈릴레이 시대에 이르기까지 모든 사람은 행성의 궤도가 원이라고 믿어 왔는데, 1609년에 독일 천문학자 케플러 Johannes Kepler(1571~1630)는 행성의 궤도가 원이 아니라 타원임을 밝혀 냈다. 케플러는 태양계의 실제 모양을 알아냈으며, 행성들의 상대적 거리도 계산해 냈다. 그렇지만 이것 역시 하늘의 본질을 바꾸지는 못했다.

1672년, 이탈리아 출신의 프랑스 천문학자 조반니 카시니Giovanni Cassini(1625~1673)는 태양계의 크기를 처음으로 제대로 계산하는 데 도전했다. 이를 위해 자신은 파리에서 관측을 하고, 조수인 장 리셰Jean Richer(1630~1696)를 남아메리카의 프랑스령 기아나로 보내 관측을 하게 했다. 그 결과, 태양계의 크기는 그때까지 생각했던 것보다 훨씬 큰 것으로 드러났다. 카시니는 그 당시 가장 먼 행성으로 알려진 토성의 궤도 지름을 약 30억 km로 계산했다.

그래도 하늘의 본질은 바뀌지 않았다. 이제 천구의 크기가 그때까지 생각했던 것보다 훨씬 큰 것으로 수정되었을 뿐이었다. 그 지름은 성경 집필자들이 생각했던 것처럼 수십 km 정도도 아니고, 고대 그리스 철학자들이 생각했던 것처럼 수천 km도 아닌 수십억 km로 늘어났다. 이렇게 그 크기가 비록 엄청나게 커지긴 했지만, 하늘은 여전히 그 표면에 별들이 붙어 있는 단단한 구면이라는 지위를 계속 유지했다.

1718년, 영국 천문학자 에드먼드 핼리Edmund Halley(1656~1742)는 새로운 성도星圖를 만들기 위해 여러 별의 위치를 확인하다가, 밝은 별 3개(시리우스, 프로키온, 아르크투루스)의 위치가 고대 그리스인이 기록한 위치와 차이가 난다는 것을 발견하였다. 이것을 근거로 그는 별도 고정되어 있는 것이 아니라, 서로에 대해 움직인다는 결론을 내렸다. 별은 아주 느린 속도로 움직이기 때문에, 수백 년 또는 수천 년의 시간이 흐른 뒤에야 비로소 그 위치 변화를 감지할 만큼 차이가 나타난다.

그런데 조금이라도 움직임이 나타나는 별들은 왜 그렇게 느리게 움직이며, 또 대부분의 별은 전혀 움직이지 않는 것처럼 보일까? 핼리는 별들이 아주 먼 거리에 있기 때문에 그 움직임이 느려 보인다고 추측하였다. 그래서 수백 년의 시간이 지나도 그중에서 가까이 있는 별들만 겨우 눈에 띌 만한 위치 변화가 나타난다고 생각하였다. 그리고 그보다 훨씬 먼 거리에 있는 별들은 인류가 하늘을 관측한 이래 그 위치에 별다른 변화가 일어나지 않았을 것이라고 보았다.

그런데 만약 별들이 그렇게 먼 거리에 있다고 가정하면, 3세기 전에 니콜라우스가 한 주장을 다시 돌아보지 않을 수 없다. 즉, 별들도 우리 태양과 같은 존재라는 그의 주장을 검토해 볼 필요성이 생기는 것이다. 예를 들어 시리우스가 태양과 똑같은 밝기를 가졌다고 가정하자. 그렇게 밝은 별이 현재 밤하늘에 보이는 밝기로 보이려면 어느 정도의 거리에 있어야 할까? 핼리는 그 값을 계산하여 시리우스는 약 2광년 거리에 있다고 결론지었다.

이렇게 별의 거리에 광년이라는 단위를 사용한 사람은 핼리가 처음이었다. 핼리는 또한 만약 단단한 천구가 실제로 존재한다면, 그 지름은 수조 km 이상이 될 거라고 추측하였다.

그렇지만 핼리의 주장도 확실히 옳다고 내세울 수 있는 것은 아니었다. 별들이 너무 멀리 떨어져 있어서 그 빛이 약한 게 아니라, 실제로 가까이 있으면서 그 빛이 희미하다고 주장할 수도 있기 때문이다. 그리고 그중 몇 개의 별은 단단한 천구에 완전히 붙박여 있지 않아서 천천히 약간 이동한다고 주장할 수도 있었다. 그렇다면 천구는 핼리가 추정한 것보다 훨씬 더 가까이 위치할 수 있다.

결국은 별자리까지의 거리를 두말할 여지가 없는 방법으로 알아내는 것이 필요했다. 천문학자들은 그것을 잴 수 있는 방법을 알고 있었다.(최소한 이론적으로는.) 지구가 태양 주위의 궤도를 돌면서 한쪽 끝에서 반대쪽 끝으로 이동할 때 양 지점 사이의 직선 거리는 약 3억 km나 된다. 지구가 궤도를 돌면서 왼쪽으로 오른쪽으로 이동해 가면 가까이 있는 별은 멀리 있는 별들에 대해 오른쪽에서 왼쪽으로 이동하는 것처럼 보인다. 이것을 별의 '시차視差'라 한다.

물론 별의 거리가 멀수록 시차는 작아진다. 그렇지만 만약 그 시차를 측정할 수만 있다면 지구 궤도의 지름을 한 변으로 하고, 별을 한 꼭짓점으로 하는 삼각형을 그려 삼각법으로 별까지의 거리를 계산할 수 있다.

코페르니쿠스가 태양 중심설을 주장했을 때, 천문학자들은 만약 태양 중심설이 옳다면 가까운 별들의 시차가 측정될 것이라고 생각했다. 그렇지만 별의 시차는 전혀 관측되지 않았기 때문에, 지구는 움직이지 않는다는 결론을 내릴 수밖에 없었다. 코페르니쿠스는 별들이 매우 먼 거리에 있기 때문에 그 시차가 너무 작아서 측정할 수 없다고 반론을 제기하였다. 코페르니쿠스의 이 주장은 옳았다.(물론 별들의 거리가 얼마이든지 간에 상관없이, 만약 별들이 천구상에 붙박여 있는 경우처럼 모두 똑같은 거리에 있다면 시차는 관측되지 않을 것이다.) 그러다가 결국 망원경이 발견되었고, 그 성능이 점점 향상되어 이전에는 측정이 불가능했던 작은 시차까지도 측정할 수 있게 되었다.

최초로 별의 시차를 측정한 사람은 독일 천문학자 프리드리히 베셀 Friedrich Bessel(1784~1846)이다. 1838년에 베셀은 백조자리 61번 별의 시차를 측정했다고 발표했다. 측정한 시차로 계산한 그 별은 약 6광년 거리에 있는 것으로 밝혀졌다. 그 다음 2년 동안에 다른 천문학자들도 센타우루스자리 알파별(4.3광년)과 베가(11광년)의 시차를 측정하여 그 거리를 계산해 냈다.

이제 별들은 가장 가까이 있는 것조차 핼리가 생각했던 것보다도 훨씬 먼 거리에 있으며, 또한 모두 똑같은 거리에 있는 것이 아니라 엄청나게 넓은 공간에 흩어져 있다는 사실이 명백해졌다. 니콜라우스가 생각한 무한한 우주의 모습이 옳은 것으로 보였다.

태양과 우리 은하

이렇게 하여 마침내 하늘은 완전히 무너지고 말았다. 단단한 천구 따위는 아예 존재하지도 않았다. 지구 주위에는 광대한 공간이 뻗어 있었다.

그러자 새로운 문제가 제기되었다. 별들은 정말 모든 방향으로 무한한 공간 속에 흩어져 있는 것일까? 아니면 별들이 존재하는 데에도 어떤 한계가 있어서 유한한 집단을 이루고 있을까? 얼핏 생각하면 니콜라우스가 제시한 견해가 정답처럼 보인다.

망원경을 통해 밤하늘을 바라보면, 하늘의 모든 방향에서 별을 볼수 있다. 망원경의 성능이 좋을수록 더 희미한(따라서 더 먼 거리에 있는) 별을 볼 수 있다. 이것으로 미루어 보아, 별들이 존재하는 우주는 무한대의 구를 이루고 있는 것처럼 보인다. 그렇지만 여기에는 함정이 하나있는데, 바로 별들의 분포가 완전히 균일하지는 않다는 사실이다. 예를들어 은하수를 보자. 은하수의 어느 한 부분을 선택하여 관측해 보면, 아주 희미한 별이 많이 있는 것을 볼 수 있다. 그런데 하늘의 다른 부분에서 같은 면적을 선택해 그 안에 있는 별을 보면, 은하수에 비해 훨씬적다.

별의 분포가 균일하지 않은 이유를 최초로 설명하고자 시도한 사람은 영국 천문학자 토머스 라이트Thomas Wright(1711~1786)였다. 핼리가별들이 무한한 공간 속에 분포하고 있다는 가설을 내놓았지만, 그것을확인해 줄 별의 시차가 아직 발견되지 않은 1750년, 라이트는 별들이존재하는 우주가 두 개의 동심구 사이에 존재한다는 신비로운 우주 구조를 만들어 냈다.(안쪽의 구에는 신과 하늘나라가 존재한다고 했다.) 그 중간에서 안쪽 구나 그 반대쪽에 있는 바깥쪽 구가 있는 방향을 바라보면, 별이 적게 관측된다. 그렇지만 거기에 직각 방향으로 밤하늘을 바라보면, 두 개의 구 사이에 존재하는 두꺼운 별들의 층을 보게 되므로 많은별(이것이 은하수)이 관측된다.

1755년, 독일 철학자 이마누엘 칸트Immanuel Kant(1724~1804)도 라이트의 우주 구조를 받아들였다. 그런데 칸트는 그의 주장을 잘못 이해했거나 아니면 거기에 나름의 손질을 한 것으로 보인다. 그는 라이트의 주장에서 신비적인 요소를 없애고, 항성계(은하계)는 렌즈 모양이라고 생각하였다. 그는 태양은 그 중심에 있으며, 렌즈 모양에서 얇은 쪽을 바라보느냐 두꺼운 쪽을 바라보느냐에 따라 별들이 듬성듬성 흩어져 있는 것으로 보이기도 하고, 은하수처럼 보이기도 한다고 주장했다.

그러나 라이트와 칸트의 견해는 모두 추측에 지나지 않는 것이었고, 그것을 뒷받침할 만한 관측 증거가 있는 것은 아니었다. 이렇게 여러 가설이 난무하는 가운데 독일 출신의 영국 천문학자 윌리엄 허셜William Herschel(1738~1822)이 최종 결론을 내려줄 관측적 증거를 내놓았다.

허셜은 1785년부터 밤하늘에 보이는 별의 수를 일일이 세기 시작했다. 맨눈으로 보이는 별뿐만 아니라, 망원경으로 볼 수 있는 별까지 모두 셌다. 하늘의 별을 모두 일일이 센다는 것은 비현실적인 방법이므로, 허셜은 밤하늘에서 임의로 683개의 작은 정사각형 구역을 선택하였다.(물론 이 구역들은 하늘의 어느 한쪽에 치우치지 않고, 골고루 분포되어 있었다.)

그리고 이 작은 정사각형 안에 든 별을 모두 일일이 세었다.(이것은 말하자면 하늘의 인구 조사에 해당하는데, 이것을 통해 허셜은 '통계천문학'을 창시하였다.) 허셜은 작은 정사각형 안에 든 별의 수는 선택한 정사각형의 위치가 은하수에 가까울수록 점점 많아지며, 은하면에 직각인 방향에 있는 정사각형들에 든 별의 수가 가장 적다는 사실을 발견하였다.

이러한 실제적인 관측을 통해 칸트의 가설대로 항성계가 실제로 렌즈 모양이라는 사실이 분명해졌다. 허셜은 거기다가 몇 가지 합리적인 가정을 덧붙여 항성계의 크기까지 추정했다. 그는 항성계의 크기를 긴 지름이 8000광년, 짧은 지름이 1500광년, 그리고 별의 총수는 3억 개라고 추산하였다.

물론 이것은 실제보다 훨씬 작은 값이지만, 우주의 크기를 이 정도로 크게 이야기한 사람은 허셜이 처음이었다. 은하수는 항성계 안에서 항성계를 긴 지름 방향으로 바라볼 때 밤하늘을 가로지르는 긴 띠 모양으로 나타난다. 은하수는 영어로 '갤럭시Galaxy' 또는 '더 밀키 웨이the Milky Way'라 부르는데, 둘 다 '젖의 길'이란 뜻이다. 그리스 신화에서 헤라의 젖이 하늘에 흘러 은하수가 되었다는 이야기에서 유래한 이름이다. 은하수는 우주에 존재하는 수많은 은하 중 하나이며, 우리 태양계가 속해 있는 은하이기 때문에 '우리 은하'라고 부른다.

따라서 우리 은하를 발견한 사람은 허셜이라고 할 수 있다. 그런데 은하수는 모든 곳의 밝기가 대체로 비슷하고, 은하수의 띠는 하늘을 거의 정확하게 둘로 분할했기 때문에, 태양은 우리 은하의 중심 근처에 있는 것으로 보였다.

그렇지만 허셜은 태양이 중심 부분에 고정돼 있는 것은 아니라고 주장하였다. 허셜은 1783년부터 별들이 하늘에서 그 위치가 어떻게 변하는지 알아내려고 많은 노력을 기울였다. 그는 핼리 시대에 비해 훨씬 나은 장비를 갖고 있었으므로, 훨씬 정확한 결과를 얻을 수 있었다.

그 결과 거문고자리와 헤르쿨레스자리에 있는 별들은 대체로 서로 멀어져 간다는 사실을 발견하였다. 그것은 마치 그 부근에 생긴 울퉁불퉁한 구멍이 점점 커져 가는 것 같았다. 그런데 정반대편 하늘에서는 별들이 전체적으로 서로 접근하면서 그 부근의 구멍은 점점 작아지는 것처럼 보였다.

이 사실은 태양이 거문고자리와 헤르쿨레스자리 쪽으로 움직여 간다고 보면 쉽게 설명이 된다. 이 경우 태양에 가까이 다가오는 별들은 점점 바깥쪽으로 퍼져 가는 것으로 보이고, 태양에서 멀어져 가는 뒤쪽의 별들은 서로 접근하는 것처럼 보일 것이다.

그리하여 허셜은 태양도 다른 별들과 마찬가지로 움직이고 있으며, 지구와 마찬가지로 태양 역시 고정된 우주 중심이 아님을 밝혔다. 그로부터 약 1세기 반이 지난 후, 네덜란드의 천문학자 야코부스 캅테인Jacobus C. Kapteyn(1851~1922)은 허셜이 했던 관측을 그대로 다시 해 보았다. 캅테인의 시대에는 망원경의 성능이 더욱 향상되었으며, 무엇보다도 사진이 발명돼 있었다.

캅테인은 하늘에서 임의로 선택한 정사각형 구역을 사진으로 찍은 뒤 시간이 날 때 정사각형 안에 든 별의 수를 세면 되었다. 1906년, 그는 우리 은하가 렌즈 모양이라는 허셜의 주장이 옳음을 확인했지만, 그 크기는 허셜이 생각했던 것보다 훨씬 크다는 사실을 발견했다. 1920년경에 그는 우리 은하의 지름을 약 5만 5000광년, 두께를 약 1만 1000광년으로 계산했다.

그렇지만 은하수는 전 하늘에 걸쳐서 거의 똑같은 밝기로 빛나고 있었으므로, 캅테인은 허셜과 마찬가지로 태양이 우리 은하의 중심 부근에 있다고 생각하였다. 캅테인은 또한 허셜처럼 별들의 고유 운동*을 관측해 보았고, 거기에 어떤 규칙성이 있는지 알아보려고 했다. 그는 허셜보다 훨씬 정교한 결과를 얻었는데, 1904년에는 별들의 움직임에 크

---

* 지구에서 본 항성의 위치가 오랜 시간에 걸쳐 변화해 가는 현상. 즉 항성의 시운동을 말한다.—옮긴이

게 두 가지 흐름이 있음을 확인하였다. 즉 하나가 한 방향으로 움직이면, 다른 하나는 그것과는 정반대 방향으로 움직였다.

칸테인의 제자 중에 훗날 네덜란드의 유명한 천문학자가 된 얀 헨드릭 오르트Jan Hendrik Oort(1900~1992)가 있었다. 오르트는 이 두 가지 움직임을 연구했는데, 그것을 자세히 분석하자 태양도 다른 천체들과 마찬가지로 어떤 중심 주위를 도는 것으로 보였다.

행성들이 태양 주위를 도는 것처럼 태양도(그리고 다른 모든 별도) 은하 중심 주위를 도는 것은 아닐까? 만약 그렇다면 별들은(태양계의 행성들과 마찬가지로) 은하 중심 주위를 모두 똑같은 방향으로 돌 것이다. 그리고 은하 중심에 가까이 있는 별은 멀리 있는 별보다 더 빠른 속도로 돌 것이다.(태양에 가까이 있는 행성이 멀리 있는 행성보다 더 빠른 속도로 도는 것처럼.)

이렇게 해서 오르트의 시대에 이르러 태양이 은하 중심 부근에 있다는 허셜과 칸테인의 생각은 틀린 것으로 밝혀졌다. 태양은 은하 중심에서 상당히 멀리 떨어진 곳에 있는 것으로 드러났다. 태양이 은하 중심 주위를 어떤 속도로 돌고 있다면, 태양보다 은하 중심에 더 가까운 별은 태양보다 더 빠른 속도로 돌므로 태양을 앞질러 간다. 반면에 은하 중심에서 더 멀리 있는 별은 태양보다 더 느린 속도로 돌기 때문에 태양보다 뒤처지게 된다.

별들의 움직임이 서로 반대 방향의 두 가지 흐름으로 나타나는 현상은 이것으로 설명할 수 있다. 오르트의 계산에 따르면, 태양은 은하 중심(우리에게서 약 3만 광년 떨어진 곳에 있는) 주위를 원에 가까운 궤도로 초속 약 220km(은하 중심에 대한 상대 속도)로 돈다. 이것은 지구가 태양 주위를 도는 속도에 비해 7.5배나 빠른 속도이다.

그렇지만 은하 중심 주위를 도는 태양의 궤도는 아주 크기 때문에, 태양이 은하 중심 주위를 한 바퀴 도는 데에는 약 2억 3000만 년이 걸린다. 이것은 엄청나게 긴 시간이지만, 태양계의 나이에 비하면 그렇게 많은 시간은 아니다. 태양계의 궤도나 그 궤도 속도가 크게 변하지 않았다고 가정한다면, 태양계는 태어난 이래 은하 중심 주위를 19바퀴 돌았으며, 지금은 20바퀴째 돌고 있는 셈이다.

실제로 태양계의 궤도나 그 궤도 속도는 그동안 큰 변화가 없었던 것으로 보인다. 별들은 서로 멀리 떨어져 있고, 별들 간의 먼 거리에 비하면 아주 느린 속도로 움직인다. 따라서 설사 별들이 무작위적으로 움직인다고 하더라도, 우리 은하 안에서 태양이 그 궤도에 심각한 영향을 받을 만큼 다른 별에 바짝 접근할 확률은 아주 낮다. 그런데 실제로는 별들이 무작위적으로 움직이는 것이 아니라, 모두 같은 방향으로 움직이기 때문에 다른 별의 접근으로 인해 중력 간섭이 일어날 확률은 그것보다도 훨씬 낮다.

이것은 아주 다행스러운 일이다. 만약 태양의 궤도가 다른 별의 중력에 영향을 받아 긴 타원 궤도를 그리게 되면, 은하 중심 주위를 한 바퀴 돌 때마다 한 번씩 은하 중심 안쪽으로 바짝 접근하게 되며(마치 혜성이 한 번씩 태양에 바짝 접근하는 것처럼), 그 결과 위험한 궤도 교란이 일어나거나 치명적인 복사를 받게 될지도 모르기 때문이다. 우리가 아직도 존재하고 있고, 생물이 지구상에서 30억 년 이상 살아왔다는 사실은 태양이 지금까지 다른 별의 방해를 받지 않고 비교적 규칙적인 궤도를 돌았음을 증언해 준다.

Isaac Asimov

금성의 대기와 온실 효과

이 글을 쓰기 2주 전에 나는 MIT에 갔다. 그 곳에서는 여섯 사람에 대한 시상식이 있었는데, 수상자를 한 사람씩 소개하는 사람들도 수상자 못지않게 유명한 사람들이었다. 열두 사람 중에 노벨상 수상자가 세 명이나 포함되어 있었다.

그중에서도 가장 유명한 사람은 노벨상을 두 차례(화학상과 평화상)나 수상한 83세의 라이너스 폴링Linus Pauling이었다. 그는 스승인 허먼 마크Herman F. Mark를 소개했는데, 수상자 중 한 사람인 그의 나이는 94세였다. 두 노인이 서로를 보고 환히 미소 짓는 모습은 무척 보기 좋았다. 나는 오랜 세월이 지난 뒤에 자신이 키웠던 제자에게 소개를 받는 허먼 마크가 느끼는 감회를 상상해 보기도 했다.

나도 여섯 명의 수상자 중 한 명이었고, 그 다음날에 특별 연설을 했다. 나는 다른 수상자들과 어깨를 나란히 할 수 있다고는 생각하지 않았지만 공상과학소설 부문에서 수상의 영예를 안았고, 그들이 주는 아름다운 상을 흔쾌히 받았다.

시상식 전에 우리는 보스턴과학박물관에서 저녁을 먹고, 리무진에 올라타 MIT 강당으로 향했다. 보슬비가 내리는 어두운 밤이었고, 더구나 그 곳은 혼동을 잘 일으키게 특별히 설계한 것 같은 보스턴/케임브리지 구역이었다.

그러니 우리가 탄 리무진이 길을 잃은 것은 당연한 일이었다. 우리는 찰스 강변을 따라 모든 도로를 다 따라가 봤으며, 매사추세츠 대로를 따라 여러 차례 올라가 보기도 했다. 그렇지만 모든 노력이 허사였다. 그러자 사람들에 대한 믿음이 강한 내 아내 재닛Janet이 차창 밖을 가리키며, "저 사람에게 한번 물어봐요"라고 말했다.

그런 문제를 해결하는 데 행인이 아무 도움이 되지 않을 거라고 내가 반대했지만, 결국 우리는 재닛의 말대로 했다. 내 말대로 그 사람은 MIT 학생임이 분명한데도 아무 도움이 되지 않았다. 우리는 그런 식으로 자그마치 72명에게 길을 물어보았다. 그런데 아무도 강당이 어디 있는지 알지 못했다. 우리가 모두 같은 영어를 쓰는 사람인지 의심스러운 생각까지 들었다.

결국 우리는 경찰관을 만나 사정을 이야기했고, 그는 무전기로 연락을 취했다. 얼마 후 경찰차가 와서 우리를 제대로 된 장소로 안내했다. 우리는 20분이나 늦게 도착했으며, 우리가 그 곳을 찾아온 사정을 극적으로 보여 주기 위해 모두 수갑을 차고 강당에 들어가자는 재닛의 장난스런 제안은 다행히도 받아들여지지 않았다.

금성의 표면 온도

과학에서도 이렇게 길을 잃는 일이 흔히 일어난다. 특히 처음부터 잘못된 길을 들어섰을 경우에는 더욱 그렇다.

예를 들면, 1798년에 프랑스의 천문학자이자 수학자인 피에르 시몽 드 라플라스Pierre Simon de Laplace는 '성운설'을 주장하였다. 그는 태양계가 거대한 먼지와 가스 구름(성운)에서 탄생했다고 주장하였다. 간단히 설명하면 다음과 같다. 그 구름은 천천히 회전하면서 자체 중력으로 인해 수축한다. 그리고 수축을 하면 각운동량 보존의 법칙에 따라 회전 속도가 빨라진다. 결국에는 회전 속도가 아주 빨라져서 부풀어 오른 적도 부분이 떨어져 나가 행성이 하나 만들어진다. 그 뒤에 또다시 부풀어 오른 부분이 떨어져 나가고, 좀더 나중에 또 다른 부분이 떨어져 나가면서 행성들이 차례로 만들어진다……

이 가설은 비록 세부적인 면에서는 미흡한 점이 있긴 하지만, 나름대로 빈틈없는 이론이며, 1800년대에는 상당한 인기를 누렸다. 그런데 이 가설에 따르면, 태양에서 멀리 떨어진 행성일수록 그 나이가 더 오래되었다는 결론이 나온다. 따라서 화성은 지구보다 수천만 년 나이가 더 많고, 지구는 금성보다 수천만 년 더 나이가 많은 것으로 볼 수 있다.

그렇다면 화성은 지구보다 진화할 시간이 수천만 년이나 더 있었으므로, 지구인보다 훨씬 뛰어난 지능과 능력을 가진 생명체가 살고 있을 것이라는 상상을 쉽게 할 수 있다. 반대로 금성은 아직 지구보다 진화가 덜 되어 지구의 중생대에 해당하는 시기에 있을 것이라고 추정할 수 있다. 그래서 사람들은 금성에는 늪과 정글의 세계에 공룡을 비롯해 기괴

한 생물들이 들끓고 있을 것이라고 생각하였다.

화성과 금성에 대한 관측 결과는 이러한 견해를 뒷받침해 주는 것처럼 보였다. 화성에는 얼음으로 덮인 극관이 있으므로 물이 존재하는 것이 분명했다. 그렇지만 화성 표면을 덮고 있는 붉은색은 화성의 대부분이 사막으로 이루어져 있음을 시사했다. 화성의 작은 크기와 약한 중력을 감안하면, 화성은 원래 물이 있었다 해도 오랜 세월이 흐르는 동안 대부분의 물을 잃어버렸을 것이다. 이런 이유 때문에 1877년에 화성에 운하가 있다는 주장이 처음 나왔을 때, 그것은 고도의 문명을 발전시킨 화성인이 극관의 얼음에서 물을 끌어오기 위해 운하를 건설했다거나 화성인이 물이 풍부한 지구 정복을 계획하고 있다는 상상으로 쉽게 이어졌다.

반면에 금성은 거의 항구적인 두꺼운 구름층으로 덮여 있는데, 이것은 금성이 물이 아주 풍부한 세계임을 시사하였다. 어떤 사람들은 심지어 금성이 대륙이라곤 하나도 없고 물로 뒤덮여 있는 세계라고 생각하였다. 이것은 사실 내가 쓴 소설 《운 좋은 별과 금성의 대양 *Lucky Star and the Moons of Jupiter*》에서 묘사한 금성의 모습이기도 하다.

그런데 안타깝게도 라플라스의 가설은 이미 오래 전에 부적절한 것으로 판명돼 폐기된 후였다. 1944년에 독일 천문학자 카를 프리드리히 폰 바이츠제커Carl Friedrich von Weizsäcker는 성운설을 더 정교한 형태로 수정해 다시 내놓으면서, 모든 행성이 거의 동시에 태어났다고 말했다. 오늘날 우리는 지구와 화성, 금성의 나이가 거의 같다고 확신하고 있으며, 더 이상 늙은 화성과 젊은 금성을 생각할 만한 근거는 없다.

그렇지만 공상과학 작가는 아직도 그런 개념들을 갖다 쓰기를 좋아한다. 오래된 습관은 버리기가 어려우며, 더구나 문명이 크게 발전한 사악한 화성인이나 공룡이 들끓는 원시 세계 금성이라는 개념은 그냥 버리기에는 너무 아까운 소재가 아닌가!

이러한 관행이 유행했던 것은 1950년대 중반까지만 해도 우리가 행성의 특징에 대해 아는 것이 거의 없었기 때문이다. 〈어스타운딩 사이언스 픽션*Astounding Science Fiction*〉 1957년 3월호에 나는 '행성들에는 공기가 있다' 라는 제목으로 에세이를 쓴 적이 있다. 거기서 나는 기체, 행성의 중력, 대기의 종류 등에 대해 정확한 사실을 많이 기술했지만, 금성에 대해서는 가급적 한마디도 하지 않으려고 조심했다. 금성의 대기에 대해서는 아직 아무것도 알려진 것이 없었기 때문이었다.

그런데 그 에세이를 쓴 지 1년 후에 모든 것이 변하고 말았다. 과연 어떤 변화가 일어났길래 그렇게 되었을까?

온도가 절대 영도absolute zero가 아닌 모든 물체(절대 영도인 물체는 사실상 존재하지 않는다)는 주변의 온도가 자신의 온도보다 낮으면 전자기 복사를 방출한다. 물체의 온도가 높을수록 방출되는 복사의 파장은 더 짧다. 온도가 약 600°C에 이르면 방출되는 복사 중 일부는 파장이 아주 짧아져 붉은색을 띠며, 이때 우리는 그 물체가 빨갛게 달아올랐다고 말한다. 거기서 물체의 온도가 더 올라가면 더 짧은 파장의 빛이 나온다. 그래서 물체의 색은 차차 주황색, 노란색, 흰색, 청백색으로 변해 간다. 그리고 그보다 더 높은 온도에 이르면, 대부분의 복사는 눈에 보이지 않는 자외선으로 나온다.

햇빛 속에 들어 있는 여러 가지 복사의 파장 분포와 스펙트럼의 암선(어떤 원자들이 얼마나 이온화되었는지 알려 주는)을 분석하면, 태양의 표면 온도가 얼마인지 알 수 있다. 태양뿐만 아니라 어떤 별이라도 그 스펙트럼을 분석하면 표면 온도를 알 수 있다.

별로 뜨겁지 않아 빛을 그다지 많이 방출하지 않는 물체의 경우에는 어떨까? 그런 물체는 붉은색 빛보다 파장이 더 긴 적외선을 방출한다. 적외선은 우리의 망막을 자극하지 않으므로 눈에 보이지 않지만, 피부에 흡수되기 때문에 열에 민감한 신경 세포가 적외선의 존재를 감지할 수 있다. 그래서 난로 위에 올려놓은 뜨거운 그릇 가까이에 손을 가져가면, 그릇에 손이 닿기 전에 열기를 느낄 수 있다.

물체의 온도가 낮을수록 더 긴 파장의 복사가 나오므로 어느 온도 이하에서는 물체에서 나오는 복사의 존재를 전혀 눈치 채지 못하게 되지만, 그래도 복사는 계속 나온다. 적외선 다음에는 적외선보다 파장이 긴 마이크로파가 있다. 손으로 만져 볼 때 아주 차가운 물체에서는 마이크로파가 많이 나온다. 그러므로 아주 먼 곳에 있는 물체라 하더라도, 거기서 방출되는 마이크로파의 양과 파장을 측정함으로써 그 물체의 온도를 알아낼 수 있다.

제1차 세계 대전 후 마이크로파를 이용한 레이더 기술의 발달에 힘입어 천문학자들은 거대한 전파 망원경을 만들었는데, 보통 망원경이 적은 양의 빛을 포착하여 모을 수 있는 것처럼 전파 망원경은 아주 적은 양의 마이크로파를 포착하여 모을 수 있었다.

1958년, 코넬 메이어Cornell H. Mayer가 이끈 미국 천문학자들이 아주 정교한 전파 망원경으로 금성의 어두운 면에서 나오는 마이크로파를 포착하였다. 그들은 금성에서 복사가 얼마나 나오리라고 기대했을까? 그것은 금성의 자전 속도에 따라 달라질 것으로 생각되었다. 그렇지만

1958년에 금성의 자전 주기를 아는 사람은 아무도 없었다. 금성의 자전과 함께 돌고 있는 것으로 생각되는 구름들에서는 아무 특징도 발견할수 없었고, 두꺼운 구름으로 뒤덮인 지표면은 전혀 볼 수가 없었기 때문이다.

어떤 천문학자들은 금성의 한쪽 면이 항상 태양을 향해 있다고 생각하였다. 만약 그렇다면, 금성의 어두운 면은 항상 캄캄한 상태에 있을테니 온도가 매우 낮을 것이다. 물론 햇빛이 비치는 쪽에서 불어오는 바람이 약간의 열을 운반해 주겠지만, 그 양은 대단치 않을 것이다.(겨울철의 남극을 생각해 보라.) 그래서 금성의 어두운 면에서 나오는 마이크로파 복사는 매우 적을 것으로 예상되었다.

그런데 어떤 천문학자들은 금성의 자전 주기가 지구나 화성과 비슷한 약 24시간일 것이라고 추측했다. 그렇다면 금성의 어두운 면도 불과몇 시간 전에는 햇빛을 받고 있었을 테니 마이크로파 복사가 상당히 많이 나올 것으로 예상할 수 있다. 이 경우, 금성의 마이크로파로 측정한표면 온도는 지구와 비슷할 것으로 예상되었다. 금성이 지구보다 태양에 가까워서 더 많은 햇빛을 받긴 하겠지만, 두꺼운 구름층에 반사되어나가는 햇빛의 양이 많아 그것과 상쇄될 것으로 보이기 때문이다.

그런데 메이어가 금성의 마이크로파를 측정한 결과는 이 두 가지 가설 중 어느 것하고도 일치하지 않았다. 그 결과는 금성의 어두운 부분이항상 태양의 반대쪽에 있을 때 나타나야 하는 아주 낮은 온도도 아니었고, 지구와 비슷한 온도도 아니었으며, 그렇다고 그 중간에 해당하는 값도 아니었다.

금성에서는 엄청난 양의 마이크로파가 나오고 있었는데, 그것은 금성의 표면 온도가 물의 끓는점보다 200°C나 더 높은 약 300°C에 이른다는 것을 의미했다. 그것은 전혀 예상 밖의 결과였다. 금성이 그렇게 뜨거우리라고 상상한 사람은 아무도 없었다.

뜨겁지만 밝은 지옥

금성은 왜 그렇게 뜨거울까? 분명히 두꺼운 구름층은 햇빛을 반사함으로써 금성의 온도를 낮추는 작용을 할 것이다. 더구나 금성보다 태양에 더 가깝고 빛을 반사하는 구름층이나 대기가 전혀 없는 수성이 있는데 금성이 그보다 더 온도가 높다니!

그렇다면 표면을 둘러싸고 있는 대기가 금성의 온도를 낮추는 것이 아니라 오히려 높이는 것인지도 모른다. 태양에서 날아오는 복사는 파장이 짧은 가시광선可視-光線의 형태로 행성 표면에 내리쬔다. 표면은 이 빛을 흡수하여 가열된다. 밤이 되면 가열된 표면에서 복사가 나오게 되는데, 표면은 온도가 충분히 높지 않아 빛(가시광선)이 나오지는 않는다. 야간 복사는 적외선의 형태로 나온다.

지구 대기의 대부분을 차지하는 질소, 산소, 아르곤은 가시광선과 적외선에 대해 투명하다. 그래서 낮에는 가시광선과 적외선이 대기층을 무사 통과하여 지표면에 도달하고, 밤에는 적외선이 지표면에서 우주 공간으로 나간다. 두 경우 모두 대기층을 통과하는 데 아무 방해를 받지 않으며, 그 결과 어떤 온도에서 열평형에 도달한다.

그런데 이산화탄소와 수증기는 빛에 대해서는 투명하지만 적외선에 대해서는 완전히 투명하지 않다. 이것은 낮에는 햇빛이 지표면에 도달하는 데 아무런 지장이 없지만, 밤에는 지표면에서 방출되는 적외선이 대기층을 빠져나가는 데 약간 지장을 받는다는 것을 의미한다. 그 결과 평균 기온이 약간 상승하게 된다. 지구의 기온이 생물이 살기에 적당한 온도를 유지하는 것은 바로 이 지구 대기에 섞여 있는 소량의 이산화탄소와 수증기 덕분이다.

이것을 '온실 효과' 라 부른다. 온실 유리가 햇빛은 통과시키되 온실 안에서 방출되는 적외선은 통과시키지 않아 겨울에도 따뜻한 온도를 유지하는 데서 따온 이름이다.(많은 과학자는 온실의 온도가 높이 유지되는 것은 유리가 적외선을 차단하는 효과보다는 따뜻해진 공기가 밖으로 나가지 못하게 차단하는 효과가 더 크다고 지적한다. 즉, 온실 유리는 복사보다는 대류를 차단하는 효과가 더 크다. 그렇지만 이미 엎질러진 물이라 이제 와서 용어를 바꿀 수도 없는 노릇이다.)

그렇다면 금성의 대기가 우리가 생각했던 것과는 다르다고 가정해 보자. 금성이 지구의 중생대에 해당하는 시대에 있다는 개념이 우리 마음속에 자리 잡고 있는 한, 금성의 대기가 기본적으로 지구의 것과 비슷하다고 생각하지 않을 수 없었다. 이제 그런 개념을 우리 마음속에서 싹 지워 보기로 하자.

즉, 금성의 대기는 지구의 대기와는 기본적으로 종류가 다르다고 생각해 보는 것이다. 금성의 대기에는 이산화탄소와 수증기가 많이 포함돼 있다고 가정해 보자. 그러면 온실 효과로 인해 바다의 온도가 크게 상승할 것이고, 바다에서 더 많은 수증기가 대기 중으로 증발할 것이다. 그러면 온실 효과는 더욱 커지고 온도도 더 올라간다. 마침내 이산화탄소가 석회석으로 변해 쌓이기 시작하고, 그리고 나서도 온도는 더욱 올라갈 것이다. 설상가상으로 바다조차 끓기 시작하여 결국 금성은 완전히 말라 버린 뜨거운 행성이 될 것이다. 이것은 폭주 온실 효과 때문이다.

이러한 견해는 여러 사람들 중에서도 특히 칼 세이건Carl Sagan과 제임스 폴랙James Pollack이 강하게 지지하였다.

그렇지만 물이 존재하는 금성의 모습을 완전히 지우지 못하는 천문학자도 많았다. 그들은 다량의 마이크로파 복사가 표면의 열에서 나오는 것이 아니라, 대기 상층부의 전기 현상에서 발생한다고 주장하였다. 마침 그 무렵에 목성이 강한 자기장을 가지고 있고, 표면의 열 때문이 아니라 강한 자기장 때문에 마이크로파 복사가 나온다는 사실이 세상에 알려졌다. 그렇다면 금성도 그럴 수 있지 않겠는가?

이처럼 금성의 마이크로파 복사를 설명할 수 있는 시나리오는 두 가지가 있다. 과연 어느 쪽이 사실인지 가려낼 수 있는 방법은 없을까?

먼저 다음 이야기에 주목해 보자. 금성에서 방출되는 마이크로파는 파장 3cm 이상의 긴 파장 영역에서 특히 강도가 세다. 그리고 3cm 이하의 파장에서는 그 강도가 급격히 떨어진다. 왜 그럴까?

칼 세이건은 이것을 다음과 같이 설명하였다. "만약 마이크로파가 아주 뜨거운 표면에서 방출된 것이라고 하자. 이것이 우주 공간으로 나와 지구의 관측 장비까지 날아오려면 일단 금성의 두꺼운 대기층을 통과해야 한다. 그런데 마이크로파 중 파장이 짧은 부분은 금성의 대기층에 흡수되고, 파장이 긴 마이크로파만 통과할 수 있다. 그렇지 않고 마이크로파가 대기 상층부에서 생겨난 것이라면, 대기층에 아무런 방해를 받지 않고 곧장 우주 공간으로 빠져나올 것이다. 이 경우, 짧은 파장 영역에서 마이크로파의 강도가 약한 이유를 다른 곳에서 찾아야 하는데, 마땅한 이유를 찾을 수 없다."

천문학자들이 마이크로파가 대기층에 흡수된다는 가설을 받아들인다 해도 문제가 없는 것은 아니었다. 실제로 그만한 흡수가 일어나려면 금성의 대기 밀도가 지구보다 100배쯤 더 커야 하기 때문이다. 그렇지만 정말로 그럴 수도 있지 않을까?

그런데 이 두 가지 견해 중에서 어느 쪽이 옳은가를 판단할 수 있는 더 나은 방법이 있다. 금성을 하나의 원반이라 생각하고(지구에서 보면 금성은 구형이 아니라 원반으로 보인다), 마이크로파가 원반 중심에서 나오는 경우를 생각해 보자. 이 마이크로파는 곧장 대기층을 뚫고 우주 공간을 달려 지구에 도달한다. 이번에는 원반 가장자리에서 출발한 마이크로파의 경우를 생각해 보자. 이 마이크로파는 금성의 대기층을 비스듬히 가로질러 지나와야 하므로 훨씬 두꺼운 기체층을 지나오게 된다. 그 결과 원반 중심부에서 나온 마이크로파에 비해 훨씬 많은 양이 금성의 대기층에 흡수되므로, 지구에 도달하는 마이크로파는 그만큼 줄어들 것이다.

따라서 금성의 중심에서 가장자리로 갈수록 대기층에 흡수되는 마이크로파의 양은 단계적으로 증가할 것이다. 가장자리 쪽의 마이크로파가 줄어드는 이 현상을 전파 '마이크로파 주연 감광周緣減光' 현상이라 부른다.(주연 감광 현상은 태양에서도 볼 수 있다. 이것은 태양에서 방출되는 빛의 일부가 태양의 대기에 흡수되기 때문에 일어난다. 그러므로 이것은 잘 알려져 있는 현상이다.)

그런데 금성의 마이크로파가 대기권 상층부인 전리층에서(만약 전리층이 존재한다고 한다면) 발생한다고 생각해 보자. 이 경우에는 전리층 위에 기체가 얼마 존재하지 않기 때문에, 중심부에서 나오는 마이크로파든 가장자리에서 나오는 마이크로파든 대기층에 흡수되는 양은 미미할 것이다. 그런데 지구에서 볼 때 금성의 전리층은 가장자리 부분이 중심부보다 더 두껍게 보일 것이다. 따라서 중심부보다 가장자리 부분에서 더 많은 마이크로파가 포착될 것이다. 즉, 주연 증광周緣增光(가장자리 밝아짐) 현상이 나타날 것이다.

요컨대 가장자리가 중심부보다 더 어두우면 금성의 표면이 뜨겁고, 반대로 가장자리가 중심부보다 더 밝으면 금성의 표면은 차갑고 전리층이 뜨겁다는 결론을 얻을 수 있다. 그렇지만 지구에서 볼 때 금성은 하늘에 떠 있는 작은 점에 불과하기 때문에, 중심부에서 날아오는 마이크로파와 가장자리에서 날아오는 마이크로파를 구별하기 힘들었다.(그로부터 약 25년이 지난 지금은 그것을 구별할 수 있을 만큼 관측 장비와 기술이 발전하였다.)

그러다가 1962년 8월 27일, 미국은 금성 탐사선 매리너 2호를 발사하였다. 매리너 2호는 금성을 스쳐 지나가면서 다양한 측정을 하도록 설계된 무인 우주 탐사선이었다. 1962년 12월 14일, 매리너 2호는 금성의 구름층에서 3만 4831km 떨어진 곳을 스쳐 지나갔다. 이 거리에서 본 금성은 지구에서 본 것보다 지름이 약 35배나 큰 원반으로 보인다.

매리너 2호는 금성 원반을 횡단하면서 파장 1.9cm의 마이크로파를 측정하였다. 그 결과에서는 주연 감광 현상이 분명히 나타났다. 이것은 금성의 표면이 매우 뜨겁다는 사실을 강하게 뒷받침해 주었다. 더구나 금성에서는 자기장이 전혀 감지되지 않았다. 전리층에서 마이크로파가 발생하려면 자기장이 존재해야 하기 때문에, 금성의 마이크로파가 대기권 상층부에서 일어난다는 가설은 더욱 설 자리를 잃게 되었다.

마지막으로 매리너 2호는 금성에서 나오는 마이크로파 복사의 세기를 아주 정밀하게 측정했는데, 금성은 생각했던 것보다 훨씬 뜨거운 것으로 드러났다. 표면 온도는 300°C가 아니라 400°C나 되었다!

그 후로도 더 정밀한 장비를 갖춘 탐사선들이 금성을 지나갔으며, 소련(지금의 러시아)도 금성의 대기권 속으로 캡슐을 진입시켰다.

1960년대 말경에는 금성의 온도가 400°C가 아니라 480°C에 가깝다는 사실이 분명해졌다. 그리고 금성의 대기층은 실제로 마이크로파 흡수 가설에서 예상한 것처럼 매우 두꺼웠다. 그것은 지구의 대기층보다 농도가 약 100배나 더 짙었다. 더구나 대기의 95%는 이산화탄소, 나머지는 질소로 이루어져 있다는 사실은 폭주 온실 효과를 뒷받침해 주었다.(금성의 대기 농도를 고려한다면, 금성의 대기에 포함된 질소의 양은 지구 대기에 존재하는 질소의 양보다 약 5배나 많다. 그렇지만 이산화탄소의 양이 질소보다 훨씬 많기 때문에 상대적으로 질소는 부차적인 역할밖에 하지 못한다.)

드러난 사실들은 금성의 환경이 매우 혹독하다는 걸 말해 준다. 그런데 금성의 구름에 대해서는 어떤 사실이 밝혀졌을까? 금성에서 구름층이 발견된 이래 천문학자들은 금성의 구름이 지구와 마찬가지로 물로 이루어졌을 것이라고 가정하였다. 실제로 그럴 수도 있다. 폭주 온실 효과로 인한 높은 온도 때문에 표면의 모든 물이 증발하여 대기권 상층에서 영구적인 구름을 이루고 있거나, 거기서 더 위로 솟아올라 우주 공간으로 빠져나갈 수도 있다.

그러나 1973년부터 천문학자들은 분광학 관측 자료를 분석해 금성의

구름은 순수한 물보다는 진한 황산으로 이루어져 있을 가능성이 높다고 이야기하기 시작하였다. 1970년대 후반에 금성의 대기권에 도달한 소련의 탐사선이 보내온 자료도 이 결론을 뒷받침해 주었다. 금성의 구름에는 수증기보다는 이산화황이 더 많이 포함되어 있었다. 이산화황도 온실 효과를 일으키는 기체이다.

그러면 이제 필요한 정보는 거의 다 나온 셈이다. 금성은 굉장히 높은 기압과 온도와 도저히 숨쉴 수 없는 대기를 가지고 있으며, 대기권 상층에는 황산 구름이 뒤덮고 있다. 칼 세이건은 이러한 금성의 모습은 흔히 사람들이 연상하는 지옥과 비슷하다고 말했다.

그렇지만 사람들이 상상하는 지옥의 모습보다 나은 점이 한 가지 있다. 두꺼운 구름층은 대부분의 빛을 차단하기 때문에 금성의 지표면은 영원히 깜깜한 어둠의 세계에 묻혀 있을 것으로 예상되었다. 그래서 소련 탐사선은 최초로 금성 표면에 관측 장비를 진입시킬 때, 사진을 찍는 데 지장을 받지 않도록 조명등을 부착시켰다.

그런데 실제로는 금성에 도달하는 햇빛 중 약 2.5%는 두꺼운 구름층을 뚫고 지표면까지 도달하기 때문에, 인공적인 보조 수단 없이도 사진을 찍는 데에는 아무런 지장이 없었다. 금성에 도달하는 햇빛은 지구에 도달하는 것보다 두 배나 강하기 때문에, 금성의 지표면은 밝은 날의 지구에 비해 20분의 1만큼 밝다. 이것은 보름달이 비치는 밤보다 약 100만 배나 밝은 것이다. 그렇다면 금성은 최소한 어둠 속의 지옥이 아니라 밝은 지옥인 셈이다.

일 년보다 짧은 하루

또 다른 문제가 하나 남아 있다. 왜 금성에는 자기장이 없을까? 지구의
지름은 1만 2756km인 데 비해 금성의 지름은 1만 2140km이다. 지구
의 평균 밀도는 물의 5.5배인 데 비해 금성의 밀도는 물의 5.2배이다.

금성과 지구는 이렇게 크기와 밀도가 서로 비슷하다. 그렇기 때문에
만약 지구의 핵이 액체 상태의 철로 이루어져 있다면(현재까지의 연구에
따르면 실제로 지구의 외핵은 액체 상태인 것으로 보인다), 금성 역시 액체
상태의 핵이 있을 것이다.(다른 세 천체인 수성, 화성, 달의 밀도는 각각 5.4,
4.0, 3.3이다. 따라서 수성도 액체 상태의 핵이 있는 것으로 보이며, 화성과 달
의 경우는 그렇지 않은 것으로 보인다.)

지구 자기장이 생기는 이유는 지구가 비교적 빠른 속도로 자전할 때
전도성이 있는 액체 상태의 철이 소용돌이를 일으키기 때문으로 추정
된다. 그렇다면 달과 화성은 액체 상태의 철이 없기 때문에 자기장도 없
을 것으로 예상되는데, 탐사선의 관측 결과 실제로 이들 천체에서는 자
기장이 발견되지 않았다.

수성은 액체 상태의 철로 된 핵이 있으나, 자전 주기가 지구의 24시
간보다 훨씬 긴 1407시간이다. 그렇지만 이렇게 느린 자전 속도로도 약
한 자기장은 충분히 만들어 낼 수 있다.

그러면 금성은 어떨까? 금성의 자기장은 그 세기가 지구와 비슷할까,
아니면 더 강하거나 약할까? 그 답은 자전 속도에 달려 있다. 그런데 앞
에서 언급한 바와 같이, 1960년대까지만 해도 금성의 자전 주기가 얼마
인지는 아무도 몰랐다. 그렇지만 그 자전 주기는 24시간에서 금성이 태

양 주위를 한 바퀴 도는 동안 자전축을 중심으로 딱 한 바퀴 도는 데 걸리는 시간인 5400시간 사이일 것으로 추정되었다.

그런데 금성에 마이크로파 빔을 발사한다고 생각해 보자. 그것은 금성의 구름층을 마치 아무것도 없는 것처럼 통과하여 단단한 지표면에 부딪친 뒤 반사되어 나올 것이다. 만약 금성의 표면이 전혀 움직이지 않는다면, 반사파는 아무런 영향을 받지 않을 것이다. 즉, 원래의 마이크로파와 똑같은 파장을 지닐 것이다. 그런데 만약 금성의 표면이 움직인다면(금성의 자전으로 인해) 반사파의 파장은 원래 발사된 마이크로파의 파장과는 다소 차이가 날 것이다. 행성 표면의 움직임이 빠르면 빠를수록 반사파에 나타나는 파장의 변화 정도는 더 클 것이다.

1961년 5월 10일, 금성에 마이크로파를 발사하여 반사파의 파장을 조사해 보았는데 아주 놀라운 결과가 나왔다. 그 결과는 1962년에 매리너 2호가 금성으로 날아가고 있을 때, 롤랜드 카펜터Roland L. Carpenter와 리처드 골드스타인Richard M. Goldstein이 발표하였다.

금성은 공전 주기보다 더 느린 속도로 자전하고 있었다! 우리가 아는 한 자전 주기가 공전 주기보다 더 짧은 천체는 태양계에서 금성뿐이다. 금성의 자전 주기는 243일, 즉 5832시간이다.

행성의 적도에 위치한 한 점의 속도를 생각하면 다른 행성들과 자전 속도를 쉽게 비교해 볼 수 있다. 지구의 적도상에 놓인 점은 시속 1669km로 움직인다. 수성의 적도상에 놓인 점은 시속 10.8km로 움직인다. 그리고 금성의 적도상에 놓인 점은 시속 6.4km로 움직인다. 이것을 다소 극적으로 표현하면 어떻게 될까? 지구가 제트기의 속도라면 수성은 뜀박질하는 속도, 금성은 걸어가는 속도에 해당한다고 할까?

수성의 자기장이 아주 미약하다는 사실로 미루어 볼 때, 수성보다 자전 속도가 더 느린 금성에서는 액체 상태의 철이 회전하는 속도도 더 느릴 것이다. 그러므로 금성에서 자기장을 감지하기는 매우 어려울 것이라고 예상할 수 있다.

그리고 앞에서도 말했지만, 실제로 매리너 2호가 금성에 다가가 자기장을 감지하지 못한 것은 금성이 아주 느린 속도로 자전한다는 사실을 뒷받침해 주는 증거라 할 수 있다.

마지막으로 금성이 지닌 특이한 성질을 하나 더 이야기해 보자. 금성은 이렇게 느린 속도로 도는 것도 모자라, 거꾸로 돌고 있다. 즉, 태양, 수성, 지구, 달, 화성, 목성, 토성, 해왕성은 모두 서쪽에서 동쪽으로 자전하고 있는 반면, 금성은 동쪽에서 서쪽으로 자전하고 있다.

그 이유는 아무도 모른다. 그렇지만 모든 답을 다 알 수 있는 것은 아니지 않은가? 지난 30년 동안 우리는 금성에 대해 이미 아주 많은 사실을 알아냈으므로(마이크로파를 발사하여 금성의 표면 지도까지 작성했다), 다음 세대의 과학자들이 연구할 몫을 조금 남겨 두어도 괜찮을 것이다.

Isaac Asimov

변하는 거리

과학적 순진함 또는 무지에서 나오는 표현에 나는 평소 큰 관심을 기울이는 편이다. 나는 과학 저술가이자 과학을 대중에게 쉽게 설명하는 일을 직업으로 삼고 있기 때문에, 대중이 하는 말에 귀를 기울이면 그들이 무엇을 설명해 주길 바라는지 알 수 있다.

예를 들어보자. 1988년 9월 28일에 화성이 지구에 가장 가까워지는 지점에 도달한 사건이 있었다. 그때 언론들은 그 사건을 대서특필하였다. "화성, 지구에 바짝 접근하다"라고 떠들어댔다. 천문학을 잘 모르는 사람들이 이 기사를 읽으면, 아마도 화성이 바로 우리 머리 위에 와 있으며, 그 결과 화성이(어쩌면 불과 수십 미터 밖에서) 어떤 기묘한 영향을 미치지 않을까 하고 상상할 것이다.

만약 이 신비로운 사건에 내가 직접 얽히지만 않았더라도 나는 이 일을 그냥 넘겨 버리고 말았을 것이다. 그런데 TV 방송국에서 일하는 절친한 친구가 내게 전화를 걸어 와 화성에 대해 인터뷰하기를 원했다.

여행을 싫어하는 나로서는 먼 거리는 중요한 기피 사유가 된다. 그러나 다행히 스튜디오가 그리 멀지 않아 나는 인터뷰 요청에 응했다. 나는 스튜디오까지 걸어가서 조명이 환히 비치는 자리에 앉았다.

나는 첫 번째 질문이 무엇인지 예상하고 있었고, 그 답을 준비해 두고 있었다. "화성이 지구에 바짝 접근한다는데, 이 사건은 우리에게 어떤 의미가 있나요?" 질문자는 걱정스러운 어조로 물었다. "별로 큰 의미는 없습니다." 나는 유쾌한 표정으로 이렇게 대답하고 나서 설명을 계속했다. 두 문장만으로 그것을 설명하기는 쉽지 않았지만, 그렇다고 크게 염려하지는 않았다. 왜냐하면 이 주제에 관해 내가 과학 에세이 시리즈를 쓸 공간이 이렇게 기다리고 있다는 사실을 알고 있었기 때문이다.

자, 그러면 의자에 편히 앉아 일부 천체들과 지구 사이의 거리에 대해서, 그리고 그 거리가 어떻게 변하는지에 대해서 내 이야기를 차분히 들어 보라.

30%나 더 밝은 보름달

맨 먼저 모든 천체 중에서 지구와 가장 가까운 달부터 시작해 보자. 달은 27.32일에 한 번씩 지구 주위를 공전하며(이것은 항성들을 기준으로 하여 지구를 한 바퀴 도는 시간이므로 항성월이라 부른다), 그러는 동안에 대체로 지구에서 거의 같은 거리를 유지한다.

지구에서 달까지의 평균 거리(지구 중심에서 달 중심까지)는 고대 그리스인도 상당히 정확하게 계산하였다. 그렇지만 지난 수십 년 동안에 우리는 달에다 마이크로파를 쏘아 그 반사파를 수신하고, 마이크로파가 왕복하는 데 걸린 시간을 잼으로써 수백 미터 이내의 오차로 달까지의 거리를 측정할 수 있게 되었다.

그렇게 하여 측정한 달까지의 평균 거리는 38만 4400.5km이다. 만약 달이 지구 주위를 완전한 원 궤도로 돈다면, 달과 지구 사이의 거리는 언제나 이 값을 유지할 것이다. 그러나 달의 궤도는 완전한 원이 아니고 타원이다. 그래도 원에 아주 가까운 타원이어서, 달의 궤도를 한 장의 종이 위에 축소해 그린다면 우리의 눈에는 거의 완전한 원으로 보일 것이다.

원은 중심이 하나만 있지만, 타원은 중심 양쪽에 두 개의 '초점'이 있다. 달의 경우, 그중 한 초점에 지구가 위치하고 있다. 즉, 타원 궤도의 중심에서 약간 벗어난 곳에 지구가 위치하고 있다.

타원의 한쪽 끝에서 출발하여 두 초점을 지나 타원의 다른 쪽 끝을 연결하는 직선을 '장축'이라 부른다. 그리하여 지구와 같은 쪽의 장축에 달이 올 때 달과 지구 사이의 거리가 가장 가까워진다. 이 지점을 근지점近地點이라 한다. 영어로는 '페리지perigee'라고 하는데, 이것은 그리스어로 '지구에서 가까운'이란 뜻을 지니고 있다. 달이 장축의 반대편에 올 때에는 달과 지구 사이의 거리가 가장 멀어지는데, 이 지점을 원지점遠地點이라 한다. 영어로는 '애퍼지apogee'라고 하는데, 그리스어로 '지구에서 멀리 떨어진'이란 뜻을 지니고 있다.(〈그림 1〉참고.)

달은 지구 주위를 돌면서 근지점에서 원지점으로 이동했다가, 다시 원지점에서 근지점으로 이동한다. 이때 달과 지구 사이의 거리에는 그다지 큰 변화가 일어난다고는 말할 수 없는데, 그것은 달의 궤도 자체가

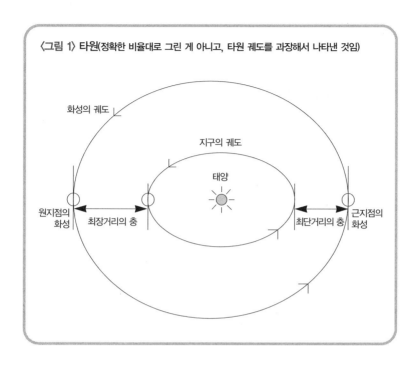

〈그림 1〉타원(정확한 비율대로 그린 게 아니고, 타원 궤도를 과장해서 나타낸 것임)

화성의 궤도

지구의 궤도

태양

원지점의 화성

최장거리의 충

최단거리의 충

근지점의 화성

원에 아주 가까운 타원이기 때문이다. 그럼에도 불구하고 근지점에 있을 때 달까지의 거리는 35만 6375km인 데 비해 원지점에 있을 때에는 40만 6720km이다.

따라서 4주일 동안 지구 주위를 한 바퀴 돌 때 나타나는 이 두 거리의 차는 5만 345km로, 평균 거리의 13%에 이른다. 이 거리 차이는 달의 모습에 어떤 영향을 미칠까? 분명히 영향을 미친다. 근지점에서 각도로 나타낸 달의 시視 지름은 33.48′(분)인 데 비해 원지점에서 달의 시지름은 29.37′이다. 즉, 달은 근지점에 있을 때가 원지점에 있을 때보다 지름이 14%나 더 크게 보인다. 그리고 면적은 30%나 더 크게 보인다. 이것은 근지점에 있는 보름달이 원지점에 있는 보름달보다 30%나 더 밝다는 뜻이다.

자, 여러분은 이것이 어떤 중요한 의미가 있다고 생각하는가? 보통 사람들에게는 그렇게 큰 의미가 있을 것 같지 않다. 내가 알기로는 어느 날의 보름달이 다른 날의 보름달보다 30%나 더 밝다는 사실을 보통 사람들이 깨달은 적은 없기 때문이다.

태양의 경우

이제 태양을 살펴보자. 지구는 365.2422일 만에 한 번씩 태양 주위를 돈다. 지구의 공전 궤도는 거의 원이기 때문에, 지구에서 태양까지의 거리는 항상 거의 똑같다. 평균 거리는 1억 4960만 km로, 달에 비해 389배나 멀다.

그렇지만 지구의 궤도도 완전한 원이 아니고 약간 타원이다. 지구의 궤도는 달의 궤도에 비해서는 덜 길쭉한 타원이다. 타원이 얼마나 길쭉한 모양을 하고 있는가는 이심률異心率로 나타낸다. 원의 이심률은 0인데, 달의 궤도의 이심률은 0.055로 0에서 크게 벗어나는 값은 아니다. 지구의 타원 궤도의 이심률은 그것보다 더 작은 0.0167이다.

그렇지만 이렇게 작은 이심률이라 해도 지구가 1년에 걸쳐 태양의 주위를 공전하는 동안 태양과의 거리에는 눈에 띄는 변화가 나타난다. 지구가 근일점近日點에 이르렀을 때 태양까지의 거리는 1억 4710만 km이고, 원일점遠日點에 이르렀을 때 태양까지의 거리는 1억 5210만 km이다. 최대 거리와 최소 거리 간의 차는 500만 km로, 평균 거리의 5.4%에 불과하다. 태양의 경우가 달의 경우보다 거리의 변화율이 더 작은 것은 지구의 궤도가 달의 궤도보다 덜 길쭉한 타원이기 때문이다.

지구와 태양 사이의 거리 변화는 태양의 겉보기 크기에도 영향을 미친다. 지구가 근일점에 있을 때, 태양의 시지름은 31.61′(분)이다. 따라서 근일점에 있을 때가 원일점에 있을 때보다 태양의 지름은 3%, 면적은 6%가 더 크며, 밝기도 6% 더 밝다.

그렇지만 보름달의 밝기에 생기는 30%의 변화도 눈치 챌 수 없다면, 태양의 밝기에 생기는 6%의 변화는 더더욱 알아채기 어려울 것이다.(특히 지금은 지구가 근일점에 도달할 때 대부분의 지구인이 살고 있는 북반구가 겨울이 되면서 태양의 밝기 변화가 두드러지게 나타나지 않기 때문에 더욱 그렇다. 태양은 원일점에 있을 때보다 더 많은 빛을 지구에 보내긴 하지만, 북반구에서는 태양의 고도가 낮고 지평선 위에 머무르는 시간이 짧기 때문에 그 효과가 감소한다.)

그렇지만 최근 들어 지구가 근일점에 있을 때와 원일점에 있을 때 나타나는 태양 복사량의 차이는 세차 운동歲差運動, 지구 궤도 이심률의 미소한 변화, 기울어진 자전축과 함께 지구 기후에 장기적인 변동(빙하 시대를 포함해)을 초래하는 한 가지 요인으로 꼽히고 있다. 그렇지만 여기서는 이 문제를 깊이 파고들지 않기로 하자.

두 명의 달리기 선수

이번에는 화성의 경우를 살펴보자. 화성은 지구나 달과는 아주 색다른 모습을 보여 준다. 달이 지구 주위를 도는 것이나 지구가 태양 주위를 도는 운동은 다소 순조로운 운행 모습을 보여 준다. 항성들을 배경으로 바라보면 거의 일정한 속도로 서쪽에서 동쪽으로 움직인다.(지구 자전의 효과를 배제한다면.)

그런데 화성은 지구와 같은 방식으로 태양 주위를 공전하긴 하지만, 다른 거리에서 다른 속도로 공전한다. 그 결과 여기서 고려해야 할 궤도는 하나가 아니라 둘(화성과 지구)이 된다. 이것은 하늘에서 보이는 화성의 시운동이 달이나 태양의 경우보다 훨씬 복잡하다는 것을 의미한다.

지구와 태양 사이의 평균 거리가 약 1억 5000만 km인 데 비해, 화성과 태양 사이의 평균 거리는 2억 2800만 km이다. 이것은 태양과 화성 사이의 거리가 태양과 지구 사이의 거리의 1.52배이며, 공전 궤도의 길이도 지구의 1.52배라는 것을 의미한다.

게다가 지구는 화성보다 태양에 더 가까워 태양의 중력이 더 강하게 작용한다. 그 결과 지구는 더 긴 궤도를 도는 화성보다 더 빠른 속도로 움직인다. 지구의 평균 궤도 속도는 초속 29.79km이고, 화성의 평균 궤도 속도는 초속 24.13km이다. 그 결과 화성이 태양 주위를 한 바퀴 공전하는 데 걸리는 시간은 단순히 궤도의 길이만으로 생각한 것보다 훨씬 길다.

요컨대 지구가 태양 주위를 한 바퀴 도는 데 365.2422일이 걸리는 데 비해 화성의 경우는 686.98일, 즉 약 1.88년이 걸린다.

지구와 화성은 태양 주위를 똑같은 방향으로 돌고 있는 두 명의 달리기 선수에 비유할 수 있다. 화성은 지구보다 약간 바깥쪽 트랙을 돌고 있으므로, 지구는 늘 화성보다 빨리 돈다. 이 때문에 화성을 앞질러 달리다가 어느새 화성의 뒤로 다가가서는 다시 화성을 추월하길 수십억 년간 계속 반복하고 있다.

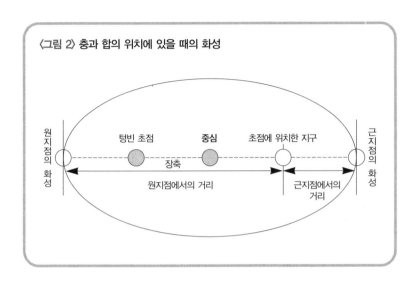

〈그림 2〉 충과 합의 위치에 있을 때의 화성

원지점의 화성 | 텅빈 초점 | 중심 | 초점에 위치한 지구 | 근지점의 화성

장축

원지점에서의 거리 · 근지점에서의 거리

따라서 지구가 화성을 따라잡아 막 추월하려고 하는 순간에 지구와 화성의 거리가 가장 가까워진다. 이때 두 행성은 태양에서 볼 때 똑같은 방향에 있다. 즉, 두 행성이 동일 평면에서 움직인다고 한다면(실제로는 완전히 동일한 평면은 아니다), 지구가 화성을 추월하려고 하는 순간에 태양과 지구를 잇는 직선을 연장하면 그 선이 화성도 지나가게 된다.(〈그림 2〉 참고.)

또한 이때 지구에서 화성을 보면 화성은 한밤중에 천정天頂에 최대한 가까이 다가가며, 태양의 반대편에 위치한다. 태양과 행성이 지구를 가운데 놓고 서로 정반대편에 오는 때를 천문학 용어로 충衝이라 하는데, 화성이 충의 위치에 있을 때 지구와 화성 사이의 거리가 가장 가깝다.

충의 위치를 지나 지구가 화성을 앞질러 나아가기 시작하면 지구는 화성에서 점점 멀어진다. 그러다가 결국은 태양을 사이에 두고 지구와 화성이 정반대편에 위치할 때까지 멀어진다. 이때 화성은 태양의 반대편에 있기 때문에, 지구에서 보면 화성은 태양에 매우 가까이 접근한 것으로 보인다. 이와 같이 태양을 사이에 두고 행성과 지구가 서로 정반대편에 위치할 때를 천문학 용어로 합合 또는 회합이라 한다. 합의 위치에서는 지구에서 볼 때 행성과 태양이 같은 위치에 있다. 따라서 합일 때 지구와 화성 사이의 거리가 가장 멀다.

만약 화성이 제자리에 가만히 정지해 있다고 한다면 지구가 충에서 합의 위치로 가는 데에 반년이 걸리고, 또 합에서 충의 위치로 되돌아가는 데에도 반년이 걸릴 것이다. 그렇지만 화성도 계속 달리고 있다. 지구만큼 빨리 달리지는 않지만, 그래도 상당한 속도로 달리기 때문에 지구가 화성을 완전히 한 바퀴 따라잡는 데에는 더 많은 시간이 걸린다. 지구가 화성을 완전히 한 바퀴 따라잡는 데 걸리는 시간, 즉 충에서 다음 충의 위치에 올 때까지 걸리는 시간은 평균적으로 779.94일(2.137년)이다.

이번에는 지구와 화성이 태양 주위를 완전한 원 궤도로 돈다고 가정해 보자. 이 경우 충일 때 지구와 화성 사이의 거리는 화성과 태양 사이의 거리에서 지구와 태양 사이의 거리를 빼 준 것과 같다. 그 값은 약 7800만 km가 된다. 그리고 합일 때에는 지구와 화성은 태양을 사이에 두고 정반대편에 있으므로, 양자 간의 거리는 7800만 km에다 지구 궤도의 지름을 더한 것이 된다.(이것이 선뜻 머릿속에 그려지지 않는 사람은 〈그림 3〉을 참고하라.) 그러면 둘 사이의 거리는 3억 7800만 km가 된다.

그렇다면 지구와 화성 사이의 거리는 합일 때가 충일 때의 4.8배나 된다. 그 결과 화성은 충일 때 합일 때보다 약 23배나 더 밝게 빛나므로, 화성의 이러한 밝기 변화는 분명히 눈에 띌 것이다.

그런데 이것은 논리적으로는 맞지만, 실제로는 그렇지 않다. 충일 때 화성은 하늘 높이 떠 있어 밤 내내 볼 수 있다. 그러나 충의 시기를 지나면 화성은 점점 태양 쪽으로 다가가기 때문에 밤하늘에서 화성은 점점 사라져 간다. 나중에는 태양의 밝은 빛에 가려지기 때문에 한밤중에는 볼 수 없게 되고, 겨우 새벽이나 초저녁에 아주 잠깐 볼 수 있을 뿐이다.

그래서 화성은 점점 눈에 띄지 않게 되는데, 이것은 비단 화성의 빛이 약해져 가기 때문만이 아니고, 화성이 밤하늘에서 서서히 사라져 가기 때문이기도 하다. 전문가가 아닌 사람들은 이 두 가지 이유를 혼동할 수 있다.

핏빛으로 빛나다

그런데 지구와 화성의 궤도는 완전한 원이 아니다. 지구의 궤도는 그래도 비교적 원에 가깝다고 할 수 있지만, 화성의 궤도는 원에서 많이 벗어난다. 지구 궤도의 이심률은 앞에서 말했다시피 0.0167인 데 반해 화성 궤도의 이심률은 그보다 훨씬 큰 0.0934로, 달의 이심률보다도 훨씬 크다. 그 결과 화성과 태양 사이의 거리는 원일점에서는 2억 4900만 km인 반면, 근일점에서는 2억 700만 km로 변한다. 최대 거리와 최소 거리의 차는 4200만 km로 화성과 태양 사이의 평균 거리의 18.4%에 이른다.

문제를 간단하게 하기 위하여 지구의 궤도를 원이라고 생각하기로 하자.(실제로 원에 가깝기 때문에 이렇게 생각해도 큰 무리는 없다.)

충은 지구 궤도상의 어느 위치에서라도 일어날 수 있다. 이것은 화성이 근일점에 있을 때건 원일점에 있을 때건, 아니면 그 중간의 어느 지점에 있을 때건 지구가 화성을 추월하려는 순간에 일어난다.

만약 화성의 원일점에서 충이 일어난다면, 지구와 화성 사이의 거리는 2억 4900만 km에서 1억 5000만 km를 뺀 9900만 km가 된다. 또 화성의 근일점에서 충이 일어난다면, 지구와 화성 사이의 거리는 2억 700만 km에서 1억 5000만 km를 뺀 5700만 km가 된다. 지구 궤도는 실제로 정확히 원이 아니기 때문에, 지구와 화성 사이의 최소 거리는 5550만 km까지 될 때도 있다.

이제 태양의 존재는 무시하기로 하자. 그리고 태양이 지구를 사이에 두고 화성과는 정반대편에 있을 때인 충의 경우들만 생각해 보자. 이때 화성은 하늘 높이 떠 있으며, 밤 내내 하늘에 머문다. 그런데 같은 충이더라도 어떤 지점에서는 화성과 지구 사이의 거리가 다른 지점에서 일어나는 충일 때보다도 훨씬 가깝다.(《그림 3》 참고.)

이러한 이유 때문에 화성은 근일점에서 충이 일어날 때가 원일점에서 충이 일어날 때보다 약 3.25배나 밝다. 이것은 분명히 눈에 띄는 변화이다. 이 변화는 색의 변화 때문에 더욱 두드러져 보인다. 가장 밝은 행성들인 금성과 목성은 흰색으로 빛난다. 근일점에서 충이 일어날 때의 화성은 목성보다 약간 더 밝으며, 붉은색으로 빛난다. 화성은 밤하늘에서 붉은색으로 빛나는 천체 중에서는 가장 밝게 빛난다.

화성의 붉은색은 화성의 토양이 철을 많이 함유하고 있기 때문에 나타나는데, 말하자면 우리는 녹이 슨 행성을 보고 있는 셈이다. 그런데 철기 시대 이전에 화성을 바라보았던 고대인은 그것이 녹 때문이라는 것을 몰랐다. 그들이 붉은색을 보고 연상한 것은 피였다.

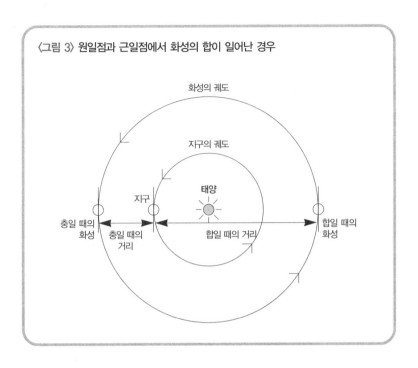

〈그림 3〉 원일점과 근일점에서 화성의 합이 일어난 경우

따라서 체계적인 방법으로 하늘을 최초로 관측한 고대 민족인 수메르인이 이 행성에 전쟁과 파괴, 죽음의 신인 네르갈Nergal의 이름을 붙인 것은 충분히 이해가 간다. 그리스인도 이러한 선례를 따라 그리스 신화에서 전쟁의 신인 아레스Ares의 이름을 화성에 붙였고, 로마인도 아레스에 해당하는 그들의 전쟁신인 마르스Mars라는 이름을 붙였다. 영어를 비롯해 많은 유럽 언어는 이 로마의 전쟁신 이름을 그대로 사용하고 있다.

핏빛으로 빛나고, 전쟁과 파괴와 죽음을 상징하는 이름이 붙어 있는 천체를 불길하고 두려운 대상으로 생각한 것은 어찌 보면 당연하다고 할 수 있다. 화성은 2년에 한 번은 밤새도록 붉은 보석처럼 빛나며, 이

따금 특별히 밝게 빛날 때가 있다. 그래서 화성이 근일점 근처에서 충이 일어나 평상시보다 유난히 밝게 빛날 때, 사람들이 겁을 집어먹고 재앙이 닥치지 않을까 불안에 휩싸이곤 했던 것은 충분히 이해가 간다.

물론 이것은 순전히 미신에 불과하다. 그렇지만 미신은 종종 냉정한 이성보다 더 강하게 사람들의 마음과 정신을 지배한다.(최소한 과거에는 그랬으며, 아마도 미래에도 그럴 것이다.) 사람들이 천문학적 사실을 더 많이 알고 화성을 전쟁의 신으로 의인화한 것이 단순히 신화를 믿던 시대의 유물이라는 점을 이해하고 나서도, 화성에서 재앙을 연상하는 관습은 사람들의 마음속에 남았다.

화성에 생명체가 살고 있을까?

1965년 이전에는 화성의 충이 일어날 때마다 천문학자들은 크게 흥분했다. 물론 미신적 공포 때문에 그런 것이 아니고, 천문학적 호기심 때문에 그런 것이다. 1608년에 망원경이 발명된 이후 맨눈으로 보는 것보다 더 자세히 화성을 관측할 수 있게 되었다. 천문학자들은 화성이 지구에 가까이 접근하는 충이 일어날 때에는 다른 때보다도 더 크고 선명한 화성의 모습을 관측할 수 있었으며, 특히 충이 근일점에서 일어날 때에는 어느 때보다도 더 크고 선명하게 화성을 볼 수 있었다.

화성은 약 31년마다 한 번씩 근일점이나 그 근처에서 충이 일어난다. 이때마다 천문학자들은 화성을 관측하려고 망원경에 들러붙어 부산을 떤다. 이러한 천문학자의 흥분은 자연스럽게 언론에 새어나가게 된다. 그러면 일반 대중도 '화성의 대접근'을 경이로운 눈으로 바라보면서 약간의 불안감마저 느낀다.

게다가 화성의 대접근이 일어날 때마다 망원경, 분광기, 사진술 등이 전번의 대접근 때보다 약간이나마 더 발전하게 마련이다. 따라서 화성 표면 관측이 이전보다 더 정밀하게 이루어지고, 화성의 지도를 더 정확하게 그리고, 또한 예기치 않았던 발견이 새로 일어날 가능성도 있다.

1877년에 화성이 지구에 가까이 접근해 왔을 때 미국의 천문학자 에이사프 홀Asaph Hall(1829~1907)은 화성에 아주 가까이 붙어서 돌고 있을지도 모르는 작은 위성들을 관측하겠다는 계획을 실행에 옮길 기회를 얻었다.(이 위성들은 만약 존재한다면 분명 그 크기가 매우 작고 화성에 바짝 붙어 있을 것이다. 그렇지 않다면 그 이전에 이미 발견되었을 테니까.)

그는 관측을 계속하다가 8월 11일에 그만 포기하기로 했다. 그런데 아내인 안젤리나 스티크니 홀Angelina Stickney Hall이 하루만 더 해 보라고 권했다. 그 덕분에 그는 그날 밤에 두 개의 위성을 발견하는 개가를 올렸다. 그는 두 위성에 마르스의 두 아들의 이름을 따 각각 포보스Phobos('공포'란 뜻)와 데이모스Deimos('근심'이란 뜻)란 이름을 붙여 주었다.

화성의 충이 일어난 바로 그때, 이탈리아 천문학자 조반니 비르지니오 스키아파렐리Giovanni Virginio Schiaparelli(1835~1910)는 누구보다도 더 자세한 화성 지도를 작성하였다. 그는 화성 표면에서 검은 선들을 발견했는데, 그것을 수로水路라고 생각하여 '카날리canali'라고 불렀다. 카날리는 이탈리아어로 수로 또는 해협을 의미하는 것으로, 영국 해협처럼 폭이 좁은 자연적인 수로를 가리킨다.

이 단어가 영어로 번역되면서 철자가 비슷한 'canal'이 되었는데, 영어에서 canal은 인공적으로 만든 수로, 곧 운하를 가리킨다. 그러자 천문학자가 아닌 많은 사람들은(다수의 천문학자도 포함해) 화성에 생명체가 존재한다는 증거가 발견되었다고 생각했다. 그것도 단순한 생명체가 아니라, 운하를 건설할 정도로 고도의 기술 문명을 지닌 고등 생물이! 화성은 지구보다 크기가 작아서 그 표면 중력이 지구의 5분의 2에 불과하므로 서서히 물을 잃어 가고 있고, 그래서 화성의 고등 생물은 극지방의 얼음에서 물을 끌어다가 따뜻한 지방의 농토에 공급하기 위해 운하를 판 것인지도 모른다는 상상이 널리 퍼졌다.

미국 천문학자 퍼시벌 로웰Percival Lowell(1855~916)도 이러한 견해를 믿었던 사람이다. 그는 사재를 털어 애리조나 주에 천문 관측소를 세웠다. 사막 고원 지대인 그 곳에서는 건조하고 엷은 대기층을 통해 화성을 잘 관측할 수 있었다. 그는 직선으로 뻗은 운하들이 화성 표면 위로 교차하며 지나가고, 그 운하들이 오아시스에서 만나도록 그린 화성 지도들을 제작하였다. 이와 함께 화성에 고도의 문명을 가진 고등 생물이 살고 있다는 주장을 실은 책도 출간했다.

대부분의 천문학자는 이런 주장을 의심했으나, 일반 대중은 덥석 받아들였다. 그들은 화성에 고도의 문명을 가진 생물이 존재한다는 생각만 받아들인 것이 아니었다. 옛날부터 전해 내려오던 핏빛 행성에 대한 미신 때문에 화성에 사는 생명체는 악의 무리일 것이라고 생각했다.

1898년, 영국 작가 허버트 조지 웰스Herbert George Wells(1866~1946)는 이러한 대중의 정서에 편승하여 《우주 전쟁The War of the Worlds》이란 소설을 썼다. 이 책은 내가 아는 한 행성 간 전쟁을 주제로 다룬 최초의 소설이다. 원래 웰스가 의도한 것은 사회 풍자 소설이었다. 그 당시 영국을 비롯한 유럽 열강은 때마침 아프리카 주민의 의사와는 상관없이 아프리카를 마구 분할하고 있었다. 웰스는 영국을 침략한 화성인을 영국인의 의사와는 상관없이 영국을 점령하려 하는 것으로 그렸다.

그러나 일반 대중은 이러한 풍자는 전혀 알아채지 못한 채 오로지 화성인의 침략에 대한 공포와 화성인이 본질적으로 악한 무리라는 점만 받아들였던 것 같다. 이 소설은 그 후 공상과학소설에서 계속 우려먹게 되는 전형적인 패턴을 만들어 냈다. 즉, 화성인은 지구보다 문명이 훨씬 발전했지만, 화성이 더 이상 살 수 없는 곳으로 변해 가고 있기 때문에 사악한 그들이 지구를 정복하려 한다는 것이다.

1900년부터 1965년 사이에 화성인의 침공을 주제로 한 소설이 얼마나 많이 써졌는지 모르지만, 이것들은 모두 오래 전부터 전해 내려오던 화성에 대한 미신적 생각을 뿌리내리게 하는 데 일조했다. 그러한 미신적 생각은 단지 이 행성의 표면에 있는 철이 녹슬었고, 화성이 지구에 가까워 그 붉은색이 더 선명하게 보인다는(특히 대접근이 일어날 때) 사실 때문에 생겨난 것인데도 말이다.

급기야 1938년, 화성인의 침공에 대한 공포가 사람들의 마음속에 얼마나 크게 자리 잡고 있는지 보여 주는 사건이 일어났다. 1938년 10월 30일, 오슨 웰스Orson Welles(1915~1985)는 조지 웰스의 소설을 라디오 드라마로 만들었다. 그런데 그는 화성인의 착륙 지점을 영국에서 미국의 뉴저지 주로 바꾸었고, 뉴스와 정부 성명 형식으로 이야기를 전개했다. 그것은 불과 한 달 전에 히틀러가 라디오와 신문을 통해 일련의 전쟁 위협을 내보내 서구 연합국을 뮌헨에서 굴복하게 만들었던 것과 비슷한 수법이었다.

웰스는 이것을 방송하면서 이 이야기는 픽션이라는 점을 분명히 밝혔지만, 뉴저지 주에 살던 많은 사람들은 그 라디오 방송을 듣고 공포에 휩싸였으며, 피난을 가려고 고속도로로 몰려들어 북새통을 이루는 소동을 빚었다.

나는 화성을 주제로 한 텔레비전에서 인터뷰를 하던 도중에 1938년의 화성인 침공 소동에 대해 어떻게 생각하느냐는 질문을 받고 약간 씁쓸했다.

나는 이렇게 대답했다. "오존층이 파괴되고 있습니다. 숲이 사라져 가고 있고, 사막화가 꾸준히 진행되고 있습니다. 온실 효과로 인해 해수면이 약 60미터나 상승할지 모릅니다. 폭발적인 인구 증가가 인류를 질식시키고 있습니다. 환경 오염이 우리를 죽여 가고 있습니다. 핵전쟁이 우리를 파멸시킬지도 모릅니다. 만약 사람들에게 이렇게 말한다면 그들은 하품을 하거나 돌아누워 편안하게 낮잠을 잘 것입니다. 그런데 화성인이 쳐들어온다고 해 보세요. 사람들은 비명을 지르고 피난가기에 바쁠 겁니다. 이것은 정말로 어이없고 통탄할 현실이 아닙니까?" 그러나 내가 한 말은 편집되어 방송에 나가지 않았다.

1964년 11월 28일, 화성 탐사선 매리너 4호가 발사되었다. 1965년 7월 14일, 매리너 4호는 화성 표면에서 약 1만 km 지점을 통과하면서 20장의 사진을 찍어 지구로 전송하였다. 이 사진들에서 운하는 볼 수 없었다. 사진에서 볼 수 있는 것은 달에서 흔히 볼 수 있는 것과 같은 크레이터뿐이었다.

그 후로도 많은 탐사 작업이 진행되었고, 지금은 화성 지도가 비교적 상세하게 작성되었다. 화성 표면에는 크레이터뿐만 아니라 사화산, 거대한 계곡, 뒤죽박죽 뒤섞인 지형, 말라붙은 강바닥처럼 보이는 자국,

얼어붙은 이산화탄소로 이루어진 빙관 등이 있다. 그리고 매우 엷은 대기도 있는데, 산소는 거의 포함되어 있지 않다. 화성에서 운하의 흔적, 액체 상태의 물, 그리고 생명의 흔적은 전혀 발견되지 않았다.

그렇다면 이제 화성이 지구에 가까이 다가온다고 해서 무슨 특별한 의미가 있는가? 이젠 어떤 천문학자도 망원경을 통해 화성에서 무엇을 발견하려는 노력을 하진 않는다. 무인 탐사선들은 지구상의 어떤 망원경보다도 더 풍부한 정보를 제공해 주었고, 앞으로도 새로운 정보들은 탐사선들이 제공해 줄 것이다.

물론 아마추어 천문 관측자들에게는 화성이 지구에 접근해 올 때 화성을 관측하는 것이 여전히 큰 즐거움으로 남아 있을 것이다. 화성을 다른 때보다 더 크고 선명하게 볼 수 있을 테니까.

아마추어 천문 관측자들이 흥분하는 것은 아무 잘못이 없지만, 화성의 대접근에 대해 두려워한다거나 모호한 예언을 한다거나 허황된 설명으로 사람들의 관심을 끌 이유는 전혀 없다. 그러한 것들은 오로지 5000여 년 전에 아무 근거도 없이 생겨난 미신에서 비롯되었을 뿐이다.

Isaac Asimov

달의 쌍둥이

어린 나이에 글을 배워서 이것저것 가리지 않고 마구 읽기 시작한 사람이 겪는 어려움 중 하나는, 과거를 되돌아보면서 "이때 이것이 이러이러하다는 것을 처음으로 배웠다"라고 말하기가 매우 애매하다는 사실이다. 내가 책을 쓰면서 다루는 다양한 주제들에 대해 알고 있는 지식의 유래는, 내 개인의 역사에서는 희미한 안개처럼 가물가물한 선사 시대에 해당하는 시점으로 거슬러 올라간다.

한 가지 예를 들면, 나는 내가 어릴 적에 천문학에 관한 책을 읽으면서 그리스 신화에 관심을 가지게 되었는지, 아니면 그 반대로 그리스 신화를 읽으면서 천문학에 관심을 가지게 되었는지 도저히 알 수가 없다. 나는 아주 어릴 적부터 이 두 분야에 관한 책들을 읽었는데, 이것들은 내 머릿속에서 마구 뒤섞인 채 남아 있다.

내 생애의 첫 10년 동안에 읽은 천문학 책들이 별자리와 그것과 관련된 신화를 지나치게 많이 묘사한 것이었기 때문에 이런 일이 생기지 않았나 하는 생각이 든다. 별이 정확하게 무엇인지 알기 전에 나는 큰곰자리와 작은곰자리가 원래는 님프인 칼리스토Callisto와 그 아들 아르카스Arcas가 변한 것이라는 이야기를 읽었다. 국경선이 지리학자에게 중요한 의미를 지니는 것처럼, 별자리가 천문학자에게 중요한 의미가 있다는 사실을 알게 된 것은 훨씬 나중의 일이었다.

그리스 신화 중에 님프 이오Io에 관한 이야기가 있다. 이나코스 강의 딸인 이오는 불행하게도 탐욕스러운 제우스의 눈에 들게 되었다.(그리스 신화에서 제우스는 눈에 들어오는 모든 여자와 관계를 맺으며, 그 때문에 질투심이 강한 아내 헤라의 분노를 산다.)

그 사실을 즉각 눈치 챈 헤라는(그녀는 항상 제우스가 바람피우는 것을 알아챈다), 이오를 흰 암소로 변신시키고 괴물 아르고스에게 감시하게 했다. 아르고스는 눈이 100개 달린 괴물로 잠을 잘 때에는 그 눈들 중 일부만 감고 나머지는 뜨고 있기 때문에 24시간 내내 이오를 감시할 수 있었다.(물론 3명의 보초를 교대로 세워도 되겠지만, 그리스인은 이런 단순한 방법은 결코 생각하지 않았다.) 그러자 제우스는 헤르메스Hermes를 보내 잠이 오게 하는 이야기로 아르고스를 잠들게 한 후, 죽여 없애게 했다.

그러나 헤라도 쉽사리 물러나지 않고 이번에는 쇠파리를 보내 암소로 변한 이오를 물어뜯게 했다. 불쌍한 이오는 쇠파리에게 쫓기며 동지중해의 여러 지역을 정처 없이 떠돌아다녔다. 그리스 신화에서는 이오가 방랑 중에 해협을 건널 때마다 그 해협을 보스포루스Bosporus(암소가 건넜다는 뜻)라 불렀다.

처음에 이오는 그리스 서해안으로 갔는데, 그 곳과 이탈리아 사이에 있는 바다가 너무 넓어서 건널 수가 없었다.(이 바다는 이오의 이름을 따

이오니아 해라 부른다.) 그 다음에는 북쪽과 동쪽으로 갔다가 흑해의 북해안을 가로지른 뒤, 남쪽으로 카프카스 산맥으로 가 거기서 키메리안 보스포루스(지금의 케르치 해협)를 건너 크림 반도로 들어갔다. 거기서 다시 트라키아로 가 좁은 해협을 건너 소아시아로 들어갔다. 이것을 트라키아의 보스포루스라 불렀는데, 이 곳이 바로 오늘날에도 보스포루스라는 옛날 이름이 그대로 남아 있는 유일한 해협이다.

그 다음에 이오는 동쪽으로 가다가 남쪽으로 꺾어 인도에 이르렀다. 거기서 다시 서쪽으로 아라비아를 지나 홍해 남단에 있는 좁은 해협을 건너, 나일 강 상류에 있는 에티오피아로 갔다. 이 해협이 '에티오피아 보스포루스'인데, 지금은 바브 알만다브 해협으로 알려져 있다. 그 곳에서 마지막으로 이오는 북쪽의 이집트로 가서 제우스의 아들을 낳고, 이집트의 여신인 이시스Isis가 되어 안식을 찾았다.(그리스인의 이야기에 따르면 그러하다.)

어떤 사람들은 이오가 실제로는 달의 신이라고 생각한다. 어떤 이들은 암소의 휘어진 뿔은 초승달을 나타낸다고 한다. 초승달은 수많은 별(아르고스의 눈들)의 감시를 받으며 하늘에 나타난다. 그러나 태양이 떠오르면 모든 별은 사라진다. 그리고 이오가 동지중해 지방을 방랑한 것처럼 하늘을 자유롭게 방랑하면서, 달은 한 달에 한 바퀴씩 하늘을 돈다.(이제부터 천문학에 관한 이야기로 돌아가는데, 천문학 이야기를 논할 때에도 이오가 달의 여신이라는 생각을 마음속에 간직하고 있기를 바란다.)

갈릴레이 위성

1610년 1월, 이탈리아 과학자 갈릴레오 갈릴레이는 자신이 직접 만들어 하늘을 최초로 관측한 망원경으로 목성 주위에서 별처럼 보이는 희미한 물체를 네 개 발견했다. 매일 밤 그것을 관측하는 동안 갈릴레이는 이 별들이 마치 달이 지구 주위를 도는 것처럼 목성 주위를 돈다는 사실을 알아냈다. 그래서 갈릴레이는 이 별들을 목성의 달이라고 생각했다.

독일 천문학자 요하네스 케플러는 이 천체들을 위성satellite이라 부르자고 제안했는데, 이것은 콩고물이 떨어지길 기대하면서 부자나 권력자에 빌붙어 사는 기생충 같은 사람을 뜻하는 라틴어에서 유래한 말이었다. 이 용어는 곧 달보다 더 인기를 얻었는데, 사람들은 달이라는 이름을 지구의 위성에만 사용하는 것이 좋겠다고 생각했기 때문이다.(그런데도 불구하고, 나는 30여 년 전에 《운 좋은 별과 목성의 달들》이라는 제목으로 책을 출판했다. 나는 그 후 이 제목 때문에 얼굴을 들지 못했다.)

어쨌든 이 위성들에 각각 이름을 지어 주어야 했다. 갈릴레이는 그 당시 자신의 후원자이던 토스카나 대공, 곧 메디치가의 코시모 2세(1590~1621)를 기려 '메디치가의 행성들'이라고 부르려고 했다. 그렇지만 다행히도 그 이름은 널리 받아들여지지 않았고, 대신에 좀더 적절한 이름인 '갈릴레이 위성'이라 부르게 되었다.

갈릴레이가 이 위성들을 발견한 직후에 독일 천문학자 시몬 마리우스Simon Marius(1573~1624)도 이것들을 관측하고, 각각의 위성에 신화에서 따온 이름을 붙였다. 그는 이 위성들에 제우스 신(로마인은 제우스를 그들의 신인 유피테르와 동일시했으며, 가장 큰 행성인 목성을 유피테르라 불렀다)

의 총애를 받은 님프나 사람의 이름을 붙였다. 그래서 목성에서 가까운 것부터 차례로 '이오Io', '에우로파Europa', '가니메데Ganymede', '칼리스토Callisto'라고 불렀다.

이오에 관한 신화는 이미 앞에서 이야기하였다. 에우로파는 페니키아의 공주였는데, 제우스가 황소로 변해서 에우로파를 등에 싣고 크레타 섬으로 데려갔다.

칼리스토는 님프였는데, 제우스의 아기를 낳은 죄로 사냥의 여신인 아르테미스Artemis가 곰으로 변하게 했다. 아르테미스는 자신의 시중을 드는 님프는 순결해야 한다는 것을 철칙으로 삼았기 때문이다. 그런데 칼리스토의 아들인 아르카스가 어른이 되어 사냥을 갔다가, 자기 어머니인지도 모르고 곰으로 변한 칼리스토를 죽이려고 했다. 그러자 제우스가 아르카스도 곰으로 변하게 한 뒤, 두 곰을 하늘에 올려놓아 오늘날 우리가 보는 큰곰자리와 작은곰자리를 만들었다.

가니메데는 잘생긴 트로이 왕자였는데, 그 역시 제우스의 눈에 들었다.(고대 그리스인은 신들이 양성적 존재라는 사실에 아무런 거부감을 느끼지 않았다.) 제우스는 독수리로 변해 가니메데를 올림포스 산으로 데려가 잔을 따르는 일을 시켰다.

그런데 왜 마리우스는 제우스의 수많은 상대 중에서 이들 넷을 선택했을까? 나는 순전히 임의적으로 선택한 것이라고 생각한다.

가니메데는 갈릴레이 위성 중에서 4.5등급으로 가장 밝은 위성이다. 그래서 마리우스는 그 시대의 남녀차별주의적 경향에 따라 이 위성에 남성의 이름을 붙였다.(네 위성은 모두 자체 밝기만으로는 맨눈으로도 볼 수 있을 만큼 밝지만, 근처에 있는 목성의 빛에 가려 잘 보이지 않을 때가 많다.)

그리고 세 여성의 이름은 임의로 선택한 것으로 보인다.

그런데 이 이름들은 묘하게도 내가 좋아하는 우연의 일치를 보여 준다.(내가 쓴 글들을 많이 읽어 보신 분들은 아시겠지만, 나는 과학과 역사에서 일어난 우연의 일치를 열광적으로 수집한다. 그렇다고 거기에 신비적인 의미를 덧붙이려는 것은 아니다. 그것들은 어디까지나 우연의 일치일 뿐이다.)

앞에서 이오에 관련된 신화가 달이 하늘에서 보여 주는 천문학적 행동을 그럴듯하게 설명해 준다고 한 이야기가 기억나는가? 그런데 단지 그것이 존재한다는 사실과 밝기와 목성 주위를 도는 움직임 외에는 아무것도 알려지지 않은 위성에 '이오'라는 이름을 붙였는데, 나중에 이오가 여러 가지 측면에서 달과 쏙 빼닮은 쌍둥이로 밝혀진다면, 이것은 실로 기묘한 우연의 일치가 아닌가?

이오와 달, 닮은 데가 없는 쌍둥이

맨 먼저 달의 지름은 3470km인 데 비해 이오의 지름은 3630km로, 이오가 달보다 4.67% 더 크다. 태양계의 어떤 천체도 달의 지름과 이만큼 비슷한 것은 없다.

또 달의 평균 밀도는 3.341g/cm³인 데 비해 이오의 평균 밀도는 3.55g/cm³이다. 태양계의 비교적 큰 천체들 중에서 평균 밀도가 달과 가장 가까운 것 역시 이오이다. 달과 이오의 구성 물질 역시 대부분 암석질인 것으로 추정된다. 둘 다 지구나 금성, 화성과는 달리 금속을 많이 포함하고 있지 않으며, 다른 큰 위성들과는 달리 얼음 성분도 얼마 없다.

물론 이오는 달보다 약간 더 크고 밀도도 약간 더 크기 때문에, 그 질량은 달의 1.2배에 이른다. 그렇지만 이것 역시 상당히 비슷한 값임에 분명하다.

이번에는 모행성과의 거리를 알아보자. 지구와 달 사이의 평균 거리 (중심과 중심 사이의 거리를 기준으로 한)는 38만 4401km이다. 목성과 이오 사이의 평균 거리는 42만 1600km이다. 즉, 목성과 이오 사이의 거리는 지구와 달 사이의 거리보다 9.7% 더 멀 뿐이다. 이것 역시 상당히 비슷한 거리라 할 수 있다.

사실 모행성과의 거리만으로 따진다면, 이오보다 더 비슷한 위성이 하나 있긴 하다. 토성의 위성인 디오네는 토성의 중심에서 37만 7000km 떨어져 있다. 이것은 달과 지구 사이의 거리보다 2.1% 작을 뿐이다. 그렇지만 디오네의 크기는 지름이 1120여 km에 불과하여, 이오나 달에 비하면 아주 작다.

이오와 달의 유사성은 여기서 끝난다. 크기, 밀도, 질량, 모행성과의 거리를 제외하면, 나머지 점에서 이 두 쌍둥이는 닮은 데가 전혀 없다. 우선 두 위성은 서로 아주 다른 행성의 주위를 각각 돌고 있다. 목성은 지구보다 훨씬 큰데, 질량은 지구의 318.4배나 된다. 이것은 각 행성에서 똑같은 거리에(물론 이 거리는 행성의 반지름보다 커야 한다) 있는 지점에 미치는 중력의 세기가 목성이 지구보다 318.4배 크다는 것을 의미한다.

이오와 목성의 거리는 달과 지구의 거리와 비슷하지만, 목성의 강한 중력 때문에 이오는 달보다 훨씬 빠른 속도로 움직인다. 달은 초속 1.03km (시속 3708km)라는 느린 속도로 궤도를 돈다. 이에 비해 이오는 강한 목성의 중력에 끌려들어가 최후를 맞이하지 않으려면 초속 17.4km(시속 6만

2640km)라는 속도로 달려야만 한다. 다시 말해, 이오의 공전 속도는 달의 공전 속도보다 약 17배나 빠르다.

두 위성은 행성 중심에서의 거리가 서로 비슷하기 때문에, 궤도를 따라 행성 주위를 한 바퀴 도는 거리도 비슷하다. 달이 지구 주위를 도는 궤도는 약 120만 7630km이고, 이오가 목성 주위를 도는 궤도는 약 132만 4500km이다.

달이 지구 주위를 한 바퀴 도는 데 걸리는 시간은 별을 기준으로 할 때 27.32일(이것을 항성월이라 부른다)이다. 그런데 이오가 달보다 약간 더 긴 궤도를 도는 데 걸리는 시간은 별을 기준으로 할 때 1.77일밖에 되지 않는다. 달이 지구 주위를 한 바퀴 도는 동안에 이오는 목성 주위를 약 15.4바퀴나 도는 것이다.

조석 효과와 아코디언 효과

행성은 위성의 모든 부분을 똑같은 힘으로 잡아당기는 것은 아니다. 행성에 가까운 지점은 그 반대쪽보다 행성의 중력이 더 강하게 미친다. 그 결과 위성은 행성을 향한 방향으로 잡아늘여진다. 그래서 행성에 가까운 지점은 약간 솟아오르고, 그 반대 지점은 그 반대쪽으로 약간 솟아오른다. 이것을 '조석潮汐 효과'라 한다. 조석 효과의 크기는 행성의 중력이 클수록, 위성의 크기가 클수록, 그리고 행성과 위성 사이의 거리가 가까울수록 크다.

그런데 조석 효과는 위성의 자전 운동에 저항을 받는다. 위성이 자전함에 따라 행성과 가장 가까운 위치가 계속 변하므로, 조석 효과로 솟아오른 부분이 계속 이동하게 된다. 즉, 위성의 표면은 행성에 가장 가까워졌을 때 최고로 솟아올랐다가 멀어짐에 따라 다시 가라앉는다. 이러한 움직임에서 일어나는 내부 마찰은 위성의 회전 에너지를 잠식하여 그것을 열로 전환시킨다. 이에 따라 위성의 자전은 서서히 느려지다가 결국에는 멈추고 말 것이다. 그러면 조석 효과 때문에 솟아오르는 부분도 더 이상 이동하지 않을 것이다.

달도 지구에 조석 효과를 일으키지만, 달의 질량은 지구의 81분의 1밖에 되지 않아 그 중력이 아주 약하다. 그에 반해 지구의 회전 에너지는 아주 크다. 비록 달의 조석 효과가 지구의 회전을 늦추어 현재 지구의 하루 길이가 먼 옛날보다 더 길어진 것은 사실이지만, 아직 지구의 회전을 완전히 멈추게 하지는 못했다.

그렇지만 달에 미치는 지구의 조석 효과는 지구에 미치는 달의 조석 효과보다 훨씬 크며, 달의 회전 에너지는 지구보다 훨씬 작다. 그 결과로 달이 지구에 대해 회전을 완전히 멈춘 바람에 지구에서는 늘 달의 한쪽 면밖에 볼 수 없다. 그런데 달이 지구에 대해서는 자전을 하지 않는다 하더라도 자신의 자전축, 즉 별들에 대해서는 회전을 한다. 달의 하루(항성일) 길이는 27.32일로, 한 달(항성월)의 길이와 같다.(왜냐하면 달이 지구 주위를 한 바퀴 도는 동안 달은 별들에 대해 한 바퀴 자전하기 때문이다. 모행성에 대해 항상 한쪽 면을 향한 채 도는 위성은 모두 항성일과 항성월이 똑같다.)

이오가 목성에 미치는 조석 효과는 무시할 만한 수준이지만, 목성이 이오에 미치는 조석 효과는 실로 어마어마하다. 그것은 달에 미치는 지구의 조석 효과보다 수백 배나 크다. 이를 감안한다면 이오와 그 밖의 갈릴레이 위성들이 목성에 대해 항상 같은 면을 향한 채 돌고 있는 것은 당연한 일이다. 따라서 이오의 항성일은 그 항성월과 같은 1.77일이다.

조석 효과는 위성을 행성의 적도면 쪽으로 끌어당기며(이미 위성이 적도면에 와 있지 않다면), 또한 위성의 궤도를 원형으로(아직 원형이 아니라면) 만든다. 그러나 조석 효과가 아주 크지 않은 이상 그 변화는 서서히 일어난다.

예를 들면 달은 지구의 적도면에 있는 것이 아니라, 적도면에 대해 23° 정도 기울어져 있다. 그리고 달의 궤도는 이심률이 0.055인 타원이다. 이것은 화성이나 금성의 궤도 이심률보다는 작고, 토성의 궤도 이심률과는 거의 같으므로 그다지 큰 값은 아니다. 그렇지만 지구의 궤도 이심률보다는 3배 이상이나 크며, 비교적 큰 다른 위성들의 궤도 이심률보다 크다.

오랜 세월이 지나면 달의 궤도는 점점 더 원에 가까워지고, 지구의 적도면에 오게 될 것이다. 그러나 달은 지구에서 상당히 먼 거리에 있고, 또 지구의 크기는 거대 행성들에 비해 아주 작기 때문에 달에 미치는 지구의 조석 효과는 비교적 작다. 여기다가 크기에 비해 1억 5000만 km라는 비교적 가까운 거리에 있는 태양의 중력이 또 하나의 변수로 작용한다. 그 결과, 달의 궤도 변화는 아주 긴 세월에 걸쳐 서서히 일어날 것으로 예상된다.

목성의 갈릴레이 위성들은 사정이 좀 다르다. 목성이 이 위성들에 미치는 조석 효과는 훨씬 큰데다 태양과의 거리가 멀기 때문에 태양의 중력이 이들에 미치는 효과는 훨씬 작다. 그 결과, 갈릴레이 위성들의 궤도는 목성의 적도면에 가까이 지나가며, 궤도 이심률도 0에 아주 가깝다.

목성과 위성의 거리가 가까울수록 그 위성에 미치는 목성의 조석 효과는 더 크다. 그래서 다른 갈릴레이 위성보다 이오에 미치는 조석 효과가 훨씬 커서 이오의 궤도는 다른 갈릴레이 위성보다 목성의 적도면에 더 가깝고, 또 원에 더 가까울 것이라고 예상할 수 있다.(실제로 이오는 목성의 거대한 질량과 위성치고는 비교적 큰 자신의 질량 때문에 태양계의 어떤 천체보다도 더 큰 조석 효과가 나타난다.)

이번에는 이심률과 조석 효과를 결합해 생각해 보자. 조석 효과의 크기는 거리의 세제곱에 반비례한다. 달은 이심률이 비교적 크다. 그래서 지구에 가장 가까운 근지점에 왔을 때에는 지구와의 거리가 35만 6000km이고, 그로부터 2주일 후 지구에서 가장 멀리 떨어진 원지점에 왔을 때에는 지구와의 거리가 40만 7000km로 변한다. 그 결과 달에 미치는 지구의 조석 효과는 근지점에 있을 때가 원지점에 있을 때보다 50%나 더 크다.

그러면 달 표면은 앞면과 뒷면 쪽으로 불룩 솟아오른 모양이 되었다가 다시 가라앉고, 얼마 후 다시 불룩 솟아오른 모양으로 변했다가 가라앉는 과정을 반복할 것이다. 이것은 마치 아코디언을 접었다 폈다 하는 것과 비슷하므로 아코디언 효과라 부른다. 달이 아코디언 효과로 최대로 불어났다가 그 다음에 다시 최대로 불어날 때까지는 1항성월, 즉 27.32일이 걸린다.

달의 쌍둥이 자매인 이오는 조석 효과가 훨씬 크게 일어나지만, 그 궤도가 완전한 원이라면 아코디언 효과는 전혀 일어나지 않을 것이다. 그렇지만 이오의 궤도는 약간 타원을 이루고 있으며, 근처에 있는 다른 천체들의 중력이 미치는 한 앞으로도 계속 타원을 유지할 것이다. 근처에 있는 다른 갈릴레이 위성들인 에우로파, 가니메데, 칼리스토의 중력은 이오의 궤도에 섭동攝動 효과*를 일으켜 이오의 궤도가 완전한 원에서 벗어나게 만든다.

그 결과 이오에도 아코디언 효과가 일어나며, 다른 갈릴레이 위성들에도 나타난다. 그리고 아코디언 효과는 목성에 가까울수록 더 크고 빠른 주기로 나타난다. 칼리스토의 경우 아코디언 효과의 주기가 16.69일인 데 비해 이오는 1.77일이고 그 효과도 훨씬 크다.

아코디언 효과는 회전 에너지를 소모시켜 열로 전환시킨다. 즉, 갈릴레이 위성들은 조석 효과 때문에 열이 발생하는데, 목성에 가까운 위성일수록 더 많은 열이 발생한다. 이오는 태양계의 천체들 중에서 조석 효과로 인한 열이 가장 많이 발생하는 천체이다.

이 사실은 갈릴레이 위성들의 밀도 차이도 설명해 준다. 가장 바깥쪽에 있는 갈릴레이 위성인 칼리스토의 평균 밀도는 $1.83g/cm^3$로, 대부분 얼음 성분으로 이루어져 있는 것으로 추정된다. 그 안쪽에 있는 가니메데는 칼리스토보다 더 많은 열이 발생하므로 얼음 성분을 약간 잃어 평균 밀도가 $1.93g/cm^3$이다. 에우로파는 그보다 더 많은 얼음 성분을 잃었기 때문에 평균 밀도가 $3.04g/cm^3$이다. 가장 많은 열이 발생하는 이오는 평균 밀도가 $3.55g/cm^3$로, 달처럼 거의 암석질로 이루어져 있을 것이다.

이러한 사실들을 감안할 때, 갈릴레이 위성 중에서 좀더 자세히 관찰해 볼 만한 가치가 있는 것은 달의 쌍둥이처럼 보였던 이오뿐인 것 같다.

---

* 다른 천체의 중력이 어떤 천체의 궤도에 교란을 일으키는 효과.—옮긴이

그 곳에는 활화산이 있었다

1972년 3월 2일에 발사된 파이어니어 10호가 목성과 그 위성들을 가까이서 관측할 수 있는 기회를 처음으로 제공했다. 파이어니어 10호는 1973년 12월 3일에 목성에 가장 가까이 접근했다. 파이어니어 10호는 목성 관측이 주요 목적이었지만, 위성들에 관해서도 중요한 정보를 알려 주었다.

갈릴레이 위성들의 표면 중력과 표면 온도를 고려할 때, 상당량의 대기를 가진 위성은 기대하기 어려웠다. 이오는 쌍둥이인 달과 마찬가지로 공기가 거의 없을 것으로 예상되었다.(크기가 비슷한 토성의 위성 티탄이나 해왕성의 위성 트리톤, 그리고 왜소 행성인 명왕성에는 상당량의 대기가 있다. 그러나 이들 천체는 갈릴레이 위성들보다 온도가 훨씬 낮아서 활동이 활발하지 않은 분자들을 충분히 붙잡아둘 수 있다.)

그런데 파이어니어 10호에서 보낸 전파 신호가 지구에 도착했을 때, 그중 일부가 이오 근처를 스쳐 지나오는 동안 약간 변형된 것으로 밝혀졌다. 그것은 전리층(입자들이 전리되어 이온 상태로 존재하는 층)을 통과할 때 나타나는 것과 같은 형태의 변형이었다. 이것은 이오에 비록 얇기는 하지만 대기권이 존재한다는 것을 시사했다. 1973년 4월 5일에 발사된 자매 탐사선 파이어니어 11호는 1974년 12월 2일에 목성에 가장 가까이 접근하였지만, 그 이상의 새로운 정보를 더 제공하지는 못했다. 그렇지만 천문학자들은 이 사실에 호기심을 느껴 지상 천문대에서 이오를 집중적으로 관측하기 시작하였다.

1973년, 천문학자들은 나트륨 증기로 이루어진 얇은 구름이 이오 표면에서 수십만 km 높이까지 뻗어 있다는 결정적 증거를 포착하였다. 그 이후에 황과 산소로 이루어진 구름이 더 넓은 범위에서 이오를 둘러 싸고 있다는 사실도 밝혀졌다. 그런데 이 구름은 사실상 이오의 궤도 전체를 도넛 모양으로 둘러싸고 있고, 이오는 그 속을 지나간다.

이런 현상은 태양계의 다른 곳에서는 절대로 볼 수 없는데, 이것은 격렬한 아코디언 효과와 함께 이오만이 가진 기묘한 특징이다. 가장 격렬한 조석 효과가 일어나는 특별한 세계가 그 궤도마저 기체 구름으로 가득 차 있다는 것은 우연의 일치로 보기 어렵다.

비교적 중력이 약한 이오는 상당량의 대기를 붙들 수 없기 때문에, 자신이 지나가는 궤도 주변에 대기를 뿌려 놓았을 것이다. 비록 이전에 상당량의 대기를 지니고 있었다 하더라도, 그것은 이미 오래 전에 우주 공간으로 빠져나가 사라졌을 것이다. 그런데 궤도에 도넛 모양으로 증기가 아직 남아 있다는 것은 무엇을 의미할까? 이오는 그 내부에서 계속 증기를 만들어 내는 것이 아닌가 하는 추측이 나오기도 했다.

1970년대 말에 두 대의 목성 탐사선이 발사되었다. 이 탐사선들은 앞서 발사된 파이어니어호보다 훨씬 정교한 장비들을 갖추고 있었다. 보이저 1호는 1977년 9월 5일에 발사되어 1979년 3월 5일에 목성을 지나갔다. 보이저 2호는 보이저 1호보다 2주일 앞선 1977년 8월 20일에 발사되었지만, 1979년 7월 9일에야 목성을 지나갔다.

탐사선들이 목성을 향해 날아가고 있는 동안 천문학자들은 아코디언 효과를 계속 연구하였다. 어떤 천문학자들은 아코디언 효과로 인해 이오가 매우 높은 열이 발생하기 때문에 가열된 물질들이 지표면을 뚫고 나와 화산을 이루고, 이때 화산에서 분출된 물질들이 우주 공간으로 빠져나가는 것이 아닐까 하고 의심했다.

이러한 현상을 추측한 논문은 보이저 1호가 목성에 접근하여 이오의 근접 촬영 사진을 처음 보내 오기 수일 전에 발표되었다. 천문학자들은 달과 크기와 밀도가 비슷한 천체라면 당연히 그 표면도 달과 비슷할 것이라고 예상했다. 그러나 보이저 1호가 이오에서 1만 9000km 떨어진 지점을 지나가면서 촬영한 이오의 표면은 달과는 아주 달랐다. 이오의 표면은 크레이터가 거의 없었으며, 붉은색, 오렌지색, 노란색에 검은색과 흰색까지 약간씩 섞인 색을 띠고 있었다.

게다가 이오에는 물질을 격렬하게 분출하는 활화산—화성이나 금성에 있는 사화산이 아니라—이 있었다. 활화산은 모두 9개가 발견되었는데, 지구를 제외하고는 태양계에서 현재 활동하고 있는 화산이 발견된 천체는 이오가 유일하다. 이들 화산에서는 아황산가스(이산화황, SO_2)가 분출되고 있는데, 이것은 태양에서 날아오는 자외선을 받아 황과 산소로 분해된다.

황 중 일부는 불그스름한 눈이 되어 떨어져 연간 5~6cm 높이로 표면에 쌓인다. 이 눈은 대부분의 크레이터를 채워 최근에 생긴 크레이터만 검은색을 띠고 있고, 표면 대부분은 붉은색을 띠고 있다. 일부 황 증기는 산소와 함께 매우 엷은 이오의 대기(밀도는 지구 대기의 10억분의 1 정도)를 이루는데, 이것이 서서히 우주 공간으로 새어나가 이오가 지나가는 궤도 주변에 도넛 모양으로 황과 산소 증기를 남겨 놓는다.

천체들은 두 반구가 상반된 특징을 나타내는 경우가 많다. 지구의 경우 남반구는 대부분 바다로 이루어진 반면, 북반구는 대부분 육지로 이루어져 있다. 달은 바다라 불리는 지형은 한쪽 반구에서만 나타나고, 그 반대편 반구에서는 전혀 볼 수가 없다. 이아페투스는 한쪽 반구는 어두운 색이고, 다른 쪽 반구는 밝은 색을 띠고 있다. 화성은 한쪽 반구에는 크레이터가 많은 반면, 다른 쪽 반구에는 크레이터가 거의 없다. 이오는 한쪽 반구에는 큰 화산이 많고, 다른 쪽 반구에는 작은 화산이 많다. 그러나 두 반구가 이렇게 대조적인 특징을 지닌 이유는 아직까지 확실하게 밝혀진 것이 없다.

이오의 화산들은 이오 표면뿐만 아니라 근처에 있는 위성들의 색에까지 영향을 미친다. 이오의 궤도 안쪽에는 작은 위성 아말테아가 있다. 아말테아는 목성의 중심에서 불과 18만 1300km 떨어져 있으며, 12시간에 한 번씩 목성 주위를 돈다. 그 지름은 240km에 지나지 않으며, 붉은빛을 띠고 있는 것처럼 보인다. 아말테아가 이오에서 분출된 황 가루를 일부 붙들어 그런 색을 띤다는 것은 의심의 여지가 없다. 이오 바로 바깥쪽 궤도를 도는 위성인 에우로파의 표면에서도 황의 흔적을 발견할 수 있다.

그 후 이오를 더 자세하게 관측할 수 있는 기회가 다시 왔다. 지금껏 만들어진 것 중에서 가장 정교한 탐사선인 갈릴레오호가 1989년에 발사되었다. 갈릴레오호는 멀리 돌아가는 길을 택해 1995년에야 목성에 도착할 예정이다.* 갈릴레오호는 원래 1982년에 발사될 예정이었지만,

---

*1989년에 발사된 갈릴레오호는 태양, 금성, 지구 등을 수차례 돈 뒤 1995년에 목성에 도착해 8년 동안 궤도를 34차례 돌면서 사진 1만 4000여 장 등 방대한 정보를 지구로 전송하고, 소형 탐사선을 낙하산에 매달아 목성의 구름 속으로 내려 보냈다. 소형 탐사선은 목성의 높은 대기압에 짜부라져 파괴될 때까지 측정 결과를 궤도를 돌고 있던 주 탐사선으로 보냈다. 갈릴레오호는 이렇게 끊임없이 변화하는 목성의 구름 모양과 갈릴레이 위성들에 대해 조사활동을 했으며, 이오의 화산 분출 모습을 자세히 관찰했다.—옮긴이

챌린저호의 참사를 비롯해 이런저런 이유로 발사가 연기되었다.

갈릴레오호는 갈릴레이 위성들의 주위를 돌 계획인데, 바깥쪽에 있는 위성들은 여러 차례 그 주위를 돌게 될 것이다. 그렇지만 이오의 주위는 딱 한 번밖에 돌지 않는다. 목성에 너무 접근하면 목성의 강한 자기권에 있는 많은 대전 입자들과 충돌해 갈릴레오호의 예민한 장비들이 손상될 위험이 크기 때문이다.

그렇지만 단 한 번의 통과로도 상당한 성과를 얻을 수 있다. 갈릴레오호는 이오 표면에서 1000km 떨어진 지점을 통과하면서 이오에서 활동하고 있는 화산들의 아름다운 모습을 자세하게 포착할 수 있을 것이다. 그것은 얼마나 대단한 장관일까!

천체들의 순서

　　　나는 이 글을 쓰기 한 달 전에 맨해튼에서 열린 SF 작가 모임에 참석한 적이 있었다. 거기서 한 젊은 작가와 대화를 나누게 되었다. 그와 나 사이에 오간 대화는 다음과 같다.

젊은 작가: 아시모프 박사님, 저는 오래 전부터 작품을 쓰려고 많은 노력을 했습니다. 그래서 두세 편의 작품을 팔 수가 있었어요.

아시모프: 그거 잘 됐군요! 축하합니다. 더욱 정진하시길 빕니다.

젊은 작가: 저는 선생님을 제 모델로 삼았지요. 그래서 선생님에 관한 책을 많이 읽었고, 선생님이 쓰는 것과 똑같은 방식으로 글을 쓰려고 노력했습니다. 쉽게 그리고 다양하게. 온갖 주제를 다 손대면서요.

아시모프: (조심스럽게) 그래서 잘 되었나요?

젊은 작가: (얼굴을 찌푸리면서) 아니요, 전혀 그렇지 못했어요. 제가 쓰는 것에 대해 계속 생각해야 했고, 또 더 많은 생각을 해야 했지요.

그리고 다시 고쳐 쓰고, 처음부터 다시 쓰곤 했지요. 그러다가 한동안 은 꽉 막혀서 전혀 글을 쓰지 못했어요.

아시모프 : (불안한 기색으로) 죄송하군요.

젊은 작가 : (화가 난 기색을 보이며) 그런데 저한테 무슨 잘못이 있는지 전혀 알 수가 없었어요. 그래서 다른 작가들에게 이야길 해 보았어요. 그랬더니 그들도 모두 저와 같은 어려움을 겪었더군요. 결국 저한테 잘 못이 있는 게 아니란 걸 알게 되었지요.

아시모프 : (안심이 되어) 그럼요! 절대 그렇지 않을 겁니다.

젊은 작가 : (분노를 억누르는 듯이 손가락질을 하며) 그렇지만 무엇이 잘못이었는지 알려드리지요. 심각한 잘못이 있는 쪽은 바로 당신이에 요!

아시모프 : (주춤하며) 그 문제에 대해 사전에 저한테 조언을 구했더라 면, 어떻게 시작해야 하는지 말해 줄 수도 있었을 텐데요.(그렇지만 그 는 그대로 돌아서서 걸어 나가 버렸다.)

나는 나만의 특별한 재주—비단 글을 쓰는 기술뿐만 아니라 여러 방 면에서— 가 있다는 사실을 부정한 적이 없다. 나는 그 사실을 받아들 였고, 그것이 어떤 것인지 자세히 알며, 그것을 활용하면서 살아가고 있 다. 누구나 어떤 것이건 특별한 무엇을 가지고 있다. 자기가 가진 그 특 별한 재주의 본질을 알고, 살아가는 데 그것을 적극 활용할 줄 아는 사 람이야말로 행복한 사람이다.

내가 가진 특별한 재주 중 하나는 수를 세고, 측정하고, 비교하고, 목 록을 만드는 것이다. 나는 그런 일을 좋아한다. 왜 그런지는 나도 잘 모르지만, 아무것도 하지 않고 빈둥거리지 않도록 무엇인가에 집중하려고 그러는 게 아닌가 싶다.(나는 멍한 상태로 있는 것을 끔찍이 싫어하여 차라리 천장의 방음 타일에 나 있는 구멍의 수를 세는 쪽을 택한다.)

어쨌든 최근에 보이저 2호가 해왕성을 지나가면서 태양계의 천체 목록에서 트리톤의 위치에 약간 변화가 생겼으므로, 여러분에게 내가 가진 이 특별한 재주를 조금 보여 주기로 마음먹었다. 그렇다고 해서 SF 작가 모임에서 만났던 젊은 작가처럼 내게 화를 내지는 말아 주었으면 좋겠다.

태양계에서 가장 큰 천체

태양계에는 수많은 물체가 존재한다. 그중에는 아주 큰 것도 일부 있지만 산만 한 크기의 물체가 많고, 도로 포장에 쓰이는 둥근 돌만 한 것은 더 많으며, 또 핀 대가리나 먼지만 한 것은 셀 수 없이 많다.

태양계에 존재하는 모든 물체를 크기 순으로 도표로 만드는 것은 나는 물론이고 어느 누구에게도 불가능하므로, 그런 시도는 아예 생각하지 않겠다. 여기서는 다만 태양계에서 가장 큰 것부터 시작하여 27개의 천체를 순서대로 열거해 보기로 하자. 그러면서 필요하면 각각의 천체에 대해 간단한 설명도 곁들이려고 한다.

태양계에서 가장 큰 천체는 두말할 것도 없이 태양이다. 그렇지만 태양이 지배하는 영역이 어디까지 뻗어 있는지는 확실히 알 수 없다. 태양계를 나타낸 그림들을 보면 대부분 행성들의 궤도를 그리면서 그 중심에 태양을 작은 원으로 그려 넣곤 하는데, 이것은 잘못된 이미지를 전달할 우려가 있다.

태양의 질량은 지구의 33만 3000배에 이른다. 큰 중력장 안에 거대한 양팔저울이 있다고 상상해 보자. 이 양팔저울의 한쪽 접시 위에 태양을 올려놓았을 때, 그것과 균형을 잡으려면 반대쪽 접시 위에는 지구의 질량에 해당하는 추를 33만 3000개나 올려놓아야 한다.

태양은 평균 밀도가 지구보다 작기 때문에, 똑같은 1kg이라도 태양 구성 물질은 지구 구성 물질보다 더 많은 부피를 차지한다. 그래서 태양의 부피는 지구보다 130만 3000배나 크다. 태양과 크기와 모양이 똑같은 컨테이너가 있다고 상상해 보자. 만약 이 컨테이너 안에 지구 크기의 고체를 빻아서 가루로 만들어 채워 넣는다고 한다면, 130만 3000개나 되는 지구를 가루로 빻아야만 컨테이너를 가득 채울 수 있을 것이다.

이번에는 지구뿐만 아니라 태양 주위를 도는 모든 행성과 위성, 소행성, 유성체, 혜성, 우주 먼지를 통틀어 생각해 보자. 태양 주위를 도는 이 모든 물질을 '행성계'라 부를 수 있다.

전체 행성계의 질량은 지구의 448배나 된다. 그렇지만 태양의 질량은 이 모든 행성계의 질량보다 743.3배나 크다. 이것을 달리 표현하자면, 태양이 태양계 전체에서 차지하는 질량은 무려 99.886%나 된다! 따라서 단지 질량만으로 모든 것을 평가하는 냉정한 관측자의 입장에서 보면, 태양계는 중심에 빛을 내는 밝은 태양이 있고, 그 주위에 아주 적은 양의 티끌이 둘러싸고 있는 것으로 보일 것이다.

그러나 우리가 태양계를 연구할 때 단지 태양만 그 대상으로 삼지 않는 이유는, 우리가 그러한 티끌 중 하나에 살고 있고, 또 그 곳에 수많은 생물이 살고 있다는 것을 알고 있기 때문이다.

수십만 또는 수백만이라는 큰 수로 표현할 때에는 그것이 얼마나 큰지 감을 잡기가 어려우므로, 이번에는 태양과 지구를 단순히 지름을 기준으로 비교해 보기로 하자. 1차원 크기인 지름은 3차원 크기인 부피의 세제곱근이라서 그 값이 훨씬 작다. 그래서 감을 잡기가 좀더 쉬울 것이다. 지구의 지름은 1만 2756km이고, 태양의 지름은 139만 4000km이다. 즉, 태양의 지름은 지구의 109.25배이다.

물론 지름보다는 질량이 더 기본적인 사물의 성질이긴 하다. 그래서 필요한 경우에는 질량을 언급하겠지만, 여러분의 시각적 이해를 돕기 위해서 되도록이면 지름을 먼저 언급할 것이다.

거대 기체 행성

자, 이제 우리의 행성계로 돌아가서 그중 가장 큰 4개의 행성(지구를 기준으로 보면 거인이라고 할 수 있는)을 살펴보자. 4개의 행성은 태양에서 가까운 것부터 목성, 토성, 천왕성, 해왕성이다.

그중에서도 가장 큰 것은 목성이다. 여기서 '크다'는 것이 어디까지나 상대적 개념이라는 것을 강조하기 위해 덧붙인다면, 태양의 질량은 목성보다 1048배나 크고, 지름도 9.8배나 된다. 즉, 목성 10개를 나란히 늘어세워야 태양의 지름과 비슷하다.

그렇지만 태양을 제외하고 행성계만 고려한다면, 그중에서 목성의 존재는 단연 돋보인다. 목성의 질량은 지구의 317.83배이며, 그 적도 지름은 지구의 11.8배이다. 대략적으로 목성 대 지구의 크기 비율은 태양 대 목성의 크기 비율과 비슷하다. 좀더 극적으로 표현하면, 목성은 행성계 전체 질량의 71%를 차지한다. 즉, 목성의 질량은 나머지 행성과 위성, 혜성, 소행성, 유성체, 우주 먼지의 질량을 전부 합한 것보다 2.5배나 크다.

그러면 목성에다 그 다음 3개의 행성을 합해서 생각해 보자. 토성은 질량이 지구의 95.15배, 천왕성은 14.54배, 해왕성은 17.23배에 이른다. 이 3개의 질량을 합하면 지구 질량의 125.92배가 되지만, 이것은 목성 질량의 5분의 2에 불과하다. 여기다 목성의 질량까지 합한 네 행성의 질량은 태양의 약 750분의 1이다.

이 네 거대 행성의 질량을 합하면 행성계 전체 질량의 99.25%를 차지한다.(여기서 행성계란 태양계에서 태양을 뺀 개념이란 사실을 명심하라.) 이것은 태양과 4개의 거대 행성(태양계에서 가장 큰 천체 5개)이 태양계 전체 질량의 99.999%를 차지한다는 것을 의미한다. 즉, 태양과 4개의 거대 행성을 제외한 태양계의 나머지 물질들을 전부 합해도 그 질량은 태양계 전체 질량의 10만분의 1도 채 되지 않는다.

태양계를 바깥에서 바라보는 냉정한 관측자의 눈에 운 좋게도 거대 행성들까지 보인다면, 그는 태양계를 하나의 별과 행성 4개와 약간의 티끌로 이루어져 있는 것으로 생각할 것이다.

그런데 4개의 거대 행성에서 태양을 능가하는 것이 하나 있다. 태양계를 탄생시킨 원시 티끌과 가스 구름은 그 축을 중심으로 천천히 회전하고 있었기 때문에 일정량의 '각운동량'을 지니고 있었다. 고립된 계의 각운동량은 시간이 지나도 더 늘어나거나 줄어들지 않고 똑같이 보존된다.

어떤 물체의 각운동량은 회전 속도와 그 물체와 회전 중심 사이의 거리에 따라 결정된다. 만약 이 두 값 중 어느 하나가 감소하면, 각운동량을 보존하기 위해 다른 값이 증가한다. 원시 구름이 수축하면 각 부분은 중심에서의 거리가 감소하므로 회전 속도가 증가하게 된다. 그래서 현재 행성계의 천체들은 회전축 주위를 각각 다른 속도로 회전하고 있으며, 태양 주위를 돌거나 태양 주위를 도는 행성 주위를 돌고 있다. 그리고 태양도 자신의 축을 중심으로 자전하고 있다.

그런데 태양은 태양계 전체의 각운동량 중에서 겨우 2%만 차지한다. 나머지 98%는 행성계에 분산되어 있는데, 특히 4대 행성이 많은 양을 차지한다. 목성 혼자서 태양계 전체 각운동량의 60%를 차지하고 있다. 그리고 4대 거대 행성의 각운동량은 전체의 97%를 차지하며, 이 4대 행성을 제외한 나머지 천체들이 남은 1%를 차지한다.

이것은 골치 아픈 문제를 던진다. 어떻게 상대적으로 질량이 작은 4대 행성이 대부분의 각운동량을 차지할까? 중심에 위치한 거대한 태양의 각운동량은 왜 그렇게 작은가? 이것은 천문학자들에게 상당히 골치 아픈 문제로 남아 있었는데, 최근에 전자기장 연구를 통해 그 수수께끼가 풀렸다.

먼저 행성들의 자전 속도를 알아보기로 하자. 가장 큰 행성인 목성은 자전축을 기준으로 9.9시간마다 한 바퀴 돈다. 목성보다 약간 작고 태양에서 더 먼 토성은 자전 속도가 그것보다 조금 더 느려 10.6시간에 한 바퀴를 돈다. 토성보다 더 작으면서 태양에서 더 먼 천왕성은 17.2시간에 한 바퀴를 돈다. 그렇다면 행성의 자전 주기는 태양에서 멀수록, 그리고 크기가 작을수록 더 길까?

그 해답은 해왕성에서 찾을 수 있다. 해왕성은 천왕성보다 더 먼 거리에 있지만, 크기는 천왕성보다 약간 더 크다. 1989년, 보이저 2호가 해왕성 옆을 지나가면서 관측한 결과에 따르면, 해왕성은 자전 주기가 천왕성보다 더 짧은 16.0시간이었다. 그렇다면 행성의 자전 주기는 태양과의 거리에 상관없이 질량이 클수록 짧아지는 것으로 보인다. 그것은 행성의 질량이 클수록 각운동량이 더 크기 때문일 것이다.

한편, 행성에서 일어나는 대기 운동은 대기의 온도 분포 차이에 크게 좌우된다. 대기의 온도 분포 차이는 태양으로부터 받는 열에 큰 영향을 받는 것으로 보인다. 태양에서 받는 단위 면적당 열이 목성이 1이라면, 더 먼 거리에 있는 토성은 0.30, 천왕성은 0.074, 해왕성은 0.030이다. 그러므로 목성에서는 대기 운동이 매우 격렬하게 일어나고, 토성에서는 비교적 조용하게 일어나고, 천왕성(목성에 비해 단위 면적당 열이 13분의 1밖에 되지 않는)에서는 아주 미약하게 일어나는 것은 아주 당연해 보인다.

해왕성은 어떤가? 해왕성은 태양열을 목성에 비해 33분의 1, 그리고 천왕성에 비해 5분의 2밖에 받지 않는다. 그렇다면 당연히 그 대기 운동은 천왕성보다 더 조용해야 할 것이다. 그러나 실상은 그렇지 않다. 보이저 2호는 해왕성에는 시속 640km 이상의 강풍이 불고 있다고 알려왔다. 해왕성에는 또한 목성의 대적점과 모양도 비슷하고 위치조차 비슷한 '검은 점'이 있는데, 이것을 대흑점이라 부른다.

거대 행성의 대기에 열을 공급해 주는 열원은 태양열만 있는 게 아니라고 주장할 수도 있다. 행성의 핵이 매우 뜨거워서 그 열이 지표면으로 새어나올 수도 있다. 큰 행성일수록 중심부의 열이 더 많으므로, 대기 운동에 미치는 영향력도 더 클 것이다.

그렇다면 해왕성은 천왕성보다 훨씬 먼 거리에 있지만, 천왕성보다 더 크므로 중심부에서 발생하는 열이 더 많아 대기 운동이 활발한 게 아닐까? 나는 그렇게 생각하지 않는다. 해왕성은 천왕성보다 고작 20% 정도 더 크다. 따라서 크기만으로는 그 활발한 대기 운동을 설명하기에 충분치 않다. 이것은 아직도 수수께끼로 남아 있다.*

이번에는 거대 행성들의 지름을 알아보자. 매우 빠른 속도로 회전하는 물체는 방향에 따라 지름의 길이가 다른데, 그것은 원심력 때문에 적도 부분이 다소 부풀어 오르기 때문이다. 따라서 행성은 적도 지름이 가장 긴데, 여기서도 적도 지름만 다루기로 한다.

목성의 적도 지름은 14만 2800km, 토성은 12만 660km, 해왕성은 5만 200km, 천왕성은 4만 9000km이다. 이 행성들은 태양계에서 각각 둘째, 셋째, 넷째, 다섯째로 큰 천체이다.

내태양계

이제는 천왕성보다 작은 태양계 천체들에 대해 알아보자. 여섯째로 큰 천체는 지구이다(야호!). 앞에서 살펴본 거대 행성들과 비교하면 지구는 아주 미미한 존재이다. 그 질량은 다섯째로 큰 천왕성과 비교해도 7%도 안 된다.

---

* 1994년에 허블 우주 망원경으로 관측한 결과, 해왕성 남반구에 있던 대흑점은 사라지고, 대신에 북반구에 비슷한 흑점이 새로 생긴 것이 관측되었다. 이러한 현상이 해왕성에서 항상 일어나는 일인지, 그 원인은 무엇인지 등은 아직 밝혀지지 않았다. 해왕성은 대기에 포함된 다량의 메탄 기체 때문에 푸른색을 띠고 있다. 일부 과학자는 시속 2250km에 이르는 해왕성의 제트 기류가 대흑점을 만들어 내는 원인이라고 생각한다.—옮긴이

그렇지만 다른 각도에서 한번 바라보자. 앞에서 태양과 4대 행성을 제외한 나머지 천체들을 전부 합쳐도 태양계 전체 질량의 10만분의 1에 불과하다고 했다. 그렇지만 여기서 혜성을 제외한다면(혜성의 수와 총질량은 추측만 할 수 있을 뿐, 확실한 것은 알 수 없으므로), 지구의 질량은 전체 티끌들의 질량 중 약 절반을 차지한다.

지구는 목성 궤도 안쪽의 태양계 영역을 가리키는 내태양계inner Solar system에 위치하고 있다. 물론 내태양계에는 다른 천체들도 많이 존재하며, 그중 셋은 지구를 기준으로 볼 때 상당히 큰 행성들이다.

그중 하나는 지구와 크기가 비슷한 금성이다. 금성의 질량은 지구의 81.5%에 이른다. 질량만으로 보면, 지구와 금성의 관계는 해왕성과 천왕성의 관계와 아주 비슷하다. 그래서 천왕성과 해왕성을 외태양계의 쌍둥이 행성이라면, 지구와 금성은 내태양계의 쌍둥이 행성이라고 할 수 있다.

그러나 금성과 지구는 오직 크기만 비슷할 뿐이다. 그 밖의 점에서는 두 행성은 놀라울 정도로 서로 다르다. 지구는 우리가 알다시피 적당한 온도를 유지하고 있으며, 물이 모인 바다가 있고, 수많은 생물이 살고 있다. 그렇지만 금성은 매우 뜨겁고 메말랐으며, 생물이라고는 구경도 할 수 없는 죽음의 땅이다. 지구는 서쪽에서 동쪽으로 24시간에 한 바퀴씩 자전하지만, 금성은 동쪽에서 서쪽으로 244일 만에 한 바퀴 자전한다. 또한 지구의 엷은 대기에는 산소가 많이 포함돼 있는 반면, 금성의 짙은 대기는 거의 이산화탄소만으로 이루어져 있다.

이처럼 지구와 금성은 공통점을 찾아보기가 어렵다. 지구와 금성을 합한 질량은 태양계 전체 티끌 중 약 8분의 7을 차지한다. 지름은 지구가 1만 2756km이고, 태양계에서 일곱째로 큰 천체인 금성은 1만 2140km이다.

그럼 이번에는 태양계에서 여덟째로 큰 화성을 살펴보자. 화성은 아주 유명하고 자주 언급되기 때문에, 많은 사람들은 화성이 얼마나 작은지 잘 모르고 있다. 얼음으로 덮인 극관極冠, 지구와 비슷한 24.6시간의 자전 주기, 협곡, 화산, 말라붙은 강바닥······. 이런 이야기를 듣다 보면, 사람들은 화성이 지구와 비슷한 세상으로 생각하여 그 크기도 지구와 비슷한 것으로 착각하기 쉽다.

그러나 실제로는 그렇지 않다. 화성의 질량은 지구의 10분의 1, 금성의 8분의 1에 지나지 않는다. 그 지름은 6790km로, 지구의 절반을 약간 넘는다. 표면적은 지구의 28.3%에 불과하다. 그렇지만 화성 표면에는 물이 없기 때문에 표면 전체가 곧 육지 면적이며, 그것은 지구의 육지 면적과 비슷하다. 비록 크기는 작더라도 화성이 무시할 수 없는 천체인 것만큼은 분명하다.

태양계에서 아홉째로 큰 천체는?

행성이라고 부를 수 있는 천체 가운데 그 크기가 화성보다 작은 것 중 가장 큰 것은 수성이다. 그렇지만 수성은 태양계에서 아홉째로 큰 천체가 아니다.

태양계에는 행성의 중력에 붙잡혀 행성 주위를 돌면서 행성과 함께 태양 주위를 도는 천체들도 있는데, 이를 '위성'이라 한다.(영어권에서는 흔히 지구의 달을 Moon이라 하고, 다른 행성의 위성들을 소문자를 써서 moon

이라고 하는 경우가 많은데, 이것은 잘못이다. 'Moon'은 지구의 위성을 가리키는 고유 명사이다. 다른 위성을 'moon'이라 부르는 것은 다른 행성을 지구란 뜻의 'Earth'를 소문자로 써서 'earth'라고 부르는 것과 같다.)

위성은 일반적으로 행성보다 훨씬 작다. 예를 들어 화성보다 큰 위성은 하나도 없다. 그런데 수성보다 큰 위성은 2개가 있다. 하나는 목성의 위성 중 가장 큰 가니메데 Ganymede로, 그 지름은 5262km이다. 또 하나는 토성의 위성 중 가장 큰 티탄 Titan으로, 그 지름은 5150km이다. 이에 비해 수성의 지름은 4878km이다. 따라서 그 지름으로 따질 때 태양계에서 아홉째로 큰 천체는 가니메데이고, 열째가 티탄, 그리고 열한째가 수성이다.

그런데 지름이 아니라 질량으로 따지면 이 순위는 뒤바뀌고 만다. 가니메데는 태양에서 7억 8000km 떨어져 있으며, 티탄은 그보다 더 먼 14억 2600만 km의 거리에 있다. 둘 다 대부분 얼음으로 이루어져 있어서 비교적 가벼운 편이다.(특히 티탄은 그 표면 온도가 아주 낮아서 짙은 대기까지 가지고 있다.)

이에 비해 수성은 태양에서의 평균 거리가 5800만 km로 상당히 가깝고, 고온에 견딜 수 있는 물질인 암석과 금속질로 이루어진 뜨거운 행성이다. 수성을 이루는 물질인 암석과 금속은 가니메데와 티탄을 이루는 물질인 얼음보다 밀도가 훨씬 크다. 그래서 수성의 부피는 티탄의 85%, 가니메데의 80%에 지나지 않지만, 그 질량은 가니메데의 2.25배, 티탄의 2.5배나 된다.

그렇다면 우리는 수성이 가니메데나 티탄보다 더 크다고 간주해야할까? 그래서 수성을 태양계에서 아홉째로 큰 천체의 위치에 올려놓아야 할까?

애석하게도 이것은 두 가지 이유 때문에 받아들이기 어렵다. 첫째, 태양계의 작은 천체들은 지름보다 질량을 측정하기가 훨씬 어렵기 때문에 질량을 기준으로 그 순서를 매기기가 어렵다. 둘째, 지름은 눈으로 볼 수 있지만, 질량은 눈으로 볼 수가 없다. 만약 사람들에게 가니메데와 티탄과 수성의 모형을 보여 주면서 어느 것이 크냐고 물어보면, 누구나 수성이 가장 작다고 말할 것이다. 그래서 태양계 천체의 크기를 말할 때에는 질량보다는 지름을 우선 기준으로 삼는다.

가니메데와 티탄과 더불어 '거대 위성'이라고 부를 만한 위성은 5개가 더 있다. 그것은 목성의 세 위성인 칼리스토, 이오, 에우로파와 해왕성의 위성 트리톤, 그리고 지구의 위성인 달이다. 이 5개의 위성 중에서는 칼리스토가 가장 커 태양계에서 열둘째로 큰 천체의 자리를 차지하며, 그 다음으로 이오가 열셋째 자리를 차지한다. 칼리스토는 지름이 4800km이고, 이오는 3630km이다.

이제 열넷째 천체를 찾을 차례이다. 얼마 전까지만 해도 그 자리는 해왕성의 위성인 트리톤의 몫이라고 생각했다. 물론 트리톤은 아주 멀리 떨어져 있어 지구에서 그 지름을 정확하게 측정하는 것은 불가능하다. 그렇지만 트리톤의 밝기는 측정할 수가 있다. 만약 트리톤이 그 지름이 알려져 있는 다른 위성들과 똑같은 비율로 빛을 반사한다면, 그 밝기와 거리로 지름을 계산할 수 있다. 그렇게 계산한 트리톤의 지름은 약 3500km로 추정되었으며, 트리톤은 태양계에서 열넷째로 큰 천체로 간주되었다.

그런데 보이저 2호가 트리톤에 접근하여 보내온 사진에 따르면, 트리톤의 표면은 얼어붙은 메탄으로 뒤덮여 있어 대부분의 햇빛을 반사하는 것으로 드러났다. 즉, 트리톤은 예상보다 많은 빛을 반사하여 지구의 망원경에 실제보다 더 큰 천체로 비쳤던 것이다. 그래서 열넷째로 큰 천체의 자리는 지름이 3475km인 달에게 돌아가게 되었다. 그리고 열다섯째 자리는 지름이 3138km인 에우로파가, 열여섯째 자리는 지름이 2735km인 트리톤이 각각 차지하게 되었다.

지구를 깊이 사랑하는 사람들은 달보다 큰 위성이 4개나 있다는 사실에 기분이 언짢을지 모르겠다. 그렇지만 지구는 큰 위성을 거느리기에는 그 크기가 너무 작은 행성이라는 사실을 기억할 필요가 있다. 모행성에 대한 위성의 상대적인 크기로 따진다면, 가장 큰 위성 7개 중에서 달이 가장 크다.

목성의 최대 위성인 가니메데의 지름은 목성의 3.7%에 지나지 않는다. 토성의 최대 위성인 티탄은 이것보다 조금 나아서 지름이 토성의 4.3%에 해당하고, 해왕성의 최대 위성인 트리톤은 해왕성의 5.4%에 해당한다. 그런데 달은 지름이 지구의 27%나 된다. 이 때문에 지구와 달은 이중 행성으로 볼 수도 있다.

태양계 천체들의 순서

지금까지 우리는 태양계에서 가장 큰 16개의 천체—태양과 8개의 행성과 7개의 위성—를 살펴보았다. 그 다음에는 또 무엇이 있을까?

아직 하나의 행성이 남아 있는데, 그것은 해왕성의 궤도보다 더 바깥쪽에 위치하고 있는 명왕성이다. 명왕성은 처음에 발견되었을 때 상당한 크기를 가진 것으로 생각되었으나, 조사를 거듭함에 따라 그 크기는 훨씬 작은 것으로 밝혀졌다.

명왕성의 지름은 2500km로 앞에 나온 7개의 위성보다도 더 작다. 그래서 명왕성은 열일곱째의 자리를 차지하고 있다. 그 다음 자리는 4개의 위성이 차지하고 있다. 그것은 천왕성의 위성인 티타니아Titania와 오베론Oberon, 토성의 위성 중 둘째와 셋째로 큰 레아Rhea와 이아페투스Iapetus이다. 이들 위성의 지름은 티타니아가 1610km, 오베론이 1550km, 레아가 1530km, 이아페투스가 1435km이다. 따라서 이들은 각각 태양계에서 18, 19, 20, 21위의 천체들이다.

그 다음번 자리는 비교적 최근에 알려진 천체이다. 1978년에 명왕성에 하나의 위성이 있다는 사실이 발견되었다.* 카론Charon이란 이름이 붙은 이 위성은 지름이 약 1200km로 밝혀져 태양계에서 스물둘째로 큰 천체의 자리를 차지하게 되었다. 카론의 지름은 명왕성의 절반 정도이므로, 명왕성과 카론은 지구와 달보다 이중 행성에 더 가까운 후보라고 할 수 있다.

이들 다음에는 다시 4개의 위성이 온다. 천왕성의 두 위성인 움브리엘Umbriel과 아리엘Ariel은 지름이 각각 1190km와 1160km이다. 그리고 토성의 두 위성 디오네Dione와 테티스Tethys는 각각 1120km와 1048km이다. 이 네 위성이 각각 23, 24, 25, 26위의 자리를 차지한다.

이제 다시 행성으로 돌아갈 차례이다. 주로 화성과 목성의 궤도 사이

---

* 한동안 명왕성의 위성은 카론 하나뿐인 것으로 알려졌으나, 최근에 허블 우주 망원경의 관측을 통해 2개가 더 발견되었다.—옮긴이

에서 태양 주위를 돌고 있는 수만 개의 소행성이 있다. 이 영역을 소행성대라고 부르는데, 소행성 중에서 가장 큰 세레스Ceres는 지름이 940km로 태양계에서 스물일곱째로 큰 천체의 자리를 차지한다.

다음으로는 수많은 위성과 소행성과 혜성, 그리고 잡다한 천체들이 있으며, 이들을 크기 순으로 순서를 매겨 나갈 수 있다. 그렇지만 여기서는 세레스까지만 알아보기로 한다. 이제 이들을 한눈에 볼 수 있도록 표로 만들어 보자.

〈표〉 태양계 천체들의 크기순

천체	지름(km)	달 = 1로 봤을 때의 상대 크기
1. 태양	1,394,000	401
2. 목성	142,800	41
3. 토성	120,600	34.7
4. 해왕성	50,200	14.4
5. 천왕성	49,000	14.0
6. 지구	12,756	3.67
7. 금성	12,140	3.50
8. 화성	6,790	1.95
9. 가니메데	5,262	1.51
10. 티탄	5,150	1.48
11. 수성	4,878	1.40
12. 칼리스토	4,800	1.38
13. 이오	3,630	1.05
14. 달	3,475	1.00
15. 에우로파	3,138	0.90
16. 트리톤	2,735	0.78
17. 명왕성	2,500	0.72
18. 티타니아	1,610	0.46
19. 오베론	1,550	0.444
20. 레아	1,530	0.440

21. 이아페투스	1,435	0.412
22. 카론	1,200	0.345
23. 움브리엘	1,190	0.343
24. 아리엘	1,160	0.333
25. 디오네	1,120	0.322
26. 테티스	1,048	0.301
27. 세레스	940	0.271

이 표는 과연 무슨 쓸모가 있을까? 나는 이것이 아름답다고 생각하며, 이와 똑같은 형태의 표가 다른 곳에 실린 적이 있는지 알지 못한다. 나는 아름답고, 질서 있고, 색다른 것을 좋아한다. 요컨대 앞에서 말한 바와 같이 나는 이런 쪽으로 뭔가 특별한 재주를 가지고 있다.*

---

* 아시모프가 이 책을 쓴 후, 천문학에 많은 변화가 있었다. 2003년에는 명왕성 궤도 밖의 카이퍼대에서 지름이 약 3000km로 명왕성보다 큰 에리스가 발견되어, 명왕성이 행성이라면 에리스도 행성으로 인정해야 한다는 주장이 제기되었다. 결국 많은 논란 끝에 2006년 국제천문연맹은 명왕성에게서 행성의 자격을 박탈했다. 대신에 명왕성은 에리스와 카레스와 카론과 함께 왜소 행성 dwarf planet으로 분류하게 되었다.
뿐만이 아니다. 카이퍼대에서 발견된 소행성 바루나는 지름이 1268km로, 카론보다도 크다. 2002년 6월에는 역시 카이퍼대에서 콰오아라는 소행성이 발견되었는데, 그 지름은 약 1250km였다. 2003년 11월에는 소행성 세드나가 발견되었는데, 지름이 1600~1800km나 된다. 에리스는 이전에 임시로 '제나'라는 별명으로 부르기도 했으나, 2006년 9월 13일에 그리스 신화에 나오는 불화와 싸움의 여신 이름을 따 정식 이름을 갖게 되었다. 이처럼 에리스를 비롯해 명왕성 궤도 밖에서 큰 천체들이 속속 발견되고 있어, 이 책에 소개된 천체들의 순위는 명왕성부터 다시 고쳐 써야 한다는 것을 감안하기 바란다.―옮긴이

Isaac Asimov

가장 가까운 별

아마 여러분은 나 같은 사람은 글을 쓰면서 겪는 좌절에는 면역이 되어 있을 것이라고 생각할 것이다. 지금까지 내가 쓴 책은 출간된 것만 총 459권에 이른다. 그렇다면 이제 지금까지 다루지 않았던 새로운 내용을 쓰기는 어렵지 않을까 생각하기 쉽다.

하지만 그렇지 않다. 1970년대에 나는 일반 대중을 위한 천문학 책을 시리즈로 냈는데, 각 권은 도표와 그림으로 가득 차 있었다. 그중 4권의 제목은 (1)목성, 가장 큰 행성, (3)화성, 붉은 행성, (4)토성과 그너머, (5)금성: 태양의 가까운 이웃이다. 이 4권의 책에서 나는 태양계의 모든 행성을 다루고, 그 위성과 소행성, 혜성에 대해서도 약간 언급하려고 했다.

그리고 이 시리즈의 두 번째 책의 제목은 '센타우루스자리 알파: 가장 가까운 별'이다. 그런데 우리에게 가장 가까운 별은 센타우루스자리 알파가 아니다. 그것은 바로 우리 태양이다. 그래서 나는 이 시리즈의 제 6권에서 태양을 다루어 태양계에 대한 이야기를 완성하는 동시에 제 2권의 제목이 잘못되었음을 지적하려고 했다. 나는 한 출판사와 그 책에 대한 출판 계약까지 맺었다. 그러나 그 책은 아직 쓰지 못하고 있다. 다른 책들이 중간에 끼어들었기 때문이다. 그리고 아직도 다른 책들이 계속 끼어들고 있다.

그래서 차선책으로 여기서 태양에 관한 글을 몇 편 쓰기로 했다. 만약 이 책이 태양을 주제로 한 한 권의 책이었다면, 나는 태양의 시운동을 맨 먼저 다루면서 이것이 낮과 밤, 계절, 달력, 점성술에 어떤 영향을 미쳤는지 이야기했을 것이다. 그렇지만 나는 앞서 나온 다른 책들에서 이미 이러한 주제들을 다룬 바가 있다.

여기서 내가 다루고자 하는 것은 태양의 본질과 성질에 관한 것으로, 맨 먼저 "가장 가까운 별은 얼마나 가까이에 있는가?"라는 질문으로 이야기를 시작하려고 한다. 자, 이야기를 들을 준비가 되었는가? 준비가 되었다면 이야기를 시작하기로 하자.

아리스타르코스의 추론

태양은 낮 동안에 하늘을 가로질러 가는 빛의 원반으로 보인다. 순전히 그 겉모양만 보고 태양의 크기를 생각해 보라고 하면, 대부분의 사람은 "글쎄, 한 30cm쯤 될까?"라고 말할 것이다.

물론 그것은 터무니없는 이야기다. 지름 30cm인 물체가 하늘에 보이는 태양만 한 크기로 나타나려면, 겨우 34m 거리에 있어야 한다. 그렇지만 우리는 태양이 이것보다 훨씬 먼 거리에 있다는 사실을 잘 알고 있다. 자, 그렇다면 과연 태양은 얼마나 멀리 떨어져 있고, 그 크기는 얼마나 될까?

이 질문에 대한 답을 얻으려고 최초로 시도한 사람은, 우리가 알고 있기로는 고대 그리스의 천문학자 아리스타르코스Aristarchos(기원전 310~기원전 230)이다.

아리스타르코스는 달이 햇빛을 반사하여 빛을 낸다는 사실을 알고 있었고, 달이 정확하게 반달이 될 때 태양과 달과 지구는 직각삼각형의 세 꼭짓점에 위치한다고 추론했다. 따라서 이 직각삼각형의 한 예각을 알 수만 있다면, 삼각법을 사용하여 삼각형의 세 변의 상대적 길이를 계산해 낼 수 있을 것이다.

그의 수학은 완전했지만, 그 당시에는 그 각도를 정확하게 측정할 수 있는 기구가 없었다. 그래서 그의 계산 결과는 실제 값과 큰 차이가 날 수밖에 없었는데, 태양은 지구와 달 사이의 거리보다 약 20배 큰 거리에 있다고 결론 내렸다. 이것은 실제 값에 비해 훨씬 작은 값이지만, 그 당시의 여건을 고려한다면 이 정도도 대단한 업적이라고 할 수 있다. 그러니 아리스타르코스에게 경의를 표하자.

그런데 그는 거기서 한 걸음 더 나아갔다. 그는 월식을 연구하여 월식 때 달의 표면에 비치는 그림자가 둥근 지구의 그림자라는 사실을 알아냈다. 그는 이 지구 그림자의 곡선과 달의 가장자리 곡선을 비교하여, 달의 지름이 지구의 약 3분의 1이라고 추정했다. 그것은 꽤 훌륭한 추정이었다!

그는 거기서 그치지 않았다. 달과 태양은 그 시지름(지구에서 본 천체의 겉보기 지름)이 거의 같으므로, 태양과 달의 상대 크기는 지구와의 거리에 비례할 것이라고 추정했다. 예컨대 태양이 달보다 약 20배 먼 거리에 있다면, 태양의 실제 크기는 달보다 20배 클 것이다. 그리고 달의 지름이 지구의 약 3분의 1이라면, 태양의 지름은 지구의 약 7배가 된다.

여기서 흥미로운 의문이 하나 떠오른다. 왜 거대한 태양이 작은 지구 주위를 돌아야 할까? 아리스타르코스는 이 의문에 대해 지구와 행성들이 태양 주위를 돈다고 대답했다.

이것은 아주 놀라운 추론이었지만 한 가지 단점이 있었으니, 1800년이나 시대를 앞지른 생각이었다는 점이다. 그 당시에는 누구나 그런 주장을 비웃었다. 아리스타르코스가 남긴 글은 현재 전해지지 않는다. 그의 주장은 고대 그리스 시대의 최고 수학자이자 과학자인 아르키메데스Archimedes(기원전 287~기원전 212)가 자신의 저서에서 언급했기 때문에 오늘날까지 전해지고 있다.

당시 사람들이 아리스타르코스의 생각을 받아들이지 못한 이유는 두 가지를 들 수 있다. 첫째, 지구가 움직이지 않고 정지해 있다고 보는 것이 합리적이라고 생각했기 때문이다. 그 시대에는 바보 천치라도 지구가 움직이지 않는다는 걸 분명히 안다고 말했을 것이다. 여러분이 말을 타고 있다고 상상해 보라. 그러면 비록 눈을 감고 있더라도 말이 달리고 있는지 정지하고 있는지는 쉽게 분간할 수 있다. 지구도 마찬가지가 아니겠는가?

게다가 아리스토텔레스Aristoteles(기원전 384~기원전 322)는 일찍이 지구가 만약 태양 주위를 돈다면, 별들의 시운동에 지구가 움직이는 방향과 반대 방향으로 그 효과가 나타날 것이라고 지적하였다. 그런데 별들은 움직이지 않고 제자리에 머물러 있었으므로, 지구도 움직이지 않는다고 판단했던 것이다.(아리스토텔레스의 지적은 옳았다. 지구가 오른쪽으로 움직인다면, 가까이 있는 별들은 먼 별들을 배경으로 볼 때 왼쪽으로 움직여야 할 것이다. 그러나 별들은 아주 멀리 떨어져 있어 지구의 공전 효과가 별들의 시운동에 나타나는 것을 측정하기가 매우 어렵다는 사실을 깨닫지 못했다.)

우주의 중심

그렇지만 여기서는 지구가 움직인다는 사실은 일단 제쳐놓기로 하자. 아리스타르코스는 지구와 달과 태양의 상대적 크기를 알아내려고 하던 도중에 지구가 움직일 것이라고 추측했을 뿐이다. 지구가 움직이지 않는다 하더라도, 그의 계산은 잘못된 것이라곤 전혀 없는 수학을 바탕으로 한 것이었다.(비록 계산식에 대입한 측정값은 크게 잘못된 것이었지만.) 그런데 그것은 왜 받아들여지지 않았을까?

그보다 2세기 앞서 클라조메나이 출신으로 아테네에서 활동하던 철학자 아낙사고라스Anaxagoras(기원전 500?~기원전 428?)가 태양은 지름이 160km 정도 되는 불타는 바위라고 주장한 적이 있었다. 다른 이유도 있었겠지만, 바로 이 신성모독적 내용 때문에 그는 불경죄와 무신론을 믿은 혐의로 법정에 서야 했다. 그러자 그는 아테네를 떠나는 것이 현명하겠다고 판단했다.

물론 아낙사고라스는 단순히 철학적 주장을 편 것뿐인 데 반해 아리스타르코스는 수학적 방법으로 그 값을 알아냈고, 그것은 이전에 사람들이 생각하던 것보다 훨씬 큰 값이었다. 그렇지만 스토아 학파의 철학자로서 아리스타르코스와 같은 시대에 살았던 아소아 출신의 클레안테스Cleanthes는 이에 격노했다. 그리고 아리스타르코스를 불경죄로 재판을 받게 해야 한다고 주장했다.(그렇지만 우리가 아는 한, 아리스타르코스가 이 때문에 재판을 받지는 않았다.)

이 이야기를 통해 우리는 그리스에서 그나마 언론의 자유가 보장되던 시대에도 태양의 크기나 지구의 움직임에 대해 이야기하는 것은 금기로 여겨졌다는 사실을 알 수 있다. 더구나 시간이 흘러 후기 그리스 시대로 가면서 언론의 자유가 사라졌으니, 그러한 주장은 더더욱 펴기가 힘들었을 것이다.

계속해서 좀더 살펴보기로 하자. 기원전 240년경, 키레네 출신의 그리스 철학자 에라토스테네스Eratosthenes(기원전 276?~기원전 196?)는 길이가 똑같은 막대의 그림자 길이가 지구상의 장소에 따라 각각 달라진다는 사실에 주목했다. 그는 지구 표면이 굽어 있기 때문에 이런 일이 일어난다고 생각하고, 정확한 계산 방법을 생각해 내 지구의 크기를 계산했다. 그가 측정한 값은 비교적 정확했기 때문에 지구의 크기를 실제 값과 거의 비슷하게 계산해 냈다. 그렇지만 나는 에라토스테네스가 사용한 다소 귀찮은 계산 방법을 소개하는 대신에 오늘날의 정확한 값을 그냥 제시하려한다. 지구의 지름은 1만 2756km이고, 둘레 길이는 4만 75km이다.

기원전 150년경에 고대 그리스의 최고 천문학자라 할 수 있는 니케아의 히파르코스Hipparchos(기원전 190?~기원전 120?)는 달까지의 거리를 측정하려고 시도했다. 그는 그 거리가 지구 반지름의 60배, 그러니까 지구 지름의 30배라고 결론지었다. 이것은 거의 정확한 값이었다. 실제로 지구와 달 사이의 평균 거리는 38만 4401km로, 지구 지름의 30.13배에 해당한다.

만약 태양까지의 거리가 달까지의 거리의 약 20배라는 아리스타르코스의 주장을 받아들인다면, 에라토스테네스와 히파르코스가 구한 값들로부터 태양까지의 거리는 768만 8000km라는 계산이 나온다. 그리고 달의 시지름과 알려진 거리를 바탕으로 계산하면, 달의 지름은 3476km라는 값을 얻는다. 태양의 지름은 이것의 20배라고 했으므로, 그 지름은 6만 9500km여야 할 것이다.

다시 말해 그리스 천문학은 태양의 지름이 최소한 7만 km는 된다는 결론을 얻은 셈이지만, 그 후 1700여 년간 사람들은 이것을 무시했다. 그것을 받아들였다간 우주의 질서가 흔들릴 염려가 있었기 때문이다. 물론 태양이 그렇게 크다 하더라도 태양은 빛의 구에 불과하므로, 우주에서 유일하게 고체로 이루어지고 무거운 천체인 지구야말로 우주의 중심이라고 계속 주장할 수도 있을 것이다.

"아직 미숙한 이것들을 나는 읽었다."

시간을 훌쩍 건너뛰어 폴란드 천문학자 니콜라우스 코페르니쿠스Nicolaus Copernicus(1473~1543)의 시대로 넘어가기로 하자. 코페르니쿠스는 지구가 태양 주위를 돈다는 아리스타르코스의 개념을 받아들였다. 아리스타르코스처럼 태양의 거대한 크기를 감안해서 이런 결론에 이른 것은 아니었다. 단지 태양과 행성들이 지구 주위를 도는 대신에 지구와 행성들이 태양 주위를 돈다고 보면, 행성의 움직임을 예측하는 수학이 간단해지기 때문이었다.

그렇지만 코페르니쿠스는 자신의 연구를 공식적으로 발표하는 것을 수십 년이나 미루었는데, 그것은 아낙사고라스나 아리스타르코스처럼 권력을 가진 사람들과 마찰을 빚고 싶지 않았기 때문이다. 그러다가 결국 죽기 얼마 전인 1543년에 가서야 그것을 책으로 출간했다.

발행인은 그 책에 서문을 덧붙였는데(그 역시 말썽을 일으키고 싶지 않았기 때문에), 코페르니쿠스의 이론은 지구가 실제로 태양 주위를 돈다고 주장하기 위한 것이 아니고, 다만 행성의 움직임을 예측하기 위한 수학적 도구에 불과하다고 깎아내렸다.

학계에서 코페르니쿠스의 이론을 받아들이는 데에는 꼬박 100년이 걸렸다. 코페르니쿠스의 책은 초판으로 수백 부만 인쇄되었다. 그 후 1566년에 가서야 스위스 바젤에서 재판이 출판되었고, 3판은 1617년에 암스테르담에서 출판되었다.(코페르니쿠스는 원래 원고에서 아리스타르코스를 언급하였다가 줄을 그어 지워 버렸다. 그는 아마도 악명 높은 그 정신이상자를 괜히 들먹였다가 말썽에 휘말리는 것을 꺼렸거나, 지동설을 생각해 낸 명예를 나누고 싶지 않아 그랬을 것이다. 나는 전자 쪽이라고 생각한다.)

실험이라는 과학의 방법을 강하게 옹호했던 영국 철학자 프랜시스 베이컨Francis Bacon(1561~1626)은, 엄청난 크기와 질량을 가진 지구가 공간에서 움직인다는 사실을 믿을 수 없다는 이유로 코페르니쿠스의 이론을 받아들이지 않았다. 1636년에 설립된 하버드 대학에서는 태양이 지구 주위를 돈다는 천동설을 수십 년간 가르쳤다.

1807년, 정복군을 이끌고 폴란드로 진격한 나폴레옹은 코페르니쿠스가 태어난 생가를 방문하고서 위대한 과학자를 기념하는 동상 하나 세워져 있지 않은 것을 보고 깜짝 놀랐다고 한다. 냉혹한 현실은 쉽사리 변하지 않아 코페르니쿠스의 저서가 로마 가톨릭 교회의 금서 목록에서 해제된 것은 1835년에 이르러서였다. 마침내 1839년, 코페르니쿠스를 기념하는 동상이 바르샤바에 세워졌을 때, 어떤 가톨릭 성직자도 그 기념식을 주재하려 하지 않았다.

심지어 오늘날에도 미국의 성인을 대상으로 생활 속의 천문학 상식에 대해 설문 조사를 했을 때, 그들 중 21%는 태양이 지구 주위를 돈다고 대답했다고 한다. 7%는 모르거나 관심이 없다고 대답했고……. 코페르니쿠스가 두려워했던 그 모든 말썽과 그의 학설이 받아들여지는 데 걸린 그 오랜 시간, 오늘날에도 미국의 성인 중 약 4분의 1이 그의 이론을 거부하고 있다는 사실을 어떻게 설명해야 할까?

개인적으로는 성경에 나오는 구절에 그 원인이 있는 게 아닌가 생각한다. 그것은 여호수아가 기브온 전투를 지휘하는 장면으로, 적이 야밤을 틈타 도망갈 것으로 예상되었던 모양이다. 여호수아 10장 12~13절을 보자. "주님께서 아모리족을 이스라엘 자손들 앞으로 넘겨주시던 날, 여호수아가 주님께 아뢰었다. 그는 이스라엘이 보는 앞에서 외쳤다. '해야, 기브온 위에, 달아, 아얄론 골짜기 뒤에 그대로 서 있어라.' 그러자 백성이 원수들에게 복수할 때까지 해가 그대로 서 있었고 달이 멈추어 있었다."

만약 태양이 움직이지 않고 정지하고 있다면, 어떻게 여호수아가(그리고 하느님이) 태양에게 멈추라고 명령을 내릴 수 있었겠는가? 모든 시대를 통틀어 성경을 하느님의 말씀으로 받아들이고, 그 글자 한 자 한 자를 신성한 진리로 받든 근본주의자들은 바로 이 구절(아주 유명한)을 근거로 성경에는 태양이 움직이며 지구 주위를 돈다고 적혀 있다고 생각했다. 기독교 신자들의 바로 이러한 태도가 위에서 제기된 모든 의문에 답을 제공해 준다고 나는 생각한다.

물론 코페르니쿠스의 지동설은 단지 하나의 이론, 즉 수학적 도구에 지나지 않는다고 주장할 수도 있다. 그런데 그 다음에 이탈리아의 갈릴레오 갈릴레이가 망원경과 함께 등장했다. 1610년 1월, 갈릴레이는 목성 주위를 도는 4개의 물체(오늘날 우리는 이것을 위성이라고 부른다)를 발견했다. 이것은 모든 천체가 지구 주위를 도는 게 아님을 보여 주었다. 또 작은 천체 4개가 큰 천체 주위를 돌고 있는 모습도 보여 주었다. 아리스타르코스가 계산한 것처럼 만약 태양이 지구보다 실제로 훨씬 더 크다면, 지구가 태양 주위를 도는 것이 자연스러웠다.

그렇지만 갈릴레이의 발견에 대해서는 반론이 많았다. 어떤 학자는 아리스토텔레스가 글에서 이 위성들을 언급하지 않았으므로 그것들은 존재하지 않는다고 주장했다. 또 어떤 학자는 이 위성들은 오로지 망원경을 통해서만 볼 수 있으므로, 그것들은 망원경이 만들어 낸 것일 뿐 실제로 존재하는 게 아니라고 말했다. 또 다른 사람들은 망원경을 통해 보는 것 자체를 아예 거부하였다. 자신이 목성의 위성들을 직접 보지 않은 이상 그것들은 그들에게는 존재하지 않는 것이나 다름없었다.

그런데 목성의 위성들이 존재한다고 가정해 보자. 즉, 목성이 지구 주위를 돌며, 목성 주위에는 위성들이 돌고 있으며, 따라서 목성의 위성들도 지구 주위를 돌고 있다고 가정하는 것이다. 그렇다고 해도 목성과 그 위성들은(그리고 태양까지도) 지상의 물질과는 다른 하늘의 재료로 만들어졌으므로, 오로지 지구만이 단단한 고체 물질로 이루어진 무거운 천체라고 생각할 수가 있다. 그렇다면 하늘의 천체들이 서로의 주위를 돌든지 말든지 상관할 바 없지 않은가? 어쨌든 이것들은 모두 지구 주위를 돌고 있으니까.

그러나 이때 금성의 위상 변화 문제가 제기되었다. 금성은 햇빛을 반사하여 빛을 내므로, 만약 태양과 금성이 모두 지구 주위를 돈다는 천동설이 옳다면 금성은 언제나 초승달 모양으로 보여야 할 것이다. 그렇지 않고 금성과 지구가 태양 주위를 돈다면, 금성은 달처럼 날에 따라 여러 가지 모양으로 위상 변화가 나타날 것이다.

갈릴레이는 망원경으로 금성을 계속 관측했는데, 1610년 12월 11일에 마침내 금성도 달처럼 여러 가지 위상 변화가 나타난다는 사실을 확인했다. 이것은 그를 난처한 처지에 빠지게 했다. 금성의 위상 변화는 태양이 지구 주위를 도는 것이 아니라, 지구가 태양 주위를 돈다는 증거라고 발표함으로써 한바탕 소동을 일으켜야 할까? 아니면 조용히 입을 다물고 있다가 그것을 최초로 발견한 공로를 남에게 빼앗기는 억울한 일을 당하고 말까?(그때에는 이미 다른 사람들도 망원경으로 하늘을 바라보고 있었다.)

그래서 갈릴레이는 하나의 라틴어 문장으로 자신이 발견한 것을 발표했다. "Haec immatura a me iam frustra legunter o.y." 이 문장은 "아직 미숙한 이것들을 나는 읽었다"라는 뜻이다. 'o.y'는 이것이 방금 이루어졌음을 나타내기 위해 덧붙인 것이다. 그런데 만약 나중에 누군가가 금성의 위상 변화를 발견했다고 주장한다면, 갈릴레이는 이 문장을 애너그램anagram*이라고 주장하면 된다. 그러면 이 문장은 "Cynthiae

---

* 어구전철. 한 단어나 어구에 있는 단어 철자들의 순서를 바꾸어 원래 의미와 논리적으로 연관이 있는 다른 단어 또는 어구를 만드는 것.—옮긴이

figuras aemulatur Mater Amorum"으로 변하는데, "사랑의 어머니는 킨티아 Cynthia의 모양을 닮았다"라는 뜻이다. 여기서 사랑의 어머니란 금성을 가리키며, 킨티아는 달을 가리키는 시어詩語이다.

그렇지만 하늘에 떠 있는 천체는 지구와는 아주 다른 존재이기 때문에, 지구에 적용되는 것을 천체에 적용해서는 안 된다는 믿음을 어떻게 꺾을 수 있을까? 1609년에 갈릴레이가 망원경으로 처음 본 천체는 달이었다. 그는 거기서 산맥과 크레이터와 바다를 보았다. 달은 신성한 천체일진 몰라도, 지구와 아주 흡사한 세계였다.

천체들은 빛을 내는 데 비해 지구는 어둡다는 사실에 대해서는 뭐라고 설명할 수 있을까? 물론 행성은 스스로 빛을 내지 않는다. 달과 금성에 위상 변화가 나타나는 것은 이들이 햇빛을 반사하여 빛나는 어두운 천체라는 증거였다. 갈릴레이는 한 걸음 더 나아가 초승달도 그 어두운 부분에 아주 미약한 빛이 있는 것을 볼 수 있는데, 이것은 달빛이 지구에 비치듯이 지구에 반사된 햇빛이 달에 비쳐서 생기는 것이라고 주장하였다. 즉, 우리는 달에 비친 지구의 빛을 보고 있는 셈이며, 따라서 지구도 달이나 금성처럼 빛난다고 말했다.

레오나르도 다 빈치Leonardo da Vinci(1452~1519)는 이러한 지구의 반사광을 이미 1세기 전에 알고 있었지만, 그것을 발표하지 않는 쪽을 선택해 분쟁의 소용돌이에 휘말려드는 것을 피했다. 이에 반해 갈릴레이는 신중하지 못했다. 1632년에 그는 《두 가지 주요 세계관에 대한 대화》(흔히 《천문 대화》라고 부른다)라는 책을 출판해 자신의 생각을 밝혔다. 그것도 이탈리아어로 출판하여, 라틴어를 아는 극소수의 늙은 학자들뿐만이 아니라 모든 이탈리아 사람들이 읽어볼 수 있었다.

그 뒤에 무슨 일이 일어났는지는 여러분도 잘 알 것이다. 1633년에 갈릴레이는 종교재판소에 끌려가 고문 위협을 받으면서 지구는 움직이지 않으며, 다시는 그러한 주장을 하지 않겠다고 맹세하라는 강요를 받았다. 전해 오는 이야기에 따르면, 갈릴레이가 법정을 나오면서 "Eppur si muove!(그래도 역시 그것은 움직인다!)"라고 중얼거렸다고 하지만, 아마도 실제로는 그런 말을 하지 않았을 것이다.

그는 이미 70세가 다 된 늙은 몸이었고, 유머 감각이 없는 것으로 악명 높은 종교재판소 재판관들을 상대로 어리석게 그러한 객기를 부리는 짓은 하지 않았을 것이다.

그러나 어쨌든, 지구는 계속 움직였다.

케플러의 법칙

그렇다고 해서 코페르니쿠스가 완전히 옳은 것은 아니었다. 지동설은 단순히 '하나의 이론'이 아니다. 모든 훌륭한 이론이 그렇듯이, 지동설도 수많은 관측 사실과 이것을 뒷받침하기 위한 매우 정밀한 추론을 바탕으로 하고 있다.

그런데 코페르니쿠스가 주장한 지동설은 모든 부분이 다 정확했던 것은 아니다. 그것은 더 손보고 다듬어야 할 부분이 많이 남아 있었다.(과학 이론들은 항상 개선의 여지가 있으며, 실제로 끊임없이 개선되고 있다. 이것은 과학의 장점 중 하나이다. 그렇지만 권위주의적인 우주관은 돌처럼 굳어 있어 절대로 변하지 않는다. 그래서 한번 잘못된 것은 영원히 잘못된 채 변하지 않는다.) 무엇보다도 코페르니쿠스는 지구 중심의 우주 체계에서 태양 중심의 우주 체계로 전환하면서, 천체들이 원형으로 돈다는 고대 그리스인의 개념을 그대로 수용하는 잘못을 저질렀다.

독일 천문학자 케플러는 당시로서는 최고의 화성 관측 자료—이것은 덴마크 천문학자 티코 브라헤Tycho Brhae(1546~1601)가 관측한 것이었다—를 가지고 연구를 거듭하다가, 화성의 궤도가 완전한 원이 아니라는 사실을 깨달았다. 화성은(그리고 필시 다른 행성들 역시) 태양 주위를 원이 아니라 타원 궤도로 돌고 있었다. 그리고 태양은 타원의 중심이 아니라, 중심에서 약간 벗어난 타원의 두 초점 중 하나에 위치하고 있었다. 그는 또한 행성이 그러한 타원 궤도를 돌면서 속도가 변한다는 사실과 그 속도는 태양에서의 거리에 따라 변한다는 사실도 알아냈다.

이것이 바로 '행성 운동에 관한 케플러의 세 가지 법칙'으로, 1609년과 1619년에 각각 나누어 발표되었다. 이것은 그 후 4세기가 지나도록 거의 수정을 할 필요가 없었으므로, 태양계의 모습과 운동을 제대로 파악한 사람은 케플러가 최초라고 할 수 있다. 이로써 태양이 중심에 있고 행성들이 그 주위를 도는 태양계 모형을 행성들의 정확한 궤도와 함께 그리는 것이 가능해졌다.(최소한 수학적으로는 이러한 모형을 만들 수가 있으며, 게다가 각각의 행성이 궤도상에서 어떻게 움직이는지도 생각할 수 있게 되었다. 어느 순간 행성이 보이는 움직임은 다른 행성들과 태양의 위치와 밀접한 관련이 있다.)

따라서 지구에서 어느 행성까지의 거리를 안다면, 케플러의 법칙으로부터 나머지 모든 행성과 태양 사이의 거리를 쉽게 계산할 수 있다.

이것은 두 가지 이점이 있다. 최소한 세 행성—화성, 금성, 수성—은 태양보다 지구에 더 가까우므로(최소한 어느 기간에는), 그 거리는 태양의 거리보다 더 쉽게 측정할 수가 있다. 게다가 직접 바라보기가 어려운 커다란 불덩어리 태양보다는 점처럼 작게 보이는 행성들을 측정하는 게 아무래도 훨씬 쉽다.

태양까지의 거리

세 행성 중에서도 화성이 관측하기에 가장 유리하다. 금성과 수성은 초저녁과 새벽에 잠깐 나타났다 사라지는 데 반해, 화성은 밤 내내 하늘에 나타날 때가 많기 때문이다. 그렇다면 화성까지의 거리는 어떻게 알 수 있을까?

한 가지 방법은 지구 위의 두 장소에서 동시에 화성의 위치를 별들을 배경으로 측정하거나 일정한 시간 간격을 두고 측정하는 것이다. 그러면 별들에 대한 화성의 겉보기 위치에 변화가 일어나는데, 이것을 시차視差라 부른다.

다음 실험을 해 보면 시차의 개념을 쉽게 이해할 수 있다. 우선 멀리 있는 벽을 배경으로 손가락을 눈앞의 적당한 거리에 세운다. 먼저 그 손가락을 왼쪽 눈으로만 바라보고 나서 그 다음에는 오른쪽 눈으로만 바라보라. 배경의 벽에 대해 손가락의 위치가 어떻게 변했는가? 물론 방 안에 있는 다른 물체들의 위치도 약간씩 변하겠지만, 그것들은 좀더 멀리 떨어져 있기 때문에 위치 변화가 작게 일어난다. 그래서 벽을 배경으로 볼 때 손가락의 위치 변화가 훨씬 두드러지게 나타난다.

별들은 아주 먼 거리에 있어 거의 움직이지 않는 것으로 봐도 무방하므로, 별들은 고정돼 있는 배경으로 볼 수 있다. 그러나 화성도 제법 먼 거리에 있기 때문에 그 시차는 보통 수단으로는 관측이 불가능하다.

그렇다면 어떻게 해야 할까? 우선 고려해 볼 수 있는 것은 어떤 물체를 바라보는 관측 지점들의 거리가 멀수록 그 물체의 시차가 더 커진다는 점이다. 즉, 수천 km 이상 떨어진 두 장소에서 화성의 시차를 측정하면 되지 않을까? 다만 이때 두 지점에서 화성을 관측하는 시간이 정확하게 일치해야 하므로, 두 지점의 시계를 서로 일치시켜야 한다. 그렇게 해도 화성의 시차는 아주 작아서 성능이 아주 좋은 망원경을 사용해야만 측정할 수 있다.

1671년에 마침 이러한 여건이 모두 갖추어졌다. 망원경은 갈릴레이가 사용하던 것보다 훨씬 성능이 좋아졌다. 그리고 1656년, 네덜란드 물리학자 크리스티안 하위헌스Christian Huygens(1629~1695)가 진자 시계를 발명함으로써 시간도 정확하게 측정하는 것이 가능해졌다. 이렇게 발전한 기술을 이용하여 두 천문학자가 서로 수천 km 떨어진 지점에서 화성의 시차를 측정하였다.

이탈리아 출신의 프랑스 천문학자 조반니 도메니코 카시니Giovanni Domenico Cassini(1625~1712)는 파리에서 화성을 관측하였다. 그리고 대서양 건너편인 프랑스령 기아나의 카옌에서는 카시니의 지시를 받은 프랑스 천문학자 장 리셰Jean Richer(1630~1696)가 역시 화성을 관측하였다.

파리와 카옌 사이의 직선 거리(불룩 솟은 구면 위의 거리가 아니라, 지표면 아래로 직선으로 연결된)는 쉽게 계산할 수 있었다. 그리하여 카시니는 항성들을 배경으로 한 화성의 위치 변화로 화성의 거리를 계산해 냈다. 그리고 그 순간 화성까지의 거리와 화성의 궤도상 위치로부터 태양까지의 거리도 계산할 수 있었다.

이로써 카시니는 인류 역사상 처음으로 태양까지의 거리를 상당히 정확하게 계산해 냈다. 카시니가 얻은 값은 실제 값보다는 약 7% 작은 것이었으나, 최초의 시도에서 그 정도의 값을 얻은 것은 대단한 성과라고 할 수 있다.

그러면 현재 알려진 태양까지의 거리는 얼마인지 알아보자. 카시니가 썼던 것과 똑같은 시차를 이용하지만, 훨씬 발전한 기술과 도구, 그리고 최근에 와서야 실용화가 가능해진 다른 장비들을 사용하여 구한 태양까지의 정확한 거리는 약 1억 4960만 km이다. 이것은 아리스타르코스가 계산했던 값의 19.5배에 이르는 값이다. 이로써 이제 우리는 가장 가까운 별의 거리가 얼마인지 알아냈고, 우리의 첫 번째 질문에 대한 답도 얻었다.

태양이 아리스타르코스가 생각한 것보다 훨씬 먼 거리에 있다면, 그 크기 또한 아리스타르코스가 생각한 것보다 훨씬 클 것이다. 실제 거리가 더 멀어졌는데도 하늘에 보이는 태양의 시지름은 그대로이기 때문이다.

우리가 현재 알고 있는 태양의 지름은 139만 4000km이다. 이것은 지구 지름의 약 109배에 해당한다. 그렇다면 태양의 부피는 지구의 약 130만 배가 된다. 만약 태양을 속이 텅 빈 구로 생각한다면, 그 속에 지구를 약 130만 개나 집어넣을 수 있을 것이다.

만약 아리스타르코스가 각도 측정만 정확하게 할 수 있었더라면, 히파르코스가 달까지의 거리를 계산할 무렵에 태양의 실제 지름도 계산할 수 있었을 것이다. 그랬더라면 지구가 태양 주위를 돈다고 생각하기가 한결 쉽지 않았을까? 다만 태양이 제아무리 크다 하더라도, 그것은 물질이 아닌 빛으로 이루어져 있어 무게가 전혀 나가지 않으므로 지구 주위를 돌아야 한다고 계속 주장할 수는 있었을 것이다.

이것은 여전히 해결해야 할 문제로 남았다. 태양을 비롯한 다른 천체들이 비물질적 요소로 이루어져 있는 게 아니라는 것을 어떻게 증명할 수 있을까? 또 지구보다 더 무겁지는 않다 하더라도 지구만큼 무거운 물체라는 사실을 어떻게 증명할 수 있을까?

간단히 말해서, 이제 "태양은 얼마나 무거운가?"라는 다음 질문으로 넘어갈 때가 된 것이다. 아니, 좀더 정확하게는 "태양의 질량은 얼마인가?"라는 질문에 대한 답을 알아볼 때가 되었다. 이것은 다음 장에서 다루기로 하자.

태양의 질량을 측정하다

나는 어릴 때 시를 많이 읽었다. 학교에서 학생들에게 시를 읽도록 했기 때문이기도 하지만(지금도 그러는지 모르지만, 나는 지금도 학생들에게 시를 많이 읽히길 바란다), 내가 더 좋은 것을 몰랐기 때문일 수도 있다. 미국으로 이민 온 부모님은 내게 독서 지도를 해 줄 만큼 영문학 지식이 없었기 때문에, 나는 닥치는 대로 아무거나 읽을 수밖에 없었다. 그래서 나는 어린이들이 대체로 싫어하는 시도 마구 읽었는데, 아무도 내게 그것을 싫어해야 한다고 가르쳐 주지 않았기 때문이다.

어쨌든 나는 사소한 것이라도 잘 잊어먹지 않는 경향이 있기 때문에(내 아내 재닛이 내가 영원히 살길 바라며 나한테 내리는 지시처럼 아주 중요한 것을 제외하고는), 그 시절에 읽었던 시를 대부분 기억하고 있다. 그리고 그때 읽었던 시들 중 어떤 것은 아직까지도 나의 세계관에 큰 영향을 끼치고 있다.

예를 들면, 프랜시스 윌리엄 부어딜런Francis William Bourdillon이 쓴 시가 있다.(솔직히 고백하자면, 나는 그의 이름을 다시 찾아보고 확인해야 했다.) 그것은 짤막한 시였는데, 그 첫 부분은 다음과 같이 시작된다.

　밤은 천 개의 눈이 있지만,

　낮은 눈이 하나밖에 없다.

　그렇지만 태양이 사라지면

　밝은 세상의 빛도 사라지고 만다.

　나는 여태껏 어떤 문학이나 과학 서적에서도 이 네 줄의 시구보다 태양의 중요성을 더 절실하게 표현한 글을 본 적이 없다. 그래서 그 후 최초의 일신교 숭배자로 알려진 이집트의 파라오 아크나톤Akhenaton(기원전 1372~기원전 1362 재위)이 태양을 유일신으로 선택했다는 사실을 알았을 때에도 전혀 놀라지 않았다.(나는 오히려 아크나톤이 아주 논리적인 선택을 했다고 생각했다.)

　자, 그러면 태양에 대한 우리의 이야기를 계속하기로 하자. 앞 장에서 나는 태양까지의 거리는 얼마나 될까 하는 질문을 던졌다. 그리고 그 답은 약 1억 4960만 km이며, 태양의 지름은 약 139만 4000만 km라고 했다.

　이제는 그 다음번 질문으로 넘어가자. 그 질문을 순진하게 표현한다면, "태양은 얼마나 무거울까?"가 될 것이다.

천상의 물체, 지상의 물체

먼저 서양 종교의 전통적 견해에 따르면, 태양은 단순한 빛 덩어리이다. 성경에서 빛은 창조의 첫날 맨 먼저 창조된 것으로 기록되어 있다. "하느님께서 말씀하시기를 '빛이 생겨라!' 하시자 빛이 생겼다."(창세기 1장 3절.) 이렇게 처음에 우주에는 빛이 가득 차 있었는데, 하느님이(역시 첫째 날에) 빛과 어둠을 갈라 낮과 밤을 만들었다.

그리고 빛이 모여서 다양한 천체들이 만들어진 것은 천지창조의 넷째 날이 되어서였으며, 그중에서 가장 밝은 것은 태양이었다. 달은 거기서 한참 처지는 둘째였고, 별들은 작은 불꽃들에 지나지 않았다. "하느님께서는 큰 빛물체 두 개를 만드시어, 그 가운데에서 더 큰 빛물체는 낮을 다스리고 작은 빛물체는 밤을 다스리게 하셨다. 그리고 별들도 만드셨다."(창세기 1장 16절.)

지상에도 천체와 무관한 빛이 있었다. 간혹 산림 화재를 일으키는 번갯불이 생겨났고, 나중에는 인간이 빛과 열을 얻기 위해 만들어 낸 인공적인 불도 나타났다. 그런데 사람들이 지상에서 불의 근원을 살펴본 결과, 아주 중요한 사실을 알게 되었다. 그것은 빛이 무게가 없다는 것이었다. 빛은 물질이 아니었다.

이것은 아주 중요한 결론으로 이어졌다. 태양도 빛 덩어리에 지나지 않는다면, 역시 비물질적 요소로 이루어져 있기 때문에 무게가 없어야 한다. 그렇다면 태양이 아무리 멀리 떨어져 있고 아무리 크더라도 문제될 게 없다. 제아무리 크더라도 그 무게는 솜털보다도 가벼울 것이고, 따라서 마땅히 그보다 훨씬 무거운 지구 주위를 돌아야 하기 때문이다.

지상의 불에 대한 연구에서 얻은 두 번째 중요한 사실은, 빛을 내는 불은 연료를 계속 공급해 주지 않으면 오래 지속할 수 없다는 점이었다. 연료가 되는 나무나 기름이 다하면 불은 곧 꺼지고 만다.

　그러나 태양은 결코 꺼지지 않았다. 태양은 인류 역사가 시작된 이래 계속 변함없이 빛을 내뿜어 왔다. 지금도 꺼지는 것은 말할 것도 없고, 약해질 기미조차 보이지 않는다. 그리고 그 과정에서 태양이 연료를 소비하는 것 같은 징후도 전혀 보이지 않았다.

　이 사실에서 또 한 가지 결론이 도출되었으니, 그것은 천상의 빛은 지상의 빛과는 그 본질이 근본적으로 다르다는 것이었다. 지상의 빛은 연료를 태워야 나타나는 일시적인 현상이지만, 천상의 빛은 영원하며 연료가 필요 없다. 이것은 지상의 자연 법칙이 천상의 법칙과는 다르다는 것을 보여 주는 중요한 예로 간주되었다.

　그리스 철학자 아리스토텔레스는 이것을 좀더 자세하게 파고들었다. 일반적으로 지상의 물체들은 불완전하고 시간의 구속을 받으며, 사멸과 부패를 피할 수 없다. 반면에 천상의 물체들은 영원하며 부패하지 않는다. 즉, 완전한 존재들이다.

　또한 지상의 물체들은 가만히 내버려 두면 움직이지 않거나, 움직일 때에는 아래로 떨어지거나 위로 솟아오른다. 흙과 물은 아래로 가라앉는 성질이 있고, 공기와 불은 위로 솟아오르는 성질이 있다.(고대 그리스인은 이것들을 지구를 이루는 네 가지 기본 물질, 즉 4원소로 여겼다.) 반면에 천상의 물체들은 항상 움직이고 있는데, 그 과정에서 떨어지거나 솟아오르거나 하지 않고 지구 주위를 변함없이 큰 원을 그리며 돈다.

　그렇다면 이 천상의 물체들은 지구를 이루는 원소인 흙이나 물, 공기, 불로 이루어진 게 아니라, 지상의 물질과는 아주 다른 물질로 이루어진 게 분명하다. 이것을 아리스토텔레스는 '아이테르aither' 라 불렀는데, 영어로는 에테르(ether 또는 aether)라고 한다. 아이테르는 그리스어로 '빛나는 것' 이란 뜻인데, 지상의 물체들은 인간이 만든 순간적인 불—그것도 아이테르의 신성한 불과 비교하면 불완전하기 짝이 없는—을 제외하고는 모두 흐릿하고 어두운 데 반해 천상의 물체들은 영원히 빛을 내뿜기 때문에 붙은 이름이다.

돌이나 무거운 물체는 받쳐 주지 않으면 아래로 떨어진다. 우리는 이 사실을 모두 알고 있다. 돌을 들었다가 놓으면, 그것은 곧 아래로 떨어지고 만다. 왜 그럴까?

아리스토텔레스는 모든 물체는 우주에서 나름의 자연적 위치가 있기 때문이라고 대답했다. 그 자연적 위치에서 벗어나면, 어떤 것에 속박되어 있지 않은 한 물체는 자신의 자리로 돌아가려고 몸부림친다. 돌을 쥐고 공중에 머물러 있게 하면 돌은 그 곳에 머물러 있는 제약을 받지만, 그 돌이 자신의 자연적 위치, 즉 고체 물질들의 자연적 위치인 우주의 중심을 향해 가려는 몸부림이 손에 미치는 돌의 무게로 나타난다. 그래서 돌을 놓으면 돌은 곧장 그 중심을 향해 움직인다. 즉, 땅으로 떨어지는 것이다.

아리스토텔레스는 물체의 무게를 물체가 자신의 자연적 위치를 찾아가려는 갈망의 크기를 나타내는 척도라고 보았다. 그래서 무거운 물체는 가벼운 물체보다 당연히 더 빨리 떨어진다고 말했다. 돌이 나뭇잎보다 더 빨리, 나뭇잎이 작은 깃털보다 더 빨리 떨어지는 것은 이 때문이라면서.

아리스토텔레스의 생각이 틀렸다는 것은 다음의 간단한 실험을 통해 증명할 수 있다. 크기가 똑같은 종이 두 장을 준비한 다음, 똑같은 높이에서 아래로 떨어뜨려 보라. 그러면 둘 다 다소 느리게 거의 똑같은 속도로 떨어질 것이다. 이번에는 하나는 공처럼 돌돌 뭉친 뒤에 다른 종이와 함께 떨어뜨려 보라. 하나는 펼쳐진 종이이고 다른 하나는 뭉쳐진 종이이지만, 두 종이의 무게는 똑같다.

그렇지만 둘을 동시에 떨어뜨리면, 뭉쳐진 종이가 펼쳐진 종이보다 훨씬 빨리 떨어진다. 왜 이런 결과가 나올까? 공기 중에서 떨어지는 물체는 떨어지는 도중에 공기 분자들을 만나 저항을 받는데, 이 과정에서 낙하 에너지의 일부를 소비하므로 낙하 속도가 늦어지는 것이다. 물체의 무게가 어느 정도 이상 무거우면 공기 저항으로 인한 낙하 속도의 감속은 무시할 만하지만, 가벼운 물체는 감속 효과가 아주 크게 나타난다. 또한 물체의 표면적이 클수록 그 감속 효과는 더욱 커진다.

아리스토텔레스의 물리학을 무너뜨리다

오늘날에는 누구에게나 이 모든 것이 명백해 보이지만, 낙체의 속도에 관한 고대 그리스인의 생각에 의문을 품고 실제로 실험을 해 보겠다고 하는 사람이 나온 것은 그로부터 무려 1900년이 지나서였다.

1590년대에 갈릴레이는 그 실험을 하면서 중요한 요소를 두 가지 선택했다. 하나는 공기 저항을 무시할 수 있을 정도로 무거운 물체들을 선택한 것이고, 또 하나는 이 물체들을 자유 낙하시키는 대신에 빗면 위로 굴러가게 함으로써 낙하 속도를 늦춰 물체들이 움직이는 속도를 더 쉽게 비교할 수 있도록 한 것이다.

그 실험 결과는 중요한 사실을 알려 주었다. 즉, 모든 물체는 무게에 상관없이 똑같은 속도로 떨어진다는 사실이었다. 전해 오는 이야기에 따르면, 갈릴레이는 피사의 사탑 위에서 무거운 공 2개—한 공이 다른 공보다 10배 무거운—를 동시에 떨어뜨리는 실험을 했다고 한다. 그가 실제로 피사의 사탑 위에서 실험을 하지 않았다는 것은 거의 확실하다. 그렇지만 빗면 위로 공을 굴린 실험도 비록 피사의 사탑에서 공을 떨어뜨리는 것보다 덜 극적이긴 해도, 아리스토텔레스의 가설을 뒤집어엎기에 충분한 결과를 제공해 주었다.

나아가 이것은 아리스토텔레스의 물리학을 무너뜨리는 데 크게 기여했다.(공기 저항이 전혀 없는 진공 속에서는 모든 물체가—아무리 가볍고 아무리 표면적이 크든 간에—똑같은 속도로 떨어진다. 즉, 진공 속에서는 깃털도 포탄과 똑같은 속도로 떨어진다. 이것은 실제로 실험을 통해 확인되었다.)

그로부터 약 75년 뒤, 영국의 아이작 뉴턴Isaac Newton(1642~1727)은 갈릴레이가 발견한 결론과 운동하는 물체들에 관한 사실들을 결합하여 세 가지 '운동 법칙'을 만들어 냈다. 뉴턴의 법칙이라고도 부르는 이 법칙은 지상에서 볼 수 있는 모든 종류의 운동을 만족스럽게 설명해 주었다.

그중 제2법칙은 물체에 힘을 가하면 그 물체에 가속도가 생긴다고 말한다. 그 결과 그 물체는 속도가 빨라지든가 느려지든가, 아니면 힘의 작용 방향에 따라 진행 방향이 변하게 된다. 또한 똑같은 힘을 가하더라도 큰 물체는 작은 물체보다도 더 적게 가속된다.(이것은 축구공을 찰 때와 포탄을 찰 때를 비교해 보면 알 수 있다. 똑같은 힘으로 두 물체를 찰 때, 각각의 물체가 가속되는 정도를 생각해 보라.)

뉴턴은 또 자신이 '질량'이라고 이름 붙인 물질의 고유한 성질을 정의했다. 그런 정의로는 "물체의 질량이 클수록 일정한 힘으로 가속되는 정도가 작다", "지구 위에서는 물체의 질량은 무게와 비례하지만, 이 둘이 똑같은 것은 아니다", "무게는 우주의 장소에 따라 변하지만, 질량은 어디에서도 변하지 않는다"(이 문제에 관해 더 자세한 것은 여기서 다루지 않겠다) 등이 있다. 그 후로 뉴턴의 법칙은 보통 조건에서 일어나는 모든 종류의 운동에 대해 완전히 만족스러운 해답을 제시했다.(극단적인 조건에서는 이 법칙을 더 일반화시킨 아인슈타인의 상대성 이론이 더 적절하지만, 이것 역시 여기서 더 깊이 다루지 않기로 한다.)

그런데 비록 물체의 운동에 관한 아리스토텔레스의 개념이 갈릴레이와 뉴턴의 개념으로 대체되었다고는 하지만, 이것이 지상의 자연 법칙과 천상의 자연 법칙이 서로 다르다는 가정까지 뒤집어엎은 것은 아니었다. 지상에서 물체들이 떨어지는 현상을 어떤 방식으로 설명하든지 간에 그것들은 결국 떨어질 수밖에 없는 지상의 물체들이다. 이에 반해 천상의 물체들은 떨어지지 않고 여전히 원을 그리며 돌고 있었다.

그것들은 지구 주위를 원을 그리며 돌고 있는 것처럼 보였다. 앞 장에서 설명했듯이 태양 중심설(지동설)을 받아들여 일부 천체들이 태양 주위를 돈다고 하더라도, 천체들은 변함없이 원을 그리며 돌고 땅으로 떨어지지 않는다. 이 문제는 어떻게 해결해야 할까? 조금 다른 각도에서 이 문제를 살펴보기로 하자.

케플러가 그린 태양계

고대 그리스인은 행성들이 원을 그리며 움직인다고 생각했다. 그것은 행성들의 움직임이 실제로 원을 그려서가 아니라, 원을 가장 간단하고도 완전한 곡선이라고 믿었기 때문이다. 그들은 완전하지 않은 것은 천상의 물체에 어울리지 않는다고 생각했다.

그런데 실제 행성들의 움직임은 그 궤도가 완전한 원일 때 나타나는 것과는 차이가 있었으므로, 그리스인은 이 차이를 설명하기 위해 행성들이 원 궤도 위에서 다시 원운동을 한다고 생각했다. 그래서 그들은 행성의 운동을 설명하기 위해 원 위에 다시 원을 그리고, 그 위에 다시 원을 그리는 복잡한 방법을 도입했다. 그러고는 행성의 실제 움직임을 그들이 만든 산뜻하고도 아름다운 모형에 억지로 꿰맞추었다.

앞 장에서 말했듯이, 코페르니쿠스도 행성들이 태양 주위를 돈다고 주장했지만, 행성들은 원들이 결합된 궤도를 돈다고 생각했다. 그는 자신의 이론에서 고대 그리스인의 잔재를 떨쳐 버리지 못하는 실수를 저질렀다.

그 마법에서 최초로 깨어난 사람이 독일 천문학자 케플러였다. 그는 그 당시 최고의 관측 천문학자인 덴마크의 티코 브라헤가 남긴 화성 관측 기록을 가지고 있었다. 케플러는 그 기록에 나오는 화성의 위치들을 원 궤도에 맞추려고 시도해 보았지만, 화성의 관측 위치들은 원 궤도와 정확하게 일치하지 않았다.

자포자기 끝에 그는 다른 종류의 곡선들을 가지고 검토하다가 타원이 화성의 궤도와 정확하게 일치한다는 사실을 발견했다. 그는 연구를 계속하여 그 유명한 '행성의 운동에 관한 세 가지 법칙(케플러의 법칙)'을 발표했다.

첫 번째 법칙은 행성의 궤도가 타원이라는 것이다. 타원에도 원처럼 중심이 있지만, 중심의 양쪽에 2개의 초점이 있다. 그런데 타원 궤도의 한 초점에는 타원의 중심이 아닌 태양이 위치하고 있다. 두 번째 법칙은 행성의 운동 속도가 태양과의 거리에 따라 어떻게 변하는지에 대해 기술하고 있다.(태양이 타원 궤도의 한 초점에 위치하고 있기 때문에, 행성이 궤도상에서 움직임에 따라 행성과 태양 사이의 거리도 변한다.) 세 번째 법칙은 각각의 행성이 태양 주위를 한 바퀴 도는 데 걸리는 시간이 그 행성과 태양 사이의 거리와 어떤 관계가 있는지 기술한다.

케플러는 처음으로 태양계의 모습을 제대로 그려 보여 주었는데, 이것은 그 당시뿐만 아니라 오늘날까지도 거의 그대로 받아들여지고 있다.(뉴턴과 아인슈타인이 나중에 약간 수정하긴 했지만.) 케플러가 제시한 태양계의 그림은 앞으로도 그다지 바뀔 것 같지 않다.

그런데 문제는 행성의 운동에 관한 세 가지 법칙이 지상의 운동에 관한 세 가지 법칙과 다르다는 데 있었다. 그래서 17세기 중반까지도 지상과 하늘의 자연 법칙은 서로 다른 것처럼 보였다.

자연 과학의 수학적 원리

1666년, 뉴턴은 흑사병으로 죽음의 도시로 변한 런던을 떠나 고향의 농장으로 피신했다. 그러던 어느 날 저녁달이 막 하늘에 떠올라 밝게 빛나고 있을 때, 그는 사과나무에서 사과가 떨어지는 것을 보았다.(보통 삽화에서 묘사하듯이 그의 머리 위에 떨어졌던 것은 결코 아니다!)

그것을 보고 뉴턴은 사과는 떨어지는데, 왜 달은 떨어지지 않을까 하는 의문이 떠올랐다. 그러다가 달도 떨어지고 있는 게 아닐까 하는 생각이 퍼뜩 스쳤다. 그렇지만 달은 그와 동시에 앞쪽으로 나아가고 있으며, 이 두 운동이 결합하여 지구의 주위를 도는 궤도로 나타난다고 생각했다. 그리고 달의 궤도를 바탕으로 달이 초당 얼마만큼 지구 쪽으로 떨어지는지 계산할 수 있었는데, 그것은 사과보다 훨씬 더 느리게 떨어지고 있었다. 뉴턴은 달이 사과보다 지구에서 훨씬 더 멀리 떨어져 있으므로, 지구의 중력이 그만큼 작게 작용하기 때문일 것이라고 추론했다.

그 무렵 빛의 세기는 거리의 제곱에 반비례한다는 사실이 알려져 있었으므로, 지구의 중력 역시 같은 방식으로 거리에 따라 감소할 가능성이 있었다. 뉴턴은 계산 끝에 달의 낙하 속도를 구했는데, 그것은 실제 값의 8분의 7에 불과했다. 이것은 자신의 가설이 틀렸다는 증거처럼 보였으므로, 뉴턴은 실망하여 그 가설을 포기하고 말았다.

뉴턴의 계산은 왜 틀렸을까? 우선 지구의 반지름에 실제보다 작은 값을 대입했다. 이것은 계산 결과에 상당한 차이를 가져왔다. 또 하나, 지구의 각 부분은 달에서 서로 다른 거리에 떨어져 있을 뿐만 아니라 방향도 제각각 달라 달을 끌어당기는 힘이 다르다. 그러나 뉴턴은 계산에서 이런 것까지 고려하지 않았다.

1684년의 어느 날, 영국 과학자들은 행성의 운동이 태양의 중력에 영향을 받을 가능성에 대해 토론을 벌이고 있었다. 그중 한 사람인 에드먼드 핼리Edmund Halley(1656~1742)는 친구인 뉴턴에게 만약 태양의 중력이 거리의 제곱에 반비례한다면, 태양 주위를 도는 행성의 궤도는 어떤 모양이 되겠느냐고 물어보았다.

"그야 타원이지." 뉴턴이 대답했다.

"그것을 어떻게 아는가?" 핼리가 물었다.

"전에 계산해 본 적이 있으니까."

뉴턴의 대답에 핼리는 크게 흥분했고, 뉴턴이 계산에 틀린 값들을 대입한 사실을 알고는 다시 한 번 계산해 보라고 설득했다. 그 즈음 뉴턴은 미적분을 발명하여 그 계산을 편리하게 할 수 있는 수학적 수단까지 갖추고 있었다. 게다가 프랑스 천문학자 장 피카르Jean Picard(1620~1682)는 1671년에 지구 반지름을 새로 측정한 수치를 발표했다. 이것은 뉴턴이 1666년에 계산할 때 사용한 값보다 훨씬 정확한 값이었다. 계산을 다시 해 보았더니, 이번에 나온 결과들은 현상과 이론이 정확하게 일치했다. 이에 뉴턴은 흥분을 가라앉히기 위해 숨을 가다듬어야 했다.

핼리는 뉴턴에게 운동에 관한 법칙과 거기서 유도되는 결론들을 책으로 쓰라고 권했다. 핼리는 교정을 보았으며, 게다가 출판 비용까지 부담했다.(그는 부자였다.) 그리하여 《자연 철학의 수학적 원리*Philosophiae Naturalis Principia Mathematica*》(흔히 줄여서 《프린키피아》라고 부른다)라는 이 책은 1687년에 출판되었고, 인류 역사상 가장 위대한 과학 업적이라는 평가를 받았다.

뉴턴은 세 가지 운동 법칙에서 중력의 법칙을 이끌어냈다. 그리고 이 중력의 법칙에서 행성의 운동에 관한 세 가지 법칙까지 이끌어냈다. 여기서 주목해야 할 것은, 뉴턴이 발견한 중력의 법칙이 누구나 생각할 수 있는 중력의 성질이 아니라는 점이다. 원시인조차 무거운 물체는 땅에 떨어진다는 사실은 알고 있었다. 그리고 지구가 물체들을 끌어당기는

원인이라는 사실도 누구나 알고 있었다. 고작 이런 이야기라면 굳이 뉴턴의 천재성까지 필요하진 않을 것이다.

뉴턴이 주장한 것은 바로 만유인력의 법칙이었다. 질량을 가진 우주의 모든 입자는 질량을 가진 나머지 모든 입자를 끌어당기는데, 그 힘의 세기는 두 물체의 질량을 곱한 것에 비례하고 거리의 제곱에 반비례한다는 것이었다.

이 법칙을 사용하면 우주에 존재하는 물체들의 상대 질량을 구할 수 있다. 예를 들면, 달은 단순히 지구 주위를 돌고 있는 것이 아니다. 뉴턴의 법칙에 따르면, 지구와 달은 서로의 공통 질량중심 주위를 돌고 있다. 이 질량중심은 지구의 중심과 달의 중심을 연결하는 직선상에 있으며, 지구의 중심과 달의 중심에서 이 질량중심까지의 거리는 각각 지구와 달의 질량에 반비례한다. 질량중심의 위치는 지구가 그 주위를 돌 때, 별들이 한 달을 주기로 약간 흔들리는 것처럼 보이는 현상을 이용하여 알아낼 수 있다.

지구와 달의 질량중심은 지구 중심에서 (평균적으로) 4728km 떨어진 곳에 위치한다. 이 값은 지표면 아래 1650km에 해당하므로, 달이 지구 주위를 돈다고 말해도 그렇게 틀린 표현은 아니다.

질량중심에서 지구 중심까지의 거리는 달 중심까지의 거리보다 81.3배 더 가깝다. 이것은 지구의 질량이 달의 질량의 81.3배라는 것을 의미한다. 질량중심을 이용하면 두 천체의 절대 질량은 모르더라도 이렇게 상대 질량을 알 수 있다. 이것만 해도 실로 대단한 일이다.

태양의 질량

그러면 태양의 질량은 어떻게 구할 수 있을까?

우리는 달이 얼마나 빠른 속도로 지구 주위를 도는지 알고 있다. 만약 달이 지금보다 지구에서 더 멀리 떨어져 있다면, 지구의 중력이 약하게 미치므로 지금보다 더 긴 궤도를 돌 것이다. 또한 더 느린 속도로 돌 것이다.

우리는 이 두 가지 효과를 고려하여 어떠한 거리에 있든지 간에 상관없이 달이 지구와 달의 질량중심의 주위를 얼마나 빠른 속도로 돌며, 그 주위를 한 바퀴 도는 데 얼마만한 시간이 걸리는지 계산할 수 있다. 예를 들면, 달이 태양과 지구 사이의 거리만큼 떨어져 있다고 가정하고 계산을 해 볼 수 있다.

만약 달이 지구에서 1억 4960만 km 떨어져 있고, 근처에 지구와 달 사이의 중력 작용을 간섭할 만한 다른 천체들이 없다고 한다면 어떻게 될까? 달은 실제로 아주 느린 속도로 움직일 것이다. 그것은 그 거리에서 지구가 태양 주위를 도는 속도보다 더 느린 속도로 움직일 것이다.

왜 같은 거리에서 달이 지구 주위를 도는 속도가 지구가 태양 주위를 도는 속도보다 더 느릴까? 그거야 당연히 태양의 중력이 지구의 중력보다 훨씬 크기 때문이다. 그런데 태양의 중력은 왜 지구보다 큰가? 그것은 태양의 질량이 더 크기 때문이다. 이렇게 만유인력의 법칙, 달과 지구의 알려진 궤도 속도, 그리고 달과 지구 사이의 거리 및 지구와 태양 사이의 거리를 가지고 태양과 지구의 상대 질량을 구할 수 있다.

그 결과는 태양이 결코 비물질적인 빛 덩어리가 아니라는 것을 말해 준다. 태양은 지구 질량의 약 33만 3000배나 되는 질량을 가진 물질 덩어리이며, 같은 거리에 미치는 태양의 중력은 지구의 중력보다 33만 3000배나 강하다. 다시 말해 만유인력의 법칙에서 유도되는 결론들을 받아들이면, 태양이 지구 주위를 돈다고 주장할 수 있는 근거는 모조리 사라져 버리는 것이다.(터무니없는 것을 맹신하는 잘못된 믿음을 제외하고는.)

1798년, 영국 과학자 헨리 캐번디시 Henry Cavendish(1731~1810)는 두 금속구 사이에 작용하는 중력의 크기를 측정한 결과를 이용해 지구의 실제 질량을 계산했다. 그리고 그것을 바탕으로 달과 지구의 절대 질량을 계산할 수 있었는데, 그 값은 상상하기 힘들 만큼 큰 값이었다. 우선 상대 질량부터 먼저 비교해 본다면, 달의 질량을 1로 생각할 때 지구와 태양의 상대 질량은 다음과 같다.

달의 질량 = 1
지구의 질량 = 81
태양의 질량 = 2700만

이쯤에서 우리가 태양에 대해 알 수 있는 또 다른 사실에 대해 이야기해 보자. 태양의 지름은 지구의 약 109배라는 사실을 우리는 알고 있다. 그러므로 태양의 부피는 지구의 $109 \times 109 \times 109 \fallingdotseq 129$만 5000배가 된다. 그렇다면 만약 태양이 지구와 똑같은 구성 물질로 이루어져 있다면, 태양의 질량은 지구의 129만 5000배여야 할 것이다. 그런데 위에서 보았다시피 그렇지가 않다.

태양의 실제 질량은 지구의 33만 3000배이므로, 태양은 (전체적으로 볼 때) 지구 구성 물질보다 훨씬 가벼운 물질로 이루어져 있음이 분명하다. 태양의 평균 밀도는 $\frac{333000}{1295000} \fallingdotseq \frac{1}{4}$, 곧 지구의 약 4분의 1이다.

이렇게 해서 우리는 놀라운 결론을 얻었다. 달과 태양도 지구와 마찬가지로 질량을 가진 물체라는 사실이 밝혀진 것이다. 마찬가지로 멀리 떨어진 별과 은하를 포함해 하늘의 모든 천체가 질량을 가지고 있다는 사실을 증명할 수 있다.(빛과 몇몇 종류의 소립자는 질량이 없으므로 비물질적이라고 할 수 있지만, 여기서는 그런 것은 무시하기로 하자.)

그런데 질량이 있는 우주의 모든 물체는 만유인력의 법칙을 따르는 것처럼 보인다.(아인슈타인의 상대성 이론을 써야 하는 극단적인 경우를 제외한다면.) 그러므로 우주에 존재하는 모든 물체는 그것이 지구 위에 있는 것이건 아주 멀리 떨어진 은하에 있는 것이건 간에 똑같은 자연의 법칙—만유인력의 법칙뿐만 아니라 모든 자연의 법칙—을 따르는 셈이다.

물론 이것은 아직 가설에 머물러 있는 것이긴 하다. 우리는 먼 거리에 있는 우주에 대해 직접 실험을 할 방법이 없기 때문이다. 그렇지만 뉴턴의 위대한 책이 나온 지 300년이 훨씬 지나도록 지구에서 성립하는 자연의 법칙이 우주의 다른 곳에서도 보편적으로 성립한다는 이 가설에 심각하게 위배되는 것은 아직 아무것도 발견되지 않았다.

그러나 설사 그렇다고 해도, 뉴턴의 방정식으로 해결할 수 없는 문제가 아직 남아 있을 가능성은 있다. 예를 들면 다음과 같은 문제를 들 수 있다. 태양은 질량을 가지고 있지만, 그 밀도가 지구의 4분의 1에 지나지 않으므로 태양을 이루고 있는 물질은 지구를 이루는 물질과 똑같지 않다. 이것은 태양이 지구보다 온도가 더 높기 때문일까? 온도가 높아지면 밀도가 감소하는 경향이 있으니까 말이다. 아니면 태양도 지구와 똑같은 물질로 이루어져 있지만, 그 물질의 구성 비율이 지구와 다르기 때문일까? 지구상에 존재하는 물질은 가벼운 것과 무거운 것이 있다. 태양에 있는 물질은 대부분 가벼운 물질로만 이루어진 것이 아닐까?

그것도 아니면, 태양을 이루는 물질이 정말로 지구를 이루는 물질과는 완전히 다른 것이 아닐까? 비록 천체들이 자연의 법칙을 따른다고 하더라도, 그 화학적 구성 성분은 지구와는 근본적으로 다를 수도 있지 않은가? 천체들은 나름의 독특한 성분들로 이루어져 있을지도 모른다.

설사 그렇다고 한들—혹은 그렇지 않다고 한들—우리가 그것을 어떻게 알 수 있겠는가? 우리는 태양의 물질을 채취해 와서 분석할 방법이 없다. 그래서 프랑스 철학자 오귀스트 콩트Auguste Comte(1798~1857)는 1835년에 별의 화학적 성분은 과학으로도 영원히 알아낼 수 없는 종류의 정보라고 말했다.

그런데 '불가능하다!'는 단정적 표현은 위험할 때가 많다.(나 자신도 이러한 표현을 자주 쓰긴 하지만.) 콩트가 2년만 더 오래 살았더라면, 그가 불가능하다고 생각했던 그 정보를 얻는 방법을 과학자들이 발견하는 것을 볼 수 있었을 것이다.

다음 장에서는 과학자들이 그것을 어떻게 발견했는지 알아보기로 하자. 그리고 그와 함께 태양은 어떤 물질로 이루어져 있는지도 살펴보기로 하자.

Isaac Asimov

작은 별은 어떤 물질로 이루어져 있는가?

아내 재닛과 나 사이에는 작은 의식 비슷한 게 하나 있는데, 그것은 서로를 추적하는 것이다. 우리는 대부분 함께 지내지만, 가끔 한 사람이 혼자서 넓은 세계로 모험을 떠나야 할 때가 있다. 그런데 우리는 살고 있는 아파트에서 서로 양 끝에 떨어져 있기만 해도 불안해한다. 그러니 서로 멀리 떨어지는 사태가 벌어질 때 어떤 야단법석이 일어날지는 가히 상상할 수 있을 것이다.

우리는 맨 먼저 난폭 운전을 하는 차량이나 건축 중인 건물에서 떨어지는 물체, 그리고 수상쩍은 행인을 주의하라는 당부부터 시작한다. 그리고 목적지에 무사히 도착했다는 전화는 필수 사항이다. 마지막으로 귀가 예정 시간을 알려 주어 언제 신경을 최고조로 곤두세우고 있어야 할지 알려 준다. 지금까지는 아무 일도 일어나지 않았지만, 매번 어느 한쪽이 바깥세상으로 나갈 때마다 우리는 그것을 새로운 위험을 향해 발을 내딛는 것처럼 여긴다.

재닛은 이런 일들에 아주 능숙하여, 내가 알려 준 귀가 예정 시간 30분 전부터 나의 도착을 기다리고 있다. 그러나 나는 때때로 글을 쓰는 데 몰두하다가 재닛의 귀가 예정 시간을 잊어버리는 수가 있다. 실제로 나는 글을 쓰는 데 몰두하다 보면 지금이 몇 시인지 전혀 모를 때가 많다.

재닛은 공교롭게도 월요일 저녁에는 심리분석연구소에 나갈 때가 많은데, 그럴 때면 항상 9시에서 9시 15분 사이에 집으로 돌아온다. 그런데 하루는 내가 워드프로세서를 정신없이 치다가 시계를 보니 밤 10시가 되어 있었다. 재닛은 아직도 돌아오지 않았는데, 나는 그 사실을 금방 잊어버리고 말았다. 그 순간에 내 머릿속에 떠오른 생각은 내가 가장 좋아하는 텔레비전 쇼 프로그램인 '뉴하트Newhart'가 시작될 시간이라는 것이었고, 그래서 즉시 TV를 켰다.

재닛은 토론이 늦어지는 바람에 10시 5분이 되어서야 집으로 돌아왔다. 재닛은 내가 자기에 대한 걱정 때문에 반쯤 죽어 있지나 않을까 염려하면서 허겁지겁 돌아왔고, 늦은 데 대해 사과하려고 준비하고 있었다. 그런데 내가 TV에 빠져 자신이 돌아왔다는 사실에 전혀 신경을 쓰지 않는다는 걸 알아챘다.

"당신은 걱정도 되지 않았어요?"

재닛은 약간 날카로운 목소리로 물었다. 나는 이미 결혼 게임에는 노련해져 있었으므로, 재닛이 돌아올 시간을 잊어버렸다고 순순히 인정하진 않았다. 나는 다소 노기를 띤 음성으로 "왜 걱정을 안 했겠어? 얼마나 걱정했다고!"라고 말했다.

"그래서 어떻게 하려고 했어요?" 재닛은 계속 사실을 확인하려고 추궁했다.

"연구소에 전화를 해서 당신이 어디에 있는지 물어보려고 했지. 그리고 아직도 거기에 있다면 내가 데리러 가려고 했어."

"언제 그렇게 하려고 할 참이었죠?"

나는 TV를 손으로 가리키면서 "'뉴하트'가 끝나는 대로 전화를 하려고 했지"라고 말했다.

다행히도 재닛은 유머 감각이 있는 여자라 그 말을 듣고는 폭소를 터뜨리면서, 만물의 구도 속에서 자신의 위치가 어디인지 알게 되어 기쁘다고 말했다.

앞의 두 장에 이어 이 장에서도 나는 만물의 구도 속에 태양을 집어넣으려고 노력하고 있다. 자, 그럼 이야기를 계속해 보자.

별들의 화학적 조성

앞의 두 장에서 설명했듯이, 아리스토텔레스는 태양과 천체가 지구와는 아주 다른 물질로 이루어져 있다고 주장했고, 그 후 약 2000년간 학자들은 그의 학설을 맹목적으로 지지했다.

오랫동안 지속돼 온 아리스토텔레스의 견해는 1609년에 이르러 흔들리기 시작했다. 그 해에 갈릴레이는 망원경으로 하늘을 보았으며 달에서 크레이터와 산맥과 바다(처럼 보이는)를 보았다. 즉, 달의 모습은 지구와 흡사했다.

게다가 다른 천문학자들도 망원경으로 천체들을 관측한 결과, 행성들이 원반 모양이며, 따라서 단순한 빛의 점이 아니라 나름의 세계라는 사실을 알아냈다. 행성들도 지구와 마찬가지로 자전축을 중심으로 회전하고 있었으며, 일부 행성에서는 대기와 구름이 존재한다는 명백한 증거도 발견되었다. 화성에는 얼음으로 덮인 극관도 있었다.

행성 관측을 계속하면서 지구와 행성의 닮은 점은 점점 더 많이 발견되었다. 과학자들은 행성이 지구와 똑같은 모습을 하고 있다면, 그 구성 물질도 지구의 물질과 똑같지 않을까 하고 생각했다. 그러나 모습이 비슷하다는 데서 나온 이러한 추론은 흥미롭긴 하지만, 그것이 확실한 증거가 되는 것은 아니다.

그 밖에도 유사한 점은 계속 발견되었다. 뉴턴은 1687년에 만유인력의 법칙을 발표하면서, 행성들도 지구에 존재하는 여타 물질과 마찬가지로 중력의 지배를 받는다고 밝혔다. 그는 더 나아가 그 힘은 우주 전체의 모든 천체에 똑같이 작용한다고 생각했다. 지상의 물체와 천상의 물체가 똑같은 자연의 법칙을 따른다면, 결국 이것들은 모두 똑같은 보편적인 물질로 이루어져 있지 않겠는가?

그런데 뉴턴의 생각에는 한계가 있었다. 그는 만유인력의 법칙이 전 우주에 미친다고 했지만, 그 당시에 그것을 적용할 수 있는 대상은 태양계의 천체들뿐이었다. 물론 뉴턴의 시대에는 태양계를 우주 전체라고 생각했고, 별들은 창공에 흩어져 있는 그다지 중요하지 않은 배경으로 여기는 분위기였다.

그러다가 1793년에 독일 출신의 영국 천문학자 윌리엄 허셜은 서로의 주위를 돌고 있는 쌍성을 발견하였다. 그런데 서로 짝을 이루어 도는 이 별들은 만유인력의 법칙을 정확하게 따르는 것으로 밝혀졌고, 그 후로 만유인력의 법칙이(다른 자연 법칙들과 함께) 전 우주에 적용된다는 사실은 의심의 여지가 없게 되었다.

그러나 비록 우주에 존재하는 모든 천체가 똑같은 자연의 법칙을 따른다 하더라도, 이것만으로 모든 천체가 똑같은 기본 물질로 이루어져 있다는 게 증명되었다고 단정할 수는 없다. 상아 당구공과 플라스틱 당구공은 똑같은 운동의 법칙을 따르고, 탄성과 강도를 비롯해 여러 가지 성질이 똑같을 수도 있지만, 그렇다고 해서 상아와 플라스틱이 똑같은 물질이라고 할 수는 없지 않은가?

결국 우리가 태양과 같은 천체의 화학적 조성을 밝힐 수 있는 방법은 그 천체의 일부를 채취해 와서 화학적으로 분석해 보는 수밖에 도리가 없는 것처럼 보인다. 그러므로 1835년에 오귀스트 콩트가 별들의 화학적 조성은 과학으로도 결코 알아낼 수 없는 정보라고 말한 것은 그 당시로서는 전혀 잘못된 말이 아니었다.

별빛에 담긴 정보

그런데 별에서 우리에게 날아오는 것이 있다. 특히 태양에서는 엄청나게 많은 양이 날아오고 있다. 이 사실은 인류의 조상이 두뇌의 크기가 충분히 커져서 주변 우주에 대해 의문을 품기 시작한 때부터 알려져 왔다. 우리가 볼 수 있는 모든 천체에서는 빛이 날아오는데, 지구에 도착하는 빛 중 대부분은 태양에서 날아오고 있다.

문제는 천체들에서 오는 빛이 그 천체—특히 태양—의 화학적 조성을 알려 줄 수 있느냐 하는 것이다. 만약 빛이 균일하고 아무런 구조도 없고 결코 변하지 않는 것이라면, 그 빛이 어디서 나온 것이건 간에 똑같을 것이다. 따라서 우리는 빛에서 아무 정보도 얻지 못할 것이고, 그 빛을 방출한 천체의 본질을 밝히는 단서로 사용할 수 없을 것이다.

1655년, 마침내 뉴턴은 빛은 균일하거나 아무런 구조도 없는 게 아니라는 사실을 알아냈다. 빛은 여러 가지 색의 빛들이 혼합된 것으로, 프리즘을 통과시키면 빨강·주황·노랑·초록·파랑·남색·보라의 스펙트럼으로 분산된다.

빛이 프리즘의 유리를 통과할 때에는 색깔에 따라 각각 다른 각도로 꺾어지는데(즉, 굴절하는데), 굴절률이 각각 다른 이유가 빛의 어떤 성질 때문인지는 1801년까지 추측 단계에 머물러 있었다. 그러다가 1801년, 영국 물리학자 토머스 영Thomas Young(1771~1829)이 빛은 파동이며, 나아가 그 파장이 100만 분의 1m보다도 짧다는 사실을 알아냈다.

보통의 빛—예를 들면 햇빛—은 파장이 다른 여러 광파가 혼합된 것이다. 각각의 빛은 유리 프리즘을 통과할 때, 파장에 따라 각각 다른 각도로 꺾어진다. 파장이 짧은 빛일수록 굴절되는 각도가 크다. 햇빛의 스펙트럼은 파장이 긴 빨간색에서부터 파장이 짧은 보라색까지 가시광선의 광파들이 순서대로 죽 늘어서 있는 것이며, 파장이 다른 광파는 망막의 색소 세포와 다르게 반응하기 때문에 우리의 뇌는 그것들을 각각 다른 색으로 인식한다.

그런데 광파의 본질에 대해 몇 가지 의문점이 남아 있었다. 파동에는 두 종류가 알려져 있었다. 하나는 음파와 같은 종류로 진행 방향에 대해 수평으로 압축되거나 늘어나는 파동, 즉 종파이다. 또 하나는 요동치는 수면 위에 나타나는 것으로, 파동의 진행 방향에 대해 수직으로 진동하는 파, 곧 횡파이다. 1814년, 프랑스의 물리학자 오귀스탱 장 프레넬Augustin Jean Fresnel(1788~1827)은 광파가 횡파라는 사실을 알아냈다.

이러한 사실들은 우리에게 어떤 도움을 줄까? 태양에서 날아오는 빛은 거의 모든 파장 영역에 걸친 수많은 횡파들로 이루어져 있다. 그 성분들을 각각 분리하여 파장 순서대로 늘어서게 할 수 있지만, 태양의 화학적 조성을 알아내는 데 이것이 무슨 도움을 줄 수 있겠는가? 적어도 프레넬의 시대에 이 양자 사이에 어떤 관계가 있으리라고 생각한 사람은 아무도 없었던 듯하다. 둘 사이에는 명백히 아무 관계도 없는 것처럼 보인다.

같은 해인 1814년, 독일 광학자 요제프 폰 프라운호퍼Joseph von Fraunhofer (1787~1826)는 렌즈와 프리즘을 가지고 연구에 몰두하고 있었다. 당대 최고의 광학자였던 그는 사용하는 유리의 굴절률을 정확하게 알아야 했다. 그는 빛을 프리즘에 통과시켜 그 스펙트럼을 보는 방법으로 프리즘을 시험하였다. 그런데 스펙트럼을 자세히 보니 연속적으로 죽 연결돼 있지 않고, 군데군데 어두운 선들이 있었다. 태양 스펙트럼 중에서 여기저기 특정 파장 부분의 빛들이 빠져 있었는데, 그런 부분들이 어두운 선(암선)으로 나타났다.

그 전에 이 암선이 왜 발견되지 않았는지는 작은 수수께끼로 남아 있다. 어떤 사람들은 뉴턴이 프리즘으로 스펙트럼을 처음 만들었을 때, 이 암선을 보았을 것이라고 생각하기도 한다. 1802년, 영국 화학자 윌리엄 하이드 울러스턴William Hyde Wollaston(1766~1828)은 스펙트럼에서 암선을 몇 개 발견했으나, 대수롭지 않게 여기고 무시해 버렸다.

나는 프라운호퍼가 암선을 발견한 이유를 단순히 고품질의 유리를 사용하여 완벽한 프리즘을 만들었기 때문이라고 생각한다. 울러스턴이 발견한 암선은 일곱 군데 정도인 데 비해 프라운호퍼는 약 600군데나 발견했다. 그는 암선들의 위치를 그려 보았는데, 태양에서 온 빛이건 달이나 행성에 반사되어 온 빛이건 간에 상관없이 암선들의 위치는 항상 일정했다.(오늘날의 물리학자들은 태양 스펙트럼에서 1만여 개의 암선을 발견할 수 있다.)

새로운 원소의 발견

그 후 40여 년 이상 이 어두운 스펙트럼선에 대해서는 별다른 것이 밝혀지지 않았다. 그렇지만 화학자들은 지상의 빛이 화학적 조성과 어떤 관계가 있다는 사실을 알고 있었다.

1750년대에 스웨덴 광물학자인 악셀 프레드릭 크론스테트Axel Fredrik Cronstedt(1722~1765)는 취관吹管을 사용해 광물에 뜨거운 화염을 가해 보았다. 그리고 불꽃이나 증기 또는 재에 나타나는 색을 보고 광물의 화학적 조성에 관한 정보를 얻을 수 있었다. 시간이 지나면서 가열된 물질에서 나오는 증기가 고유한 빛을 나타낸다는 사실을 알게 되었다. 뜨거운 나트륨 증기는 노란색, 칼륨 증기는 보라색, 바륨 증기는 초록색, 스트론튬 증기는 붉은색을 나타냈다. 실제로 이 효과는 불꽃놀이용 폭죽을 만드는 데 이용되고 있다.

불꽃 반응에서 나오는 이러한 불꽃색에 깊은 관심을 가지고 연구한 사람 중에 독일의 화학자 로베르트 빌헬름 분젠Robert Wilhelm Bunsen (1811~1899)이 있었다. 그는 광물을 가열할 때 나타나는 색을 자세하게 연구했는데, 가열하는 불빛 자체가 종종 광물의 증기로 나타나는 색을 착색시켜서 관찰을 방해하는 경우가 있었다. 그래서 분젠은 새로운 종류의 버너를 발명했다.* 1857년에 최종적으로 개량시킨 이 버너는 천연가스에 충분한 공기를 공급하여 완전 연소시킴으로써 거의 무색의 뜨거운 불꽃을 만들어 낼 수 있었다. 이것이 바로 '분젠 버너'이다. 이것은 내가 50여 년 전에 화학을 공부할 당시에도 실험실의 필수 도구로 사용되었다.

분젠 버너를 사용함으로써 학자들은 이제 광물을 가열할 때 나타나는 색을 더 분명하게 관찰할 수 있게 되었고, 광물을 더 효과적으로 구별할 수 있게 되었다. 그러다가 분젠과 연구를 함께 하던 독일 물리학자 구스타프 로베르트 키르히호프Gustav Robert Kirchhoff(1824~1887)에게 기발한 생각이 떠올랐다. 불꽃색을 꼭 맨눈으로만 봐야 할 필요가 있을까? 프리즘을 통과시켜서 보면 어떨까?

이렇게 하여 분젠과 키르히호프는 빛을 좁은 슬릿에 통과시켜 얻은 가느다란 빛줄기를 다시 프리즘에 통과시키는 분광기를 최초로 개발했다. 파장이 다른 빛은 각각 고유의 굴절률만큼 굴절하기 때문에 스크린 위에서 정해진 위치에 나타나게 된다. 만약 모든 파장의 빛이 슬릿을 통과한다면, 스크린에는 촘촘하게 정렬한 병사들의 대열처럼 연속적인 스펙트럼이 나타날 것이다. 밀도가 높은 물질을 백열 상태로 가열했을 때 바로 그와 같은 연속 스펙트럼을 얻을 수 있다. 그렇지만 증기에서는 특정 파장의 빛만 나온다. 가열했을 때 나트륨 증기를 방출하는 광물의 불꽃색을 분광기에 통과시키면 주로 스펙트럼 상의 노란색 영역 두 군

---

* 사실은 비슷한 종류의 버너는 이미 사용되고 있었다. 분젠은 그것을 조금 개량한 설계를 제안했고, 실험실 조수 페테르 데사가Peter Desaga가 그것을 만들었다. 분젠이 그것을 널리 유행시켰기 때문에 그의 이름이 붙었다.―옮긴이

데에 빛이 나타난다.

1859년, 키르히호프는 수많은 광물을 연구한 끝에 종류가 다른 원자들은 백열 상태의 증기로 가열했을 때 각각 고유한 스펙트럼선들을 나타낸다고 발표하였다. 그리고 이 스펙트럼 지문을 이용하면 원소들을 구별할 수 있다고 했다. 그런데 어떤 광물을 가열했을 때, 거기서 나온 스펙트럼선이 그때까지 알려진 어떤 원소하고도 일치하지 않는 경우가 가끔 있었다. 이것은 그때까지 알려지지 않았던 새로운 원소가 들어 있다는 것을 의미했다.

1860년 5월 10일, 키르히호프는 어떤 광물의 스펙트럼선이 그때까지 알려진 어떤 원소에서도 본 적이 없는 파란색 영역에 나타났다고 발표했다. 그는 그 광물 속에 포함돼 있는 새로운 원소의 이름을 세슘cesium(라틴어로 하늘색이란 뜻)이라고 붙였다. 그 속에 세슘이 들어 있다는 사실을 안 이상, 화학자들이 화학적 과정을 통해 그 광물에서 그 원소를 추출하는 것은 어렵지 않은 일이었다.

그로부터 1년도 채 되지 않아 키르히호프는 붉은색 영역에서 또 다른 스펙트럼선을 발견하여 루비듐rubidium(라틴어로 붉다는 뜻)이란 원소를 발견했다. 같은 방법으로 다른 화학자들도 인듐indium, 탈륨thallium 등의 새로운 원소를 발견했다.

태양에서 가져온 금

그렇지만 이런 것들이 천체하고 도대체 무슨 관계가 있단 말인가?

1859년, 키르히호프는 가열한 나트륨 증기가 나타내는 노란색 영역의 두 선이 50여 년 전 프라운호퍼가 햇빛에서 발견한 두 암선의 위치와 일치한다는 사실을 알아냈다. 프라운호퍼는 이 두 암선을 'D선'이라고 이름 붙였는데, 키르히호프는 태양 스펙트럼의 이 D선들이 나트륨 증기의 노란색 스펙트럼선들과 어떤 관계가 있을 것이라고 생각했다.

그렇지만 그냥 겉으로만 마치 무슨 관계가 있는 것처럼 보일 수도 있었다. 또한 암선과 노란색 선의 위치가 정확하게 일치하지 않을지도 몰랐다. 키르히호프는 이것을 확인할 수 있는 방법을 생각해 냈다. 햇빛을 분광기의 슬릿으로 통과시키기 전에 뜨거운 나트륨 증기를 지나가게 한 것이다. 그러면 뜨거운 나트륨 증기가 태양 스펙트럼에서 이가 빠져 있는 노란색 선들을 제공할 것이고, 그 결과 태양 스펙트럼에서는 어두운 D선들이 사라지고 그 부분이 연속적인 빛으로 나타날 것이다.

그러나 실험 결과는 다르게 나타났다. 놀랍게도 D선들은 그대로 남아 있었다. 그리고 그 암선들은 햇빛을 나트륨 증기를 통과시키지 않았을 때보다 더 어둡게 나타났다.

키르히호프는 실험을 거듭한 끝에 다음과 같은 결론을 얻었다. 가열된 원소는 고유의 파장들을 가진 빛을 방출한다. 그러나 어떤 물질에서 나온 연속 스펙트럼을 가진 빛이 온도가 더 낮은 증기를 통과할 때에는 일부 파장의 빛이 증기에 흡수되는데, 흡수되는 파장의 빛은 그 증기가 뜨거울 때 나오는 파장의 빛과 같다.

나트륨을 가열하면 노란색 영역에서 두 줄의 선스펙트럼이 나타난다. 그렇지만 나트륨 증기보다 더 뜨거운 광원에서 나온 빛이 나트륨 증기를 통과하면 나트륨 증기는 그 파장의 빛을 흡수하므로, 그 빛의 스펙트럼에는 오히려 두 줄의 암선이 나타나게 된다. 그래서 키르히호프가 햇빛을 나트륨 증기를 통과시켰을 때, 나트륨 증기는 노란색 빛을 제공한 것이 아니라 오히려 흡수함으로써 D선들이 더 어둡게 나타난 것이다. 증기의 온도가 더 높으면 복사를 방출하고, 온도가 더 차가우면 복사를 흡수함으로써 나타나는 이 효과를 '키르히호프의 법칙'이라 부른다.

그렇다면 왜 태양 스펙트럼에 암선들이 나타나는지 이해할 수 있다. 태양의 뜨거운 표면에서 나오는 햇빛은 연속 스펙트럼을 이룬다. 그런데 이 연속 스펙트럼의 빛은 태양 표면 위에 있는 태양 대기층을 통과한다. 태양의 대기층은 지구의 기준으로 볼 때에는 매우 뜨겁지만, 태양 표면에 비해 온도가 낮기 때문에 통과하는 햇빛 중 일부 파장을 흡수한다. 그 결과 우리에게 도달하는 햇빛의 스펙트럼에는 수천 개의 암선이 나타나게 된다.

따라서 태양 스펙트럼의 어두운 D선은 태양의 대기층에 나트륨 원자가 포함돼 있다는 사실을 알려 준다. 더구나 그 나트륨 원자는 지구의 나트륨 원자와 똑같은 성질을 가지고 있다는 것까지 알 수 있다.

키르히호프는 콩트가 죽은 지 2년 만에 콩트가 불가능하다고 단언했던 것이 사실이 아님을 입증해 보였다. 그렇지만 키르히호프의 이 발견에 모든 사람이 감탄했던 것은 아니다. 키르히호프가 잘 아는 은행가가 있었는데, 그는 키르히호프가 태양에 존재하는 원소를 알아내는 방법을 발견했다는 이야기를 듣고서 이렇게 말했다고 한다.(좀 무식한 이야기 같지만, 그가 은행가였다는 사실을 감안하면 이해가 간다.) "설사 태양에 금이 있다손 치더라도 그것을 이 곳 지구로 가져오지 않는 한, 무슨 소용이 있겠소?"

훗날 키르히호프가 분광학에 관한 연구로 영국 정부로부터 메달과 파운드 금화를 받게 되자, 그는 그것을 그 은행가에게 가져가 예금하면서 이렇게 말했다고 한다. "이게 바로 태양에서 가져온 금이라오."

천상의 물질은 없다

이제 다른 사람들도 이 새로운 기술을 사용해 태양과 천체들을 연구하기 시작했다. 특히 스웨덴 물리학자 안데르스 요나스 옹스트룀Anders Jonas Ångström(1814~1874)은 태양 스펙트럼을 자세히 연구하여, 1862년에 햇빛에 수소에 해당하는 스펙트럼선들이 포함돼 있다고 발표했다. 태양 대기에 수소가 포함돼 있다는 이 사실은 아주 중요한 발견이었는데, 이로 인해 훗날 수소가 태양과 우주의 주요 구성 성분이라는 사실이 밝혀지기 때문이다.

옹스트룀은 다른 원소들이 나타내는 고유 스펙트럼선들을 계속 연구하여, 1868년에 천여 개의 스펙트럼선 파장을 세세하게 기록한 스펙트럼 지도를 발표했다. 뿐만 아니라 그는 그 파장을 100억분의 1m 단위로 측정했다. 이 단위는 1905년에 공식적으로 '옹스트룀'으로 정해졌다. 이 단위는 지금도 가끔 사용되고 있지만, 현재 과학계에서 공식적으로 사용되는 SI 단위에는 포함돼 있지 않다. 빛의 파장은 nm(나노미터; 10^{-9}m)로 나타내는데, 1nm는 10옹스트룀에 해당한다.

옹스트룀이 빛을 내는 밝은 천체 중에서 태양만 연구 대상으로 삼았던 것은 아니다. 그는 1867년에 북극광의 스펙트럼도 연구했다.

영국 천문학자 윌리엄 허긴스William Huggins(1824~1910)도 이에 못지 않은 중요한 업적을 남겼다. 그는 망원경을 통해 볼 수 있는 성운과 별, 행성, 혜성의 스펙트럼을 연구했다. 그는 이들 천체의 빛을 슬릿에 통과시킨 뒤, 프리즘에 통과시켜 가시 스펙트럼을 만들어 보았다.

1863년, 그는 마침내 여러 별빛의 스펙트럼선들을 연구한 결과를 발표했다. 즉, 지구에 존재하는 것과 똑같은 종류의 원소들이 태양뿐만 아니라 그가 조사한 모든 별들에도 존재한다는 것이었다. 그 후 과학자들은 우주 전체에서 안정한 동위원소가 한 가지 이상 존재하는 81종의 원소는, 지구에서 안정한 동위원소가 한 가지 이상 존재하는 81종의 원소와 똑같다는 사실을 확인했다.

물론 어떤 천체의 스펙트럼 분석을 통해 그때까지 지구상에서 그 존재가 알려지지 않았던 새로운 원소를 알아낸 경우도 있었다. 가장 유명한 예로는 헬륨 원소의 발견을 들 수 있다.

1868년, 프랑스 천문학자 피에르 쥘 세자르 장상Pierre Jules César Janssen (1824~1907)은 개기 일식 때 태양의 코로나에서 날아오는 빛을 연구하기 위해 인도로 갔다. 그런데 그는 그 스펙트럼에서 정체를 알 수 없는 암선들을 발견하였고, 그 자료를 영국 천문학자 조지프 노먼 로키어Joseph Norman Lockyer(1836~1920)에게 보냈다. 로키어는 분광학의 대가였다. 그는 그 스펙트럼선들이 알려지지 않은 새로운 원소를 나타내는 것이 아니냐는 장상의 의견에 동의했으며, 그 미지의 원소를 헬륨helium이라고 불렀다. 헬륨은 '태양'이라는 뜻의 그리스어에서 따온 이름이다.

그 후 27년간 헬륨은 지상에는 존재하지 않고 천상에만 존재하는 '아리스토텔레스의 원소'로 여겨졌다. 그런데 1895년, 영국 화학자 윌리엄 램지William Ramsay(1852~1916)는 미국에서 어느 우라늄 광물에서 얻었다는 기체에 관한 이야기를 들었다. 그것은 무색무취의 비활성 기체였다.(비활성이란 화학 반응을 잘 일으키지 않는 성질을 가리킨다.) 그러한 성질은 질소의 전형적인 성질이었으므로, 그 기체는 질소로 추정되었다.

그렇지만 램지는 얼마 전에 아르곤 원소를 발견하는 연구에 참여한 경험이 있었기 때문에, 우라늄 광물에서 나왔다는 그 기체에 대해 흥미를 느꼈다. 아르곤도 질소처럼 무색무취의 비활성 기체이지만, 질소와는 다른 원소이다.(사실은 아르곤은 질소보다 비활성이 더 강하다. 질소는 어떤 경우에는 다른 물질과 화학 반응을 하지만, 아르곤은 절대로 반응하지 않는다.) 아르곤과 질소를 구별하는 데 가장 쉬운 방법은 이들 기체를 각각 가열하여 그 스펙트럼선들을 분석해 보는 것이었다. 두 원소는 많은 점에서 아주 비슷하지만, 그 스펙트럼 지문은 완전히 다르다.

램지는 우라늄 광물에서 나왔다는 그 기체가 혹시 아르곤이 아닐까 의심했다. 그래서 그 기체 시료를 얻어 그 스펙트럼을 분석해 보았다. 과연 그 기체는 질소가 아니었다! 그것은 아르곤도 아니었다. 그것은 1868년의 개기 일식 때 햇빛에서 얻은 스펙트럼선들과 완전히 일치했다! 그것은 지구상에 존재하는 헬륨이었던 것이다!

1868년 이래 지구상에 존재하는 원소들과 일치하지 않는 스펙트럼선이 나타난 사례가 여러 건 보고되었다. 그것들은 미지의 새로운 원소들로 생각되어 '코로늄coronium', '지오코로늄geocoronium', '네불륨nebulium' 등의 이름이 붙었다. 그런데 이것들은 나중에 모두 실수였던 것으로 드러났다. 이것들은 지구상에서 아직 발견되지 않은 새로운 원소가 아니었다. 이것들은 나중에 정상적인 원소들의 스펙트럼선으로 밝혀졌는데, 지구와는 아주 다른 극단적인 환경 때문에 변형된 형태로 나타났던 것이다.

그러면 지금까지 밝혀진 태양의 구성 성분을 살펴보기로 하자. 태양은 거의 두 가지 원소로만 이루어져 있다. 원소들 중에서 가장 간단한 두 원소인 수소와 헬륨이 그것이다. 질량으로 따질 때 태양의 약 4분의 3은 수소로, 나머지 4분의 1은 헬륨으로 이루어져 있다.

물론 우리가 지구상에서 알고 있는 나머지 모든 원소들도 태양에 있긴 하지만, 극소량만 존재할 뿐이다. 수소와 헬륨을 제외한 나머지 모든 원소들은 태양 전체 질량의 약 1.6%를 차지한다. 그중에서 산소가 50%, 탄소가 30%를 차지한다. 그 나머지 원소들은 1.6% 중 나머지 20%, 즉 태양 전체 질량의 0.3%를 차지한다.

이처럼 태양과 지구의 화학적 조성에는 기본적인 차이가 있다. 태양은 98% 이상이 수소와 헬륨으로 이루어져 있는 데 반해, 지구는 98% 이상이 여섯 가지 주요 원소—철, 산소, 규소, 마그네슘, 니켈, 황—로 이루어져 있다. 이처럼 태양과 지구의 주요 구성 원소 사이에는 서로 일치하는 것이 하나도 없다.

이 차이는 사실 근본적인 것이 아니다. 전체 태양계는 태양과 비슷한 조성을 가진 티끌과 가스가 모인 단일 구름에서 생겨났다. 태양처럼 질량이 큰 천체는 모든 것을 붙들어 둘 수 있는 강한 중력장을 가지고 있다. 그 결과 태양은 약 46억 년간 자신을 불태운 핵융합 반응 과정에서 수소 중 일부가 헬륨으로 변한 것을 빼고는 원시 구름의 조성 상태를 거의 그대로 유지하고 있다.

비교적 크면서 온도가 낮은(온도가 낮을수록 가벼운 원자들을 붙드는 데 더 유리하다) 천체의 조성도 원시 구름의 조성과 비슷하다. 목성, 토성,

천왕성, 해왕성은 거의 수소와 헬륨으로 이루어져 있다.

그러나 천체의 크기가 작은 경우에는 수소와 헬륨을 붙들어 둘 만큼 중력장이 충분히 강하지 않기 때문에, 이러한 천체는 원시 구름 속에 소량 포함돼 있던 원소들이 주요 구성 요소가 된다. 그래서 거대 행성들의 위성들은 언 물질(탄소, 산소를 비롯해 나머지 원소들, 그리고 산소와 수소가 결합하여 얼어 있는 물)이 풍부하다. 비교적 온도가 높으면서 크기가 작은 천체들은 휘발성 물질이 증발해 버리고, 주로 규산염 물질(암석 성분)과 금속 물질로 이루어져 있다. 화성, 지구, 달, 금성, 수성이 여기에 해당한다. 그리고 다행히도 지구는 상당히 많은 양의 물을 붙들어 둘 수 있을 만큼 충분히 크다.

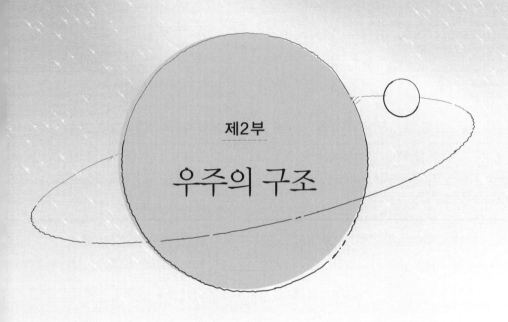

제2부

우주의 구조

Isaac Asimov

소리의 높이가 왜 중요한가

나는 스물두 살 때 아름다운 여성과 결혼하였다.(그녀
는 현재의 내 아내 재닛이 아니다.) 그런데 나는 결혼하고 나서도 불안감에
서 헤어나지 못했다. 나는 잘생긴 것도 아니고, 운동을 잘하거나 부자도
아니었고, 그렇다고 여자들에게 매력 있게 보이는 특별한 점도 없었기
때문이었다. 나는 그녀가 어느 순간 그 사실을 알아채지나 않을까 전전
긍긍했다.

물론 내가 머리가 약간 좋다는 것은 알고 있었으나, 그것이 과연 매
력적인 특징이 될 수 있을지(우리는 서로를 안 지 불과 서너 달밖에 되지 않
았다), 또 설사 그렇다 하더라도 그게 얼마나 중요한 가치가 있을지 확
신이 서지 않았다. 그래서 기회만 온다면 나의 지성으로 그녀에게 깊은
인상을 주려고 단단히 벼르고 있었다.

그런 와중에 우리는 신혼여행을 떠나 어느 산간 지역의 리조트에 묵게
되었다. 그날 저녁, 마침 거기서 퀴즈 대회 참가자 신청을 받는다는 이야

기를 들었다. 물론 나는 즉각 참가 신청을 했다. 나는 우승은 떼어 놓은 당상이라고 생각했고, 우승하면 그녀가 감동할 것이라고 판단했다.

문제의 퀴즈 대회에서 나는 세 번째 차례였다. 앞의 두 사람이 주어진 문제에 답하고 나서 마침내 내 차례가 되었길래 자리에서 일어섰더니, 청중 사이에서 와~ 하고 웃음이 터졌다. 앞의 두 사람에게는 가만히 있더니……. 나는 그때 몹시 긴장하고 있었는데, 긴장하면 얼굴 표정이 평상시보다 유난히 더 바보스러워 보이기 때문에 웃은 것으로 보인다.(청중 속에 앉아 있던 내 아내는 얼굴을 찌푸렸다.)

그때 사회자가 내게 낸 문제는 이것이었다. "'pitch'라는 단어가 각각 다른 뜻으로 사용된 문장의 예를 다섯 가지 들어 보세요."

그러자 내 얼굴에 초조한 기색이 더 심해졌고, 청중은 더욱 재미있다는 듯이 폭소를 터뜨렸다. 그렇지만 나는 그들에게 신경 쓰지 않고 간신히 생각을 정리했다. 웃음소리가 멎었을 때, 나는 큰 소리로 분명하게 말했다. "John pitched the pitch-covered ball as intensely as though he were fighting a pitched battle, while Mary, singing in a high-pitched voice, pitched a tent.(존은 송진이 묻은 공을 마치 격렬한 전투에 임한 것처럼 세게 던졌고, 메리는 고음으로 노래 부르며 텐트를 쳤다.)"

그리고 쥐 죽은 듯이 조용한 침묵이 흐르는 공간 속에서 나는 (장난스럽게 씩 웃으며) "한 문장만으로 충분해요"라고 덧붙였다.

내가 그 퀴즈 대회에서 우승하고 아내를 감동시킨 것은 물론이다. 그렇지만 흥미롭게도 나는 그 일 때문에 다른 참가자들에게 미움을 받았다. 실제로 어리석지도 않으면서 그렇게 어리석은 표정을 지은 것이 아마 그들을 기분 나쁘게 한 것 같다.

그런데 여기서 굳이 이 사건을 언급한 이유는 무엇일까? 우주의 크기와 나이를 연구하는 데 소리의 높이pitch가 얼마나 중요한 역할을 했는지에 대해 글을 쓰려고 했을 때, 약 50년 전에 일어났던 그 작은 사건이 갑자기 떠올랐기 때문이다.

도플러 효과

먼저 소리에 대해 알아보기로 하자. 소리는 물체가 진동할 때 발생한다. 소리가 한쪽 방향으로 나아갈 때 소리는 나아가는 쪽에 있는 공기를 밀어 압축시키는 반면, 지나온 쪽의 공기는 잡아늘여 희박하게 만든다. 그 다음에는 진동하는 것처럼 방향을 바꾸어 그 반대의 일이 일어난다. 이러한 진동이 계속됨에 따라 연속적인 공기 압축이 많이 일어나고, 각각의 공기 압축은 음원(소리 발생원)으로부터 분자 운동의 속도로 퍼져나간다.

따라서 소리는 공기의 압축과 팽창이 교대로 일어나는 현상으로, 이것이 고막에 와 닿으면 고막을 그러한 소리의 파동을 만들어 낸 음원과 똑같은 진동수로 떨리게 만든다. 고막의 진동은 일련의 복잡한 생리적 변환 과정을 거치며 뇌로 전해지고, 뇌는 그것을 소리로 해석한다.

공기의 압축과 팽창이 교대로 일어나는 현상은 일종의 파동으로 볼 수 있는데, 빽빽한 부분에서 다음번 빽빽한 부분까지의 거리가 바로 소리의 파장波長에 해당한다.

보통 물체는 진동할 때 아주 다양한 진동을 만들어 낸다. 즉, 아주 다양한 파장을 지닌 수많은 종류의 파동이 생겨나 혼란스러운 소리를 만들어 내는데, 우리의 뇌는 이것을 소음으로 해석한다.

그런데 비교적 단순한 형태로 진동을 일으켜 아주 좁은 파장 영역에서 소리를 내는 물체도 있다. 우리의 뇌는 이러한 소리를 소음보다 훨씬 듣기 좋은 음악적인 소리로 해석한다. 원시인은 시행착오를 거치면서 듣기 좋은 소리를 내는 기구들을 발견했는데, 이 소리들을 결합한 것이 오늘날 우리가 음악이라 부르는 것이다.

소리를 최초로 과학적으로 연구한 사람은 고대 그리스의 철학자 피타고라스Pythagoras(기원전 560~기원전 480)로 알려져 있다. 그는 길이가 각각 다른 현들을 뜯어 보았다. 그 결과 긴 현은 짧은 현보다 더 느리게 진동하며, 긴 현일수록 더 낮은 음이 나온다는 사실을 알아냈다. 즉, 진동수의 차이(물리적 사실)가 음의 차이(생리적 해석)를 낳는 것이다.

음원이 여러분을 향해 다가오거나 멀어져 갈 때에도 소리의 높이에는 변화가 일어난다. 그렇지만 19세기 이전에는 이 사실을 알아채기가 어려웠다. 무엇보다도 음원의 속도가 빠를수록 소리의 높이 변화도 크게 나타나는데, 19세기 이전에는 소리의 높이 변화를 느낄 수 있을 만큼 빠른 속도로 달리면서 소리를 내는 물체가 거의 존재하지 않았기 때문이다. 또 대부분의 소리는 여러 가지 파장이 뒤섞인 소음이라서 설사 소리의 높이가 약간 변하더라도 그 변화를 알아채기 어렵다.

만약 호른 연주자가 말을 타고 빠른 속도로 달리면서 연주를 하면, 그가 여러분을 향해 달려올 때와 여러분을 지나쳐 멀어져 갈 때의 소리의 높이 차이를 구별할 수 있을 것이다. 그렇지만 그런 상황은 현실에서 잘 일어나지 않는다.

1840년대에 이르자 유럽과 미국에 철도가 놓이기 시작했다. 기차들은 거의 일정한 속도로 달렸고, 철길을 걷는 사람에게 경고하기 위해 기적을 울렸다. 기적 소리는 단일 음의 소리로 매우 크게 울리게 했다.

그러자 사람들은 특이한 현상을 알아차리게 되었다. 기차가 멀리서 기적을 울리면서 다가오는 것을 지켜보고 있으면, 기차가 우리를 지나치는 순간부터 기적 소리의 높이가 갑자기 낮아지는 것을 알 수 있다. 그런데 기차에 타고 있는 사람에게 들리는 기적 소리는 그 기차가 다가오는 것을 보고 있는 사람이 듣는 소리의 음보다는 낮고, 멀어져 가는 것을 보고 있는 사람이 듣는 소리의 음보다는 높다. 그러나 기차에 타고 있는 사람이 듣는 기적 소리의 음은 항상 똑같다.

지금 철도변에 서 있는 두 사람 사이의 거리가 약 1km이고, 두 사람 사이에서 기차가 달리고 있다고 하자. 즉, 기차는 첫 번째 사람을 통과하여 그 사람에게서는 멀어져 가고 있고, 두 번째 사람에게 다가가고 있다. 기차에 타고 있는 사람에게는 기적 소리가 항상 같은 높이의 음으로 들린다. 그렇지만 기차가 지나간 첫 번째 사람에게는 기적 소리가 그것보다 더 낮은 음으로, 그리고 기차가 다가가는 두 번째 사람에게는 그것보다 더 높은 음으로 들린다. 그 결과 세 사람은 똑같은 기적 소리에 대해 서로 다른 높이의 음을 들었다고 증언할 것이다.

어떻게 해서 이런 일이 일어날까? 그 이유는 아주 간단하다. 만약 피타고라스가 살던 시대에 기적을 울리며 달리는 기차가 있었다면, 피타고라스도 틀림없이 그 이유를 알아냈을 것이다.

그 이유를 명쾌하게 설명한 사람은 바로 오스트리아 물리학자 크리스티안 요한 도플러Christian Johann Doppler(1803~1853)였다. 그는 다음과 같이 생각해 보았다.

먼저 기차가 관측자에 대해 정지해 있다고 생각해 보자. 즉, 기차와 관측자가 모두 정지하고 있거나, 관측자가 기차에 타고 있어서 기차와 관측자가 똑같은 속도로 움직인다고 하자. 이 경우에 기적 소리는 일정한 간격으로 압축된 음파를 내며, 관측자는 아무 변화가 없는 일정한 높이의 소리를 듣게 된다.

이번에는 기차가 관측자를 향해 다가온다고 하자. 기적 소리는 관측자를 향해 압축된 파동의 형태로 나아간다. 그런데 기차도 관측자를 향해 다가가므로, 기차가 정지하고 있을 때에 비해 압축된 두 번째 파동 부분은 압축된 첫 번째 파동 부분에 더 가까이 다가간다. 그리고 그 다음의 압축된 부분도 그 앞의 압축된 부분에 더 가까이 다가간다. 이런 식으로 기적 소리의 모든 음파 부분에서 압축이 일어난다. 이것은 파장이 짧아진다는 것을 의미하며, 그 결과 기적 소리는 기차가 정지하고 있을 때보다 더 높게 들린다.

기차가 관측자에게서 멀어져 갈 때에는 정반대 현상이 일어난다. 이번에는 기차가 정지하고 있는 경우에 비해 음파가 잡아늘여져 파장이 늘어나므로, 기적 소리의 음이 더 낮게 들린다.

도플러는 소리 발생원이 다가오거나 멀어져 가는 속도와 소리의 높이 사이에 수학적 관계가 성립한다는 것을 알아냈다. 이것은 거꾸로 소리의 높이 변화를 알면 기차가 다가오고 있는지 아니면 멀어져 가고 있는지, 또 얼마만한 속도로 달리는지 알 수 있다는 것을 의미한다. 그래서 소리 발생원의 운동 속도에 따라 소리의 높이가 변하는 이 현상을 '도플러 효과' 라 부른다.

적색 이동과 청색 이동

1848년, 프랑스 물리학자 아르망 이폴리트 루이 피조Armand Hippolyte Louis Fizeau(1819~1896)는 도플러 효과가 비단 소리에만 국한된 현상이 아니라는 사실을 발견했다. 어떤 형태의 파동—특히 광파—에도 모두 비슷한 효과가 나타났기 때문이다. 모든 파동에 대해 일반화시킨 이 효과는 한때 '도플러-피조 효과'라 부르기도 했다. 그러나 게으른 사람들이 발음을 간단하게 하려는 경향 때문에 피조는 떨어져 나가고, 그냥 '도플러 효과'라고 부르게 되었다.

우리가 보통 보는 빛(태양이나 별, 등불, 전깃불 등에서 나오는)에는 서로 다른 파장의 빛이 무수히 많이 포함돼 있다. 그중 어떤 것은 파장이 너무 길거나 짧아서 우리 눈에 보이지 않는다. 따라서 우리가 보는 일상적인 빛은 소리에 비유한다면 일상적으로 듣는 소음과 비슷한 것이라고 할 수 있다.

만약 어떤 광선이 단일 파장의 빛으로 이루어져 있다면, 광원이 우리를 향해 다가올 때에는 그 파장이 줄어들고, 우리에게서 멀어져 갈 때에는 그 파장이 늘어날 것이다. 특정 파장을 지닌 음파가 그 파장이 늘어나거나 줄어들 때 소리의 높이에 변화가 생기는 것처럼, 특정 파장의 빛은 그 파장이 늘어나거나 줄어들면 색에 변화가 나타난다.

가시광선 중 파장이 긴 빛은 붉은색 빛이다. 거기서 파장이 짧아질수록 빛은 주황색, 노란색, 초록색, 파란색, 남색, 보라색으로 변해 간다. 이 모든 색의 빛들을 통틀어 '가시 스펙트럼'이라 부른다. 광원이 우리에게서 멀어져 가 파장이 늘어나면, 그 빛의 색은 가시 스펙트럼에서 붉은색 쪽으로 이동한다. 이것을 '적색 이동' 이라 부른다. 반면에 광원이 우리에게 다가올 때에는 빛이 스펙트럼에서 보라색 쪽으로 이동한다. 이것은 '자색 이동' 이라 불러야 마땅하겠지만, 내가 이해할 수 없는 어떤 이유로 '청색 이동' 이라 부른다.

그런데 특정 파장의 빛을 내놓는 것이 아니라 폭넓은 파장의 빛을 내놓는 광원에서 나오는 빛은 적색 이동이나 청색 이동이 두드러지게 나타나지 않는다. 물론 모든 파장의 빛이 붉은색 쪽이나 보라색 쪽으로 이동을 하긴 한다. 만약 적색 이동이 일어난다면 일부 파장의 빛들은 붉은색 영역을 벗어나 눈에 보이지 않게 되고, 또 평소에는 파장이 너무 짧아서 보이지 않던 빛은 파장이 늘어나 보라색 영역에 나타날 것이다. 빛의 색들이 보라색 쪽으로 이동하는 청색 이동의 경우에도 마찬가지다. 어느 경우든지 가시 스펙트럼에 나타나는 전체적인 빛에는 큰 변화가 없을 것이다.

이것을 비유를 들어 설명해 보자. 아주 긴 막대가 하나 있다고 하자. 이 막대는 전체적으로 똑같은 재질과 모양으로 만들어졌고, 우리는 이 막대를 단지 폭 15cm 가량의 틈을 통해 일부분만 볼 수 있다. 이 막대가 어느 방향으로 이동을 하더라도 슬릿을 통해 막대의 일부분만 보이기 때문에, 그 막대가 어느 쪽으로 얼마만큼 이동했는지 전혀 알 수가 없다. 그런데 만약 그 막대에 어떤 표지가 있다면, 그 표지가 이동한 것을 보고 그 막대가 어느 쪽으로 얼마만큼 이동했는지 알 수 있지 않을까?

빛에도 그런 표지가 있다. 1814년, 독일 물리학자 프라운호퍼Joseph von Fraunhofer(1787~1826)는 태양 스펙트럼에서 최초로 암선을 발견했다. 이것은 태양의 대기가 특정 파장의 빛들을 흡수하기 때문에 그 연속 스펙트럼에서 그 파장 부분의 빛들이 빠져서 나타난다. 각각의 암선은 스펙트럼에서 특정 위치에 나타난다.

만약 광원이 우리를 향해 다가오고 있어서 전체 파장의 빛들이 보라색 쪽으로 이동하면, 이 암선들도 보라색 쪽으로 이동한다. 반대로 광원이 우리에게서 멀어져 가면, 암선들은 붉은색 쪽으로 이동한다. 그러므로 스펙트럼에서 암선들의 위치를 확인함으로써 광원이 다가오는지 멀어져 가는지, 그리고 얼마만한 속도로 움직이는지까지 알 수 있다.

더구나 이 방법은 광원의 거리에 상관없이 쓸 수 있다. 즉, 광원이 바로 우리 근처에 있건, 수백만 km 떨어진 곳에 있건, 혹은 수백만 광년 거리에 있건 상관없이 광원의 접근 속도 또는 후퇴 속도를 구할 수 있다. 광원에서 날아온 빛의 스펙트럼을 얻어 암선의 위치만 파악하면 된다.

물론 여기에는 어려운 문제가 있다. 소리는 초속 334m라는 비교적 느린 속도로 달린다. 그래서 시속 30km(음속의 2.7%)로 달리는 기차도 소리의 높이에 상당한 변화를 일으킬 수 있다. 그런데 빛은 음속보다 약 100만 배나 빠른 초속 30만 km로 달린다. 만약 광원이 초속 50km의 속도로 움직인다고 해도 그것은 광속의 5000분의 1보다 작기 때문에, 스펙트럼에 나타나는 암선의 이동 정도는 극히 미미할 것이다.

스펙트럼에 나타나는 암선들의 미세한 이동은 1868년에 영국 천문학자 윌리엄 허긴스가 시리우스의 스펙트럼을 자세하게 조사하면서 발견했다. 그 분석 결과에 따르면 시리우스는 우리에게서 아주 빠른 속도로 멀어져 가고 있다.

그 다음 50년 동안 더 많은 별의 스펙트럼이 분석되었으며, 각 별의 '시선 운동', 곧 그 별이 우리에게 접근하고 있는지 멀어지고 있는지,

그리고 얼마만한 속도로 움직이는지가 밝혀졌다. 사진의 발명은 이 분야에 결정적인 도움을 주었다. 맨눈으로는 볼 수 없었던 스펙트럼을 장시간의 노출을 통해 얻을 수 있게 되었고, 암선들의 위치를 이제 느긋하게 알아낼 수 있었다.

별들의 스펙트럼을 연구한 결과, 어떤 별은 우리를 향해 다가오고 있고, 어떤 별은 멀어져 가고 있다는 사실이 밝혀졌다. 이 별들의 운동에 숨어 있는 규칙성을 분석함으로써 과학자들은 우리 은하가 은하 중심 주위를 돌고 있다는 사실을 알아냈고, 그 속도까지 계산해 냈다!

기적 소리의 변화를 조사하는 데서 출발한 연구가 실로 엄청난 성과를 낳은 것이다. 그런데 이것은 시작에 불과했다.

왜 은하들은 우리에게서 멀어져 가는가?

1912년, 미국 천문학자 베스토 멜빈 슬라이퍼Vesto Melvin Slipher(1875~1969)는 그 당시 '안드로메다 성운'이라 부르던 천체의 스펙트럼을 연구하고 있었다. 그는 그 스펙트럼에 나타난 암선의 위치로 안드로메다 성운이 초속 200km로 우리를 향해 다가오고 있다는 사실을 알아냈다. 그것은 그렇게 특이한 일이 아니었다. 시선 속도가 초속 100km를 넘는 것은 이례적으로 다소 높은 것이긴 하지만, 그렇게 심각한 정도는 아니었다.(슬라이퍼가 측정한 이 속도는 순전히 안드로메다 성운의 접근 때문에 일어나는 것만은 아니다. 안드로메다 성운은 우리 은하에서 매우 멀리 떨어져 있는 은하인데, 1912년까지만 해도 사람들은 이 사실을 모르고 있었다. 우리 은하는 은하 중심 주위를 공전하는 운동 때문에 안드로메다 은하를 향해 다가간다. 이것과 은하 중심에 대한 안드로메다 은하의 상대 운동을 감안하면, 실제로 안드로메다 은하가 우리를 향해 다가오는 속도는 초속 50km 정도에 지나지 않는다.)

그런데 1917년에 이르자 수수께끼의 범위가 커져 갔다. 슬라이퍼는 안드로메다를 닮은 나선 성운 15개의 시선 속도를 측정해 보았다. 단순히 확률적으로 생각한다면 그중 절반은 우리를 향해 접근하고, 나머지 절반은 멀어져 가야 정상이다. 그런데 안드로메다와 다른 한 은하만 우리를 향해 접근할 뿐, 나머지 13개의 은하는 모두 우리에게서 멀어져 가고 있었다.

사실 이 문제는 그 당시 슬라이퍼가 생각했던 것보다 훨씬 큰 수수께끼였다. 그가 조사했던 나선 성운들은 실제로는 멀리 떨어진 은하들이었다. 우리에게 다가오는 두 은하는 비교적 가까이에 있는 '국부 은하군'에 속하는 은하였다.(국부 은하군이란 우리 은하와 안드로메다 은하를 포함한 소형 은하단으로, 각 은하들은 전체 은하군의 질량중심 주위를 돌고 있다. 그래서 이 은하들은 어느 시기에는 우리를 향해 다가오고, 어느 시기에는 우리에게서 멀어져 간다.)

국부 은하군에 속하지 않은 나머지 13개의 은하는 모두 우리에게서 멀어져 가고 있는데, 이것은 우연의 일치치고는 너무나 기이한 일이었다. 이 은하들도 중력의 작용으로 더 큰 궤도를 돌고 있는지도 모르며, 어느 시기에는 멀어져 가고 어느 시기에는 접근할지도 모른다. 슬라이퍼는 때마침 이들이 모두 우리에게서 멀어져 가는 시기에 관측을 한 것인지도 모른다. 물론 그것은 일어나기 힘든 일이지만, 완전히 불가능한 것은 아니다. 동전을 13번 던져서 계속해서 한쪽 면만 나올 수도 있는 일이 아닌가.

더 골치 아픈 문제는 13개 은하의 시선 속도였다. 평균 후퇴 속도는 초속 640km였다. 초속 200km는 어떻게 봐줄 수 있지만, 초속 640km는 도저히 받아들일 수 없는 속도였다. 그것은 우리 근처에 있는 별들의 시선 속도보다 훨씬 컸다. 슬라이퍼는 계속해서 더 많은 성운들의 시선 속도를 측정해 보았는데, 하나도 예외 없이 모두 적색 이동을 나타냈다. 즉, 모두 우리에게서 멀어져 가고 있었다.

1920년대에 이들 성운은 멀리 떨어져 있는 은하로 밝혀졌다. 이 사실은 문제의 심각성을 다소 완화시켜 주었다. 은하는 우리 근처에 있는 별들과는 성격이 완전히 다르기 때문에, 같은 은하 안에 있는 별들이 서로에 대해 움직이는 속도보다는 은하들이 서로에 대해 움직이는 속도가 훨씬 빠를 수도 있다.

그렇지만 왜 모든 은하가 멀어져 가는가 하는 문제는 여전히 수수께끼로 남아 있었다. 국부 은하군 밖에 있는 은하들 중에서 최소한 하나쯤은 다가오는 것도 있어야 정상이 아닌가? 그러나 그런 은하는 발견되지 않았다.

문제는 더욱 악화되어 갔다. 미국 천문학자 밀턴 라살 휴메이슨Milton LaSalle Humason(1891~1972)은 슬라이퍼가 하던 관측을 계속해 보았다. 그는 며칠 동안 필름을 노출시키는 방법으로 아주 희미한 은하들의 스펙트럼을 얻었다. 그리고 그 후퇴 속도를 계산해 본 결과, 앞서 얻은 은하들의 후퇴 속도는 '새 발의 피'에 불과하다는 사실을 알게 되었다.

1928년에 그는 초속 3800km, 즉 광속의 1.25%로 멀어져 가는 은하의 스펙트럼을 얻었다. 1936년에는 심지어 초속 4만 km, 그러니까 광속의 13%로 멀어져 가는 은하도 발견했다. 그렇지만 은하들은 한결같이 우리에게서 멀어져 갈 뿐, 다가오는 것은 하나도 없었다.

어째서 이렇게 전 우주적으로 후퇴 현상이 나타나는 것일까? 스펙트럼에 나타난 적색 이동은 은하의 후퇴 때문이 아니라 다른 원인 때문에 나타난 것일까? 그런 원인이라면 어떤 게 있을까? 아주 희박한 가스가 퍼져 있는 은하 간 공간을 빛이 지나오면서 붉어지는 것은 아닐까? 햇빛이 지평선 상에서 비칠 때 지구의 두꺼운 대기층을 지나오면서 붉어지는 것처럼 말이다. 물론 그럴 수도 있다. 그렇지만 이 경우에는 단지 짧은 파장의 빛이 산란을 일으켜 빛이 붉어지는 것이므로, 암선들의 위치에는 아무런 변화가 없어야 한다.

그렇다면 빛이 아주 먼 거리를 여행하는 과정에서 에너지를 잃기 때문은 아닐까? 만약 그렇다면 빛은 자연히 붉은색 쪽으로 이동할 것이다. 왜냐하면 파장이 길수록 그 빛의 에너지는 더 작아지니까. 이럴 경우 은하가 후퇴한다고 생각할 필요가 없다. 적색 이동은 단지 빛이 오랜 여행을 하여 피로하기 때문에 나타난 것뿐이니까.

문제는 빛이 단지 우주 공간에서 이동하는 것만으로 에너지를 잃는 과정은 알려진 게 없다는 데 있다. 더구나 만약 그런 식으로 빛이 에너지를 잃는다면, 비교적 짧은 거리를 달리는 빛에도 극소량의 에너지 감소가 일어나야 할 것이다. 이것은 우리 은하 안에 있는 천체나 심지어는 태양계 안에 있는 천체에서도 발견되어야 할 것이다. 그런데 이들 천체에서는 그런 효과가 전혀 발견되지 않았다.

그것과는 정반대의 경우도 생각해 볼 수 있다. 은하들이 먼 곳에서 천천히 움직이는 게 아니라 비교적 가까이에서 아주 빠른 속도로 움직이는, 은하가 아닌 작은 천체일 가능성도 있지 않을까? 아마 이것들은 실제로 존재하는 소수의 은하(어쩌면 우리 은하)에서 튀어나온 천체일지도 모른다. 그래서 비록 아주 빠른 속도로 움직이긴 하지만, 그렇게 멀리 떨어져 있지 않을지도 모른다. 그저 아주 큰 에너지에 의해 세게 튀어나왔을 뿐이다.

최근에 중심부에서 엄청난 에너지를 방출하는 활동 은하가 발견되면서 이러한 생각은 상당히 그럴듯하게 보이기도 했다. 이러한 은하에서 폭발이 일어나 물질들이 아주 빠른 속도로 방출될 수도 있을 것이다. 그러나 설사 그렇다고 하더라도, 방출된 모든 물체가 하나의 예외도 없이 우리에게서 멀어져 간다는 사실은 설명할 길이 없다.

물론 우리 쪽으로 날아온 물체들이 이미 모두 우리를 지나쳐 멀어져 갈 수도 있을 것이다. 그러나 이것은 전혀 설득력이 없는 주장이다. 아무리 그래도 그중에서 최소한 하나는 아직 우리를 지나치지 않은 것이 있을 것이다. 은하처럼 보이는 천체 중 우리를 향해 다가오는 것이 최소한 하나는 있어야 설득력이 있지 않은가? 그러나 국부 은하군 밖에 존재하는 천체 중에서 우리를 향해 다가오는 것은 단 하나도 없었다.

천문학자들은 스펙트럼에 나타나는 적색 이동의 원인을 도플러 효과가 아닌 다른 방법으로는 도저히 설명할 길이 없었다. 은하들은 우리에게서 멀어져 가고 있으며, 그것도 굉장히 빠른 속도로 멀어져 가고 있었다.

미국 천문학자 에드윈 허블Edwin Hubble(1889~1953)은 휴메이슨과 함께 윌슨산 천문대에서 하늘을 관측하면서 여러 은하의 거리를 측정하려고 시도했다. 가까이 있는 은하들에는 별의 밝기가 주기적으로 변하는 '세페이드 변광성Cepheid variable'이 들어 있는데, 이 변광성은 망원경으로 하나하나 관측할 수 있었다. 세페이드 변광성은 변광 주기를 이용하면 그 실제 밝기—즉, 얼마나 많은 빛을 방출하는가—를 계산할 수 있다.

또 절대 밝기와 겉보기 밝기를 이용해 세페이드 변광성의 거리, 나아가 그 별이 속해 있는 은하의 거리도 계산할 수 있다. 그 거리가 너무 멀어서 그 안에 포함된 세페이드 변광성을 볼 수 없는 경우에는 그 은하에서 가장 밝은 초거성을 표지로 삼을 수 있었다. 그러한 초거성의 밝기는 가까이 있는 은하들 속에 포함된 초거성의 밝기와 비슷하다고 가정함으로써 멀리 떨어진 은하들의 거리를 계산할 수 있었다.

또한 은하가 그것보다 더 먼 거리에 있어 그 속에 있는 어떤 별도 볼수가 없는 경우에는 전체 은하의 밝기를 기준으로 삼았다. 즉, 은하의 빛이 희미할수록 그 은하는 더 먼 거리에 있다고 보는 것이다.

이렇게 많은 은하의 거리를 측정한 다음, 각 은하의 거리를 그 후퇴속도와 대비시켜 보았다. 그랬더니 모든 은하의 후퇴 속도는 그 거리에 정비례하는 것으로 나타났다. 즉, 은하 A가 은하 B보다 x배 더 먼 거리에 있다면, 은하 A는 은하 B보다 x배 더 빠른 속도로 멀어져 갔다. 이것을 '허블의 법칙'이라 부른다.

더 먼 은하일수록 더 빠른 속도로 멀어져 간다는 허블의 법칙이 나오자, "왜 은하들은 우리에게서 멀어져 가는가?"라는 의문은 더욱 크게 떠올랐다. 1935년에 공상과학소설 작가 에드먼드 해밀턴Edmond Hamilton (1904~1977)은 《저주받은 은하》라는 작품에서 다음과 같은 재미있는 설명을 들려주었다.

해밀턴에 의하면 처음에 은하들은 비교적 가까이 모여 있었으며, 서로의 중력에 끌려 서로의 주위를 도는 궤도 운동을 빼고는 서로에 대해 거의 정지하고 있었다. 그런데 그중 어느 한 은하(물론 우리 은하를 가리킨다)에서 생명이 진화하기 시작했다. 이것은 곧 우리 은하 전체로 급속히 번져 나가 이웃의 다른 은하들까지도 감염시키는 매우 심각한 은하 질병이었다. 여기에 공포를 느낀 다른 은하들은 그때부터 우리에게서 달아나기 시작했다. 그리고 그 질병이 나타났을 때 더 빠른 속도로 달아난 은하들은 오늘날 더 멀리 떨어진 곳에 있게 되었다는 것이다.

아주 천재적인 발상이긴 하다. 또한 관측 결과와 딱 들어맞는 설명이어서 독자들은 아주 그럴듯하다고 여기겠지만, 이것은 어디까지나 공상과학소설 작가의 상상에 지나지 않는다. 작가는 은하들이 후퇴하는 데 어떤 목적이 있다고 설명하고 있지만, 그것은 과학 게임의 규칙에 어긋난다. 우주의 모든 현상은 어디까지나 자연 법칙에 맹목적으로 따르는 방향으로 일어나야 한다.

그러면 다음 장에서는 은하들이 왜 멀어져 가는지 알아보기로 하자.

옛날 옛적 아주 멀리 떨어진 곳에

몇 달 전에 나는 어느 연회에 참석한 적이 있다. 연회가 끝나고 나서 밖으로 나왔더니 비가 세차게 내리고 있었다. 택시가 다니지 않았으므로, 일행 두 사람과 함께 가장 가까운 지하철 역으로 가서 지하철을 타고 북쪽으로 달려갔다. 그런데 마침 내가 먼저 내리게 되어 두 사람과 작별 인사를 하고 지하철에서 내렸다. 그 다음날, 나는 내가 지하철에서 내린 직후 그 두 사람에게 일어난 일을 듣게 되었다.

세 젊은이가 위협적인 자세로 내 친구들이 앉아 있는 곳으로 걸어왔다고 한다. 친구들은 가끔 지하철 안에서 일어나는 폭력에 대한 이야기를 들었으므로, 덜컥 겁이 났다. 젊은이들 중 한 사람이 낮은 목소리로 뭐라고 말을 했는데, 내 친구들은 그것을 제대로 알아듣지 못했다. 한 친구가 용기를 내어 "미안하지만 젊은이, 잘 들리지가 않네. 다시 한 번 말해 주겠나?"라고 말했다.

그 젊은이는 큰 소리로 "방금 내린 사람이 아이작 아시모프 바로 그 사람이냐고요!"라고 말했다. 그러자 그 젊은이들의 모습은 순식간에 위협적인 불량배에서 고상한 취향을 가진 문화인으로 바뀌었으며, 내 친구들이 아시모프가 맞다고 대답한 뒤로는 서로 즐거운 시간을 보냈다고 한다.

지하철에서 내 친구들을 만난 그 젊은이들이 내 과학 에세이를 읽는지 읽지 않는지는 알 수 없지만, 만약 읽는다면 이 글은 그들에게 바치고자 한다.

팽창하는 우주

앞 장에서 나는 도플러 효과에 대해 이야기했다. 그리고 그것을 이용하면 은하들이 모두 우리에게서 멀어져 가고 있으며, 멀리 있는 은하일수록 더 빠른 속도로 멀어져 간다는 사실을 알아냈다는 이야기를 했다.

얼핏 생각하면 이 사실은 우리 은하가 특별한 존재임을 말해 주는 것 같다. 모든 은하가 우리 은하를 중심으로 멀어져 가고 있다지 않은가? 그렇지만 달리 생각하면 이것은 가당치 않은 말이다. 우주에 존재하는 수천억 개의 은하 중에서 하필이면 우리 은하가 그렇게 특별한 존재여야 할 이유가 있는가?

1916년에 아인슈타인은 일반 상대성 이론을 적용하여 우주 전체의 구조를 나타낼 수 있는 일련의 장場 방정식을 만들었다. 그런데 아인슈타인은 우주가 전체적으로 정적이며, 시간이 흘러도 눈에 띌 만한 변화가 일어나지 않는다고 가정했다. 실제로 그때까지의 관측 결과에서는 여기서 벗어나는 조짐은 전혀 발견되지 않았다. 물론 어떤 천체는 우리를 향해 다가오고 어떤 것은 멀어져 가고, 어떤 것은 이쪽 방향으로 어떤 것은 저쪽 방향으로 움직인다. 그렇지만 이 모든 국지적 변화들은 상쇄되어 전체적인 우주의 모습은 늘 똑같이 유지되었다.

그런데 아인슈타인의 장 방정식을 푼 결과는 정적인 우주와 일치하는 것이 아니었다. 그래서 아인슈타인은 방정식에 '우주 상수'라는 항을 임의로 첨가하여, 그 방정식의 해가 정적인 우주가 되도록 했다.(훗날 그는 이것을 일생일대의 실수였다고 말했다.)

그 다음 해에 네덜란드 천문학자 빌렘 드 지터Willem de Sitter(1872~1934)는, 장 방정식에서 우주 상수를 없애면 일정한 속도로 점점 커져 가는 팽창 우주라는 결과가 나온다고 지적했다. 그렇지만 그 당시에는 우주가 실제로 팽창한다는 사실을 뒷받침하는 관측적 증거가 전혀 없었기 때문에, 드 지터의 주장은 순전히 이론에 불과한 것으로 취급되었다.

그런데 허블이 먼 은하들이 모두 멀어져 가고 있다는 사실을 발견하자, 그것은 곧 드 지터가 주장한 우주의 팽창을 지지하는 증거로 받아들여졌다. 우주는 팽창하고 있고, 모든 은하들(그리고 은하단들)은 서로에게서 멀어져 가고 있다. 바로 이 때문에 모든 은하가 우리에게서 멀어져 가는 것으로 보이는 것이지, 우리가 특별한 은하에 살고 있는 것이 아니다. 우주가 전체적으로 팽창하고 있다면, 어떤 은하에서 우주를 바라보더라도 나머지 모든 은하가 우리에게서 멀어져 가고, 멀리 있는 은하일수록 더 빠른 속도로 멀어져 가는 것으로 보인다.

요컨대 아인슈타인의 장 방정식은 우주를 있는 그대로 잘 묘사한 것이었으며, 우주 상수 같은 것은 애초부터 필요없는 것이었다.

빅뱅에서 탄생한 우주

만약 우주가 팽창하고 있다면, 미래를 향해 우주는 영원히 팽창해 갈지도 모른다. 우주가 팽창해 가는 공간은 아마도 한계가 없을 것이다.

그런데 거꾸로 과거 쪽을 돌아본다면, 시간을 거슬러 과거로 갈수록 우주는 점점 더 작아질 것이다. 이것은 우주의 과거가 미래와는 달리 영원히 계속될 수 없다는 것을 뜻한다. 과거의 어느 시점에 우주의 모든 질량과 에너지는 아주 작은 공에 모여 있었을 것이다.

이것은 1927년에 벨기에 천문학자 조르주 르메트르Georges Lemaître (1894~1966)가 처음 지적하였다. 그는 우주의 모든 질량이 모인 그 작은 덩어리를 '우주의 알cosmic egg' 이라 불렀다. 그 우주의 알이 폭발하면서 오늘날의 우주가 만들어진 것으로 보이는데, 러시아 출신의 미국 물리학자 조지 가모브George Gamow(1904~1968)는 태초의 그 대폭발을 '빅뱅Big Bang' 이라 불렀다.*

빅 뱅 이론은 오늘날 천문학자들 사이에 일반적으로 받아들여지고 있다. 그렇지만 태초에 우주의 알은 어디서 왔고, 그것은 어떻게 생겨났으며, 그 크기는 어느 정도였고, 초기에 어떤 단계들을 거쳐 오늘날의 우주로 진화했는가 하는 의문을 둘러싼 논란은 여전히 계속되고 있다.

---

* 사실은 빅 뱅이란 용어를 맨 먼저 사용한 사람은 영국의 프레드 호일Fred Hoyle이다. 그는 빅 뱅 이론을 믿지 않고, 정상 우주론을 주장했다. 시간도 공간도 물질도 아무것도 없던 곳에서 갑자기 '뺑' 하고 우주가 생겨났다는 사실을 그는 도저히 받아들일 수 없었다. 그래서 이 이론을 조롱하기 위해 '빅 뱅' 이라고 불렀는데, 영어로 '뱅' 이 '펑!' 또는 '뺑' 에 해당하는 의성어라는 사실을 감안하면, 우리말로는 '뺑' 이론쯤 되는 셈이다. 그런데 아이러니하게도 그 이름이 정식 명칭으로 굳어지고 말았다.—옮긴이

그러나 그런 문제들은 여기서 다룰 대상이 아니다. 여기서는 다만 빅 뱅이 언제 일어났는지, 즉 지금부터 얼마나 오래 전에 빅 뱅이 일어났는가 하는 문제만 다루기로 하자.

그 답을 얻는 방법은 현재 우주가 어느 정도의 속도로 팽창하고 있는지 알아내면 된다. 만약 우주의 팽창률이 빅 뱅 직후부터 오늘날까지 변하지 않고 일정하게 유지되었다고 한다면, 빅 뱅까지의 시간을 간단하게 계산할 수 있다. 1929년에 허블이 측정한 바에 따르면, 은하들의 후퇴 속도는 일정하며 우주는 아주 빠른 속도로 팽창하는 것으로 보였다. 그리하여 우주의 알은 약 20억 년 전에 생겨난 것으로 계산되었다.

그 값이 틀렸다는 것은 명백하다. 왜냐하면 지질학자들은 지구의 나이도 그것보다 훨씬 더 오래되었다는 사실을 알고 있었기 때문이다. 우주의 일부인 지구의 나이가 우주 자체의 나이보다 더 많을 수는 없다. 지각이나 달 또는 운석에 포함된 방사성 물질의 붕괴를 측정하여 계산한 바에 따르면, 지구와 태양계의 나이는 약 45억 년으로 밝혀졌다. 따라서 우주의 나이는 최소한 그것보다는 더 오래되어야 하며, 어쩌면 그것보다 훨씬 더 오래되었을 것이다.

다행히도 비교적 가까운 은하들의 거리를 재는 데 사용한 척도에 문제가 있었다는 사실이 밝혀졌다. 이 척도는 더 멀리 있는 은하들의 거리를 측정하는 기초가 되기 때문에, 이 척도를 잘못 잡으면 전체 우주의 크기가 달라질 수밖에 없다. 이 척도를 새로운 관측 결과에 따라 수정했더니 전체 우주의 크기는 처음보다 엄청나게 커졌다. 그 결과 그 크기로 팽창하는 데 걸린 시간도 더 늘어났다.

이렇게 하여 빅 뱅이 일어난 시간은 최소한 100억 년으로 계산되었

150억 광년 거리에 있는 천체들을 본다면 우리는 우주 태초의 모습을 보는 셈이야...

는데, 어쩌면 그것보다 더 오래되었을 가능성이 높았다. 사실 현재 널리 받아들여지는 우주의 나이는 150억 년이다.[*]

우주의 나이가 수십억 년 이상 되었다면, 우리는 하늘에서 수십억 광년 이상 떨어져 있는 천체들을 볼 수 있을 것이다. 만약 그렇다면 우리는 수십억 년 전의 우주를 보는 셈이 된다. 10광년 거리에 있는 별에서 오는 빛이 우리의 눈에 닿으려면 10년이 걸리므로, 우리가 보는 그 별은 10년 전의 모습이다. 마찬가지로 1000만 광년 떨어진 은하에서 오는 빛은 우리에게 도달하는 데 1000만 년이 걸리므로, 우리는 1000만 년 전의 그 은하를 보는 셈이다.

다시 말해 멀리 있는 천체일수록 더 오래된 천체이므로, 아주 먼 곳에 있는 천체들은 우주의 초기 모습을 보여 주는 것이다. 만약 150억 광년 거리에 있는 천체들을 본다면, 그것은 150억 년 전의 모습이므로 우리는 태초의 모습을 보는 셈이 된다.

그렇지만 멀리 있는 천체일수록 그 빛이 더 희미하기 때문에 관측하기가 더 어렵다. 1960년까지만 해도 광학 망원경에 매달려 있던 천문학자들은 우주 초기의 모습을 볼 수 있으리라는 희망을 전혀 품을 수 없었다. 예를 들어 1960년에 그들이 볼 수 있었던 가장 먼 은하는 약 8억 광년 거리에 있었다. 그러니까 그들은 겨우 8억 년 전의 과거를 본 셈인데, 우주 역사를 150억 년으로 볼 때 그것은 전체 우주 역사에서 20분의 1에 지나지 않는다. 지구에서 광학 망원경으로 볼 수 있는 것은 그 정도가 한계였다.

---

[*] 현재 널리 통용되는 좀더 정확한 값은 137억 년이다.—옮긴이

퀘이사의 수수께끼

1960년 무렵부터 천문학자들은 빛이 아니라 전파를 볼 수 있는 전파 망원경을 사용하게 되었다. 처음에는 전파가 빛보다 우주에 관한 정보를 더 많이 제공해 주리라고 기대한 사람은 거의 없었다. 예를 들면 태양에서도 전파가 나오고는 있지만, 태양의 온도나 화학적 조성이나 그 밖의 특징에 대해서 빛보다 더 유용한 정보를 제공하지는 않았다.

게다가 우리 은하나 다른 은하에 있는 수많은 별에서는 빛이 나오지만, 전파를 방출하는 전파원의 수는 그보다 훨씬 적었다. 멀리 떨어져 있지만 맨눈으로 볼 수 있을 정도로 많은 빛을 내는 별도 탐지가 가능할 만큼 전파를 많이 방출하는 경우는 드물다. 태양의 전파가 포착되는 것은 태양이 특별한 별이라서 그런 것이 아니라, 태양이 아주 가까이 있기 때문이다.

그런데 하늘의 아주 좁은 지역에서 전파를 방출하는 전파원들이 있다. 예전에는 이들을 '전파별radio star'이라고 불렀다. 그러나 그 정체가 반드시 별로 생각되진 않았다. 실제로는 아주 먼 은하에서 날아오기 때문에 하늘에서 넓은 공간을 차지하지 못할 가능성도 있었다. 별 하나에서 나오는 전파라면 포착하기 어려울 수 있지만, 은하 전체에서 나오는 전파라면 충분히 감지할 만큼 강할 수가 있으니까.

그렇지만 일부 전파별은 하늘에서 아주 좁은 공간을 차지했기 때문에, 그 정체가 진짜 별이 아닌가 생각되기도 했다. 그러한 전파원 중 일부에는 3C 48, 3C 147, 3C 196, 3C 273, 3C 286 등의 이름이 붙어 있다.(3C는 〈세 번째 케임브리지 전파별 목록〉을 의미한다. 이 목록은 영국 천문학자 마틴 라일Martin Ryle(1918~1984)과 그 동료들이 편찬했다.)

1960년, 이 전파원들이 있는 지역을 미국 천문학자 앨런 렉스 샌디지 Allan Rex Sandage(1926~)가 팔로마 천문대의 구경 5미터짜리 광학 망원경으로 샅샅이 조사했다. 그러자 각각의 전파를 내보내는 별들이 실제로 존재하는 것으로 보였으며, 그것들은 우리 은하 안에 있는 희미한 별들로 생각되었다.

그런데 이것은 다소 골치 아픈 의문을 제기했다. 더 가까이 있고 더 밝은 별들도 전파가 날아오지 않는데, 왜 이들 극소수의 별에서만 강한 전파가 나오는 것일까? 좀더 자세히 조사한 결과, 일부 전파원은 희미한 성운과 관련이 있는 것 같았다. 그중 가장 밝은 3C 273의 경우, 제트 모양으로 물질을 분출하는 흔적이 발견되었다.

전파별은 비록 별처럼 보이긴 하지만, 별하고는 차이가 있는 것 같았다. 그래서 이 전파별들을 '준성 전파원quasi-stellar radio source'이라 부르게 되었는데, 준성準星이란 '별을 닮은'이란 뜻이다. 이 용어가 천문학자들 사이에 점점 더 자주 중요하게 사용되자, 발음하기에 불편하다 하여 'quasi-stellar'를 줄여서 '퀘이사quasar'라고 부르게 되었다.

퀘이사가 흥미로운 대상이 되자, 천문학자들은 모든 수단을 동원하여 조사하기 시작했고, 결국 그 빛의 스펙트럼까지 분석하게 되었다. 희미한 천체의 스펙트럼을 얻는 것은 쉬운 일이 아니지만, 미국 천문학자 제시 레너드 그린스타인Jesse Leonard Greenstein(1909~2002)과 네덜란드 출신의 미국 천문학자 마르텐 슈미트Maarten Schmidt(1929~)가 이 작업에 착수하여 여러 퀘이사의 스펙트럼을 얻었다.

그런데 막상 스펙트럼을 얻어 놓고 보니, 그것은 아무 쓸모가 없었다. 퀘이사의 스펙트럼에는 정체를 알 수 없는 스펙트럼선들만 나타나 있었다. 더구나 그 스펙트럼선들은 퀘이사마다 다 달랐으며, 전부 확인할 수 없는 것들이었다. 어쨌든 이것은 퀘이사의 신비감을 더욱 높여 주었다.

1963년, 슈미트는 3C 273의 스펙트럼에 있는 6개의 선 중 4개가 수소의 스펙트럼선 배열과 비슷하다는 사실을 발견했다. 다만 그 위치가 원래의 수소 스펙트럼선이 나타나는 장소에서 멀리 이동해 있었다. 그런데 적색 이동 때문에 이러한 위치 이동이 일어났다고 보면 어떨까? 그렇다면 3C 273이 초속 4만 km, 즉 광속의 8분의 1이 넘는 속도로 멀어져 간다는 것을 뜻했다.

이것은 도저히 믿을 수 없는 사실이었지만, 그러한 적색 이동이 일어났다고 가정하면 나머지 스펙트럼선 2개의 정체도 확인되었다. 하나는 산소 이온, 다른 하나는 마그네슘 이온의 스펙트럼선이었다.

그렇다면 퀘이사는 우리 은하 안에 있는 별이 아니라는 이야기가 된다. 퀘이사는 가장 가까이 있는 것조차도 10억 광년 이상의 거리에 있다.(전파 망원경이 아니었더라면 퀘이사는 결코 발견되지 않았을 것이다. 또 적색 이동의 효과, 즉 앞 장에서 설명한 '소리의 높이의 중요성'을 몰랐더라면, 퀘이사를 결코 이해할 수 없었을 것이다.)

그런데 퀘이사가 그렇게 먼 거리에 있는데도 광학 망원경에 포착될 정도로 밝다면, 그것은 아주 밝은 천체인 게 분명하다. 퀘이사는 실제로 우리 은하보다 약 100배나 밝은 것으로 보인다. 이렇게 많은 빛과 전파를 낸다면 그 내부에서 뭔가 아주 특이한 일이 일어나고 있는 게 분명하다.

더구나 1963년에는 퀘이사의 밝기가 변한다는 사실이 발견되었다. 어떤 때에는 매우 빠르게 밝기가 변하는데, 이 변화는 빛과 전파 모두에서 일어났다. 그러한 변화는 1년이 넘는 주기로 대규모로 일어났다.

이것은 퀘이사의 크기가 아주 작다는 것을 의미한다. 소규모의 밝기 변화는 그 천체의 한정된 지역에서 일어나는 변화에서 생길 수도 있지만, 대규모의 밝기 변화는 전체적인 변화가 일어날 경우에만 가능하다. 그런데 전체적인 변화가 일어나려면, 변화가 일어나는 시간 동안 그러한 변화를 일으킨 효과가 천체 전체로 전파되어야 한다. 어떤 효과도 빛보다 더 빠른 속도로 전파될 수는 없다. 그러므로 1년여의 기간에 전체적으로 뚜렷한 변화가 나타나려면 퀘이사의 지름은 1광년을 넘지 않아야 한다. 어떤 퀘이사는 그것보다 훨씬 더 작은 것으로 보인다.

그렇게 밝은 빛을 내면서도 크기가 그렇게 작다니……. 그것 또한 큰 수수께끼가 아닐 수 없다.

우주의 끝

그런데 전파천문학을 사용해 은하들을 일반적으로 조사한 결과, 이 수수께끼를 그럴듯하게 설명하는 가설이 하나 나왔다.

은하에서 나오는 보통의 빛만 볼 때에는 은하는 아름답고 조용한 것으로 보인다. 중심 부분이 바깥 부분보다 더 밝게 빛나는 것은 중심으로 갈수록 별들이 더 많이 밀집돼 있기 때문이다.

그러나 전파 망원경으로 은하들을 관측하면, 많은 은하의 중심에서 어마어마한 양의 에너지가 지속적으로 흘러나오는 것을 알 수 있다. 이것은 우리 은하에서도 관측된다. 우리는 우리 은하 중심에서 나오는 빛은 관측할 수가 없는데, 중간에 있는 먼지 구름들이 빛을 차단하기 때문이다. 그렇지만 전파는 이 구름들을 통과하므로, 전파 망원경으로 우리 은하의 중심부에서 상당히 많은 양의 전파가 방출되는 것을 볼 수 있다.

이에 대해서는 많은(어쩌면 모든) 은하의 중심에 거대한 블랙홀이 있어, 물질을(또는 별을 통째로) 그 속으로 빨아들이면서 에너지를 방출하는 것이 아닌가 하는 견해가 있다. 이 견해는 천문학자들 사이에 거의 정설로 자리잡아 가고 있다.

어떤 이유로 중심부의 블랙홀이 특별히 질량이 크고 활동적이라면, 특별히 많은 양의 에너지—비교적 조용한 우리 은하에서 나오는 것보다 훨씬 더 많은—가 방출될 것이다. 이렇게 중심부에서 블랙홀이 소동을 일으키는 것이 '활동 은하'로 나타난다.* 활동 은하의 중심부에서는 특이하게 많은 양의 빛도 방출하므로, 그 중심부는 그 은하의 나머지 부분보다 훨씬 더 밝게 보일 것이다.

그보다 앞서 1943년에 미국 천문학자 칼 시퍼트Carl Seyfert는 그 핵이 아주 작으면서도 매우 밝은 빛을 내는 기묘한 은하를 발견했다. 그 이후로 그와 비슷한 은하들이 속속 발견되어, 이들 은하를 '시퍼트 은하'라 부른다. 어떤 천문학자들은 시퍼트 은하가 전체 은하의 약 1%를 차지

---

* 실제로 퀘이사는 멀리 떨어진 활동 은하의 밝은 핵으로 밝혀졌다. 처음에는 퀘이사의 정체를 둘러싸고 논란이 많았지만, 지금은 어린 은하의 중심에 있는 거대한 블랙홀로 물질이 빨려 들어가면서 그렇게 많은 빛과 전파를 방출하는 것이라는 데 대부분의 과학자가 동의하고 있다.—옮긴이

한다고 추정한다.

그렇다면 퀘이사는 아주 크거나 극단적인 시퍼트 은하인지도 모른다. 거리가 너무 멀기 때문에 비정상적으로 밝은 중심부의 빛만 우리에게 도달하여 마치 하나의 별처럼 보이는 것인지도 모른다. 실제로 최근에 찍은 관측 사진에서는 퀘이사 주위에 희미한 성운 모양이 분명하게 나타나 있다. 이것으로 미루어 볼 때 퀘이사가 매우 밝은 시퍼트 은하라는 주장은 상당히 일리가 있어 보인다.

퀘이사는 모두 아주 먼 거리에 있다. 10억 광년 이내의 거리에서는 퀘이사가 발견되지 않았다. 일반적으로는 그것보다 훨씬 먼 거리에 있다. 퀘이사는 우리 우주가 높은 에너지로 가득 차 있던 어린 시절에 태어난 산물이며, 막대한 에너지를 방출하기 때문에 곧 사라져 갈 것이라고 생각할 수 있다. 그리하여 우주가 계속 나이를 먹어 감에 따라 점점 더 많은 수의 퀘이사가 희미해져 갔고, 새로 생겨나는 퀘이사의 수 역시 점점 줄어들어 지난 10억 년 사이에는 하나도 생겨나지 않았으며, 앞으로도 역시 생겨나지 않을 것이다.

첨단 관측 장비를 사용하면 아주 먼 곳에 있는 퀘이사도 포착할 수 있다. 그렇지만 어느 거리를 넘어서면 더 이상 관측할 수 없는 어떤 한계가 있을 것이다.

자, 빅 뱅이 약 150억 년 전에 일어났다고 가정하자. 우주가 아직 어린 시절일 때 우주 공간에서 에너지가 지배적이던 단계가 있었다. 이때 우주 공간은 광자들이 매우 높은 밀도로 꽉 차 있었기 때문에 불투명했다. 그런데 우주가 팽창을 계속하고 냉각되어 감에 따라 에너지가 응축되어 물질로 변해 갔고, 그에 따라 우주 공간은 투명해졌으며, 결국 퀘이사를 포함해 은하들이 생겨났다.

망원경—광학 망원경이든 전파 망원경이든 혹은 그 밖의 어떤 것이든—으로 하늘을 아주 멀리까지 바라보다 보면, 결국에는 아주 먼 옛날의 우주 모습을 보게 된다. 그 곳에서는 아직 별과 은하들이 생겨나기 이전의 우주 모습이 불투명한 안개로 보일 뿐이다. 우리는 이러한 안개를 사방에서 볼 텐데, 이 곳이 바로 '우주의 끝' 지점에 해당한다.

그 안개 너머에는 바로 빅 뱅 자체의 모습이 숨어 있을 것이며, 우리는 거기서 나오는 복사도 포착할 수 있을 것이다. 이 복사는 상상할 수 없을 정도로 강렬한 것이라고 생각하기 쉽지만, 그 곳은 너무나도 멀리 떨어져 있기 때문에 심한 적색 이동의 결과로 현재는 미약한 전파의 형태로 남아 있을 것이다.

1949년, 가모브는 빅 뱅에서 나온 이 전파 복사가 하늘의 모든 방향에서 똑같은 강도로 관측될 것이라고 주장했다. 미국 물리학자 로버트 디키Robert Henry Dicke(1916~)는 가모브의 이 주장을 받아들여 조사에 착수했다. 그 후 독일 출신의 미국 물리학자 아노 앨런 펜지어스Arno Allan Penzias(1933~)와 로버트 우드로 윌슨Robert Woodrow Wilson(1936~)이 디키의 도움을 받아 1964년에 마침내 이 전파 배경복사를 발견했다. 이 배경복사는 실제로 빅 뱅이 일어났다는 것을 강하게 뒷받침하는 증거가 되었다.

초기의 우주 모습과 원시 은하

우리가 볼 수 없게 접근이 차단돼 있는 빅 뱅 영역과 그 주변의 불투명한 안개 복사를 제외한다면, 그 한계선 안에서 우리가 볼 수 있는 가장 먼 천체는 무엇일까?

1965년, 마르텐 슈미트는 퀘이사 3C 9의 적색 이동으로부터 그것이 105억 광년 거리에 있으며, 초속 24만 km로 멀어져 간다는 사실을 발견하였다. 이것은 광속의 80%에 이르는 속도였으므로, 그것보다 더 먼 곳에 있는 천체는 없을 것으로 생각되었다.

그러나 1973년, 퀘이사 OQ 172의 적색 이동을 측정했더니 115억 광년 거리에 있는 것으로 드러났다.(이것은 우주의 나이가 100억 년보다 훨씬 더 오래되었다는 것을 뜻한다. 다만 적색 이동이 은하의 후퇴 운동으로 인한 도플러 효과가 아닌 다른 원인으로 일어나지 않았을 경우에만 그러하다. 실제로 적색 이동의 원인이 단순히 은하의 후퇴 운동만이 아닐 것이라고 의심하는 천문학자들도 있다. 이들은 가끔 큰 목소리를 내긴 하지만, 극소수에 불과하다.)

1973년 이후 퀘이사가 1500개 이상 발견되었지만, OQ 172의 기록을 깨지는 못했다. 오늘날 천문학자들은 스펙트럼에 나타나는 적색 이동의 정도를 정지한 광원에서 나오는 원래 스펙트럼선의 위치와 비교하여 퍼센트(%)로 나타내고, 그 퍼센트 값을 다시 100으로 나눈 값을 사용한다. 예를 들어 스펙트럼선이 100% 이동했다면 적색 이동의 값은 1이고, 스펙트럼선이 200% 이동했다면 적색 이동의 값은 2이다.

OQ 172의 적색 이동은 약 3에 이르는데, 1987년이 되자 변화가 일어나기 시작했다. 천문학자들은 하늘을 관측하는 새로운 기술들을 사용해 은하의 남극 부근을 자세히 관측해 보았다. 이 지역은 은하수에서 최대한 멀리 떨어져 있어 우주 먼지들이 시야를 흐리지 않기 때문에, 우주를 아주 깊숙이 관찰할 수 있었다. 이 방법으로 적색 이동 값이 3보다 큰 퀘이사가 14개 발견되었는데, 그중 2개는 적색 이동 값이 4보다도 컸다. 그중에서 가장 큰 적색 이동 값은 4.43이었다.

그런데 이보다 더 큰 적색 이동을 나타내는 퀘이사가 발견될지에 대해서는 어느 누구도 확신할 수 없다.* 만약 그러한 퀘이사가 발견된다면 천문학자들은 곤란한 처지에 빠지고 말 것이다. 은하 생성을 설명하는 최선의 이론에 따르면, 은하들이 적색 이동 값이 5인 시점에서 탄생했다고 말하기 때문이다. 따라서 만약 그 이전 시대에 존재하는 퀘이사가 발견된다면, 은하 생성에 관한 이론을 다시 만들어야 할 것이다.

어쩌면 천문학자들은 이미 곤란한 처지에 빠졌는지도 모른다. 퀘이사가 아닌 다른 천체들이 더 먼 거리에서 발견되었기 때문이다. 퀘이사는 아주 특별한 형태의 은하이므로, 전체를 대표한다고 볼 수는 없다. 가장 멀리 떨어진 정상적인 은하는 얼마만한 거리에 있을까?

여기서 문제는 정상 은하는 퀘이사보다 훨씬 빛이 약하기 때문에 그만큼 보기가 어렵다는 데 있다. 그럼에도 불구하고 아주 희미한 물체를 볼 수 있는 새로운 기술들이 개발되어, 불과 몇 년 전만 해도 관측이 도저히 불가능한 것으로 생각되었던 물체들을 볼 수 있게 되었다.

미국 천문학자 앤터니 타이슨J. Anthony Tyson은 칠레에 있는 거대한 전파 망원경을 'CCD charge-coupled device(전하 결합 소자)'와 결합시켜 관측했다. 타이슨 팀은 하늘에서 12개의 구역을 선택해 관측했는데, 각

---

* 지금은 적색 이동 값이 5.5에 이르는 퀘이사도 발견되었다. 이것은 약 130억 광년 거리에 있다는 것을 의미한다.—옮긴이

구역은 3×5°의 넓이를 차지했다. 따라서 한 구역의 넓이는 보름달의 약 200분의 1에 이르고, 12개 구역 전체는 보름달의 약 17분의 1에 이르렀다. 이들 12개 구역은 은하수에서 멀리 떨어져 있었으므로, 거기에는 밝은 별이나 은하가 전혀 포함되지 않았다. 실제로 이 구역은 텅 빈 공간처럼 보였다.

그렇지만 새로운 기술을 결합시켜 관측한 결과, 각 구역의 텅 빈 공간에서 희미한 물체가 1000여 개씩이나 발견되었다. 결국 이 12개의 표본 구역에서 모두 2만 5000여 개의 물체가 발견되었다.

이 희미한 물체들은 별 같은 점으로 나타나지도 않았고, 퀘이사만큼 밝은 빛을 내지도 않았다. 이것들은 정상 은하로 보였는데, 오늘날과 같은 은하가 아니라면 최소한 '원시 은하'일 거라고 생각되었다. 이들 원시 은하는 무작위로 추출한 12개의 표본 모두에 들어 있으므로, 나머지 우주 공간에도 들어 있을 것이다. 그렇게 계산하면 하늘 전체에는 모두 약 200억 개가 존재하는 셈이 된다.

현재 관측되는 원시 은하 후보들은 '혼동의 경계선'에 위치하고 있다. 즉, 이런 원시 은하들이 더 많이 존재한다면(즉, 우리가 더 희미한 물체들을 더 볼 수 있다면), 그것들은 그 앞에 있는 것들과 겹쳐서 별개의 천체로 보이지 않는다는 뜻이다.

이러한 원시 은하 중에서 가장 밝은 것들의 적색 이동은 0.7~3의 값을 나타내므로 70억~114억 광년 거리에 있다는 계산이 나온다. 그중에는 4보다 큰 적색 이동 값을 가진 게 있을지도 모르며, 빅 뱅에서 불과 10억 년이 지난 시점까지 거슬러 올라갈지도 모른다.

그런데 원시 은하들은 왜 이렇게 빽빽하게 밀집해 있을까? 가령 100

억 광년 거리에 있는 우주 저편을 볼 때, 우리는 부피가 현재 우주의 약 4%에 불과한 우주의 모습을 보는 셈이다. 따라서 초기 우주에서는 은하들 사이의 간격이 오늘날에 비해 25분의 1로 줄어들어 있는 셈이므로, 은하들이 빽빽할 수밖에 없다.

우리가 하늘에서 서로 다른 방향을 바라보면, 원시 은하들로 이루어진 거대한 껍데기가 우리 우주 전체를 둘러싸고 있는 것처럼 보인다. 그러나 사실 우리는 똑같은 작은 우주를 서로 다른 각도에서 보고 있는 것이다. 만약 원시 은하들이 실제로 이렇게 먼 곳에 존재한다면,—즉, 관측 기구나 분석 과정에 뜻밖의 오류가 있는 게 아니라면—이것은 은하들이 빅 뱅 후 10억 년의 시점에서 생겨나기 시작하여 그 후 50~60억 년에 걸쳐 계속 성장했다는 것을 말해 준다.

그런데 초기 우주의 역사를 다루는 현재의 이론들은 원시 은하들이 이보다 다소 뒤에 생겨났고, 또 비교적 짧은 시기에 걸쳐 생겨났다고 보기 때문에 이러한 이론들은 수정이 필요하다. 그렇게 하여 실제에 더 가까운 우주의 모습을 제시할 수 있다면, 모두에게 만족스러운 결과가 될 것이다.

Isaac Asimov

우주 렌즈

　　나는 살아오면서 어느 날 갑자기 다른 사람들이 나를 유명 인사로 여긴다는 생각이 퍼뜩 든 순간이 있다. 그렇게 생각하니 갑자기 불안해졌다.

　　나는 가난하지만 정직한(매우 정직했지만 찢어지게 가난했던) 부모 밑에서 자라났다. 나는 항상 자신도 같은 범주에 속한다고 생각했으나, 가난과 정직 중에서 정직이 더 중요한 것이라고 믿었기 때문에 그것은 그대로 간직하고 나머지 하나를 고치려고 노력했다. 그렇지만 나는 재산이 많아질수록 부정직할 기회도 커질 것이라는 불안한 생각이 떠나지 않았다. 만약 내가 그러한 악의 유혹을 받으면 어떻게 할 것인가?

　　그래서 나는 부자가 되었다는 사실을 무시하고 검소하게 살려고 노력했다.(물론 적당한 안락은 누리면서. 특히 애들을 위해서는.) 이런 방법으로 나는 가난하면서도 정직하게 살아갈 수 있었다. 그러나 내가 유명 인사로 취급받으면 이 게임의 효력이 사라지므로, 나는 결코 잘난 체하거나 특권을 기대하거나, 특별 대우를 요구하거나 받지 않기로 단단히 마음먹었다.

그러나 그렇게 하기란 사실 쉬운 일이 아니다. 때로는 유혹을 뿌리치기 힘든 경우도 있다. 한 가지 예를 들어 보자. 얼마 전에 나는 늘 택시를 잡는 곳에서 택시를 기다리고 있었다. 약간 바쁜 일이 있었는데, 빈차는 오지 않았다. 당연히 나는 초조해졌다. 그때 택시 한 대가 미끄러져 오더니 내 앞에 멈춰 섰다. 그렇지만 뒷좌석에 승객이 타고 있는 것이 보였으므로, 나는 그 택시에 신경 쓰지 않고 빈 차가 오지 않나 하고 다른 방향을 바라보았다. 그때 앞 유리창이 드르륵 내려가더니 운전기사가 고개를 내밀었다. 그는 나를 알아보았다.

"아시모프 박사님, 전 박사님 팬입니다. 박사님을 태워드리고 싶지만, 마침 다른 손님이 있군요"라고 그는 말했다.

"고맙소. 생각해 준 것만 해도 무척 고마워요." 내가 대답했다.

택시가 막 떠나려고 하는데, 이번에는 뒷유리창이 스르르 내려가더니 손님이 고개를 내밀고 말했다. "아시모프 씨! 저도 당신 팬이랍니다. 타세요."

그 상황에서 나는 "아니요, 고맙긴 하지만 전 특별 대우를 받고 싶지 않아요. 다른 사람들처럼 빈 차를 기다릴래요"라고 말했어야 옳았을 것이다. 그러나 나는 그렇게 말하지 않고, 그 택시에 합승했다. 그 대신에 두 사람이 똑같이 요금을 내야 한다고 말하긴 했지만, 어쨌든 나는 나의 신분을 이용해 특권을 받아들인 셈이다. 그 일은 아직도 마음에 걸린다.

사실 나는 매달 한 번씩 내 지위를 이용한 특권을 누리는 일이 또 하나 있다. 우리의 높으신 편집장에게 감히 매달 한 번씩 과학 칼럼을 실어달라고 이야기할 수 있는 사람이 세상에 누가 있겠는가? 그런 사람은 아무도 없다. 나만 유일하게 그렇게 할 수 있다. 그것은 내가 나이가 많고 존경을 받으며, 그 일을 수년간 계속 해 왔기 때문이다.

이 경우에도 나는 "퍼먼 씨, 나는 특별 대우를 원하지 않아요. 이 칼럼을 만인에게 개방해 그중에서 가장 좋은 글을 골라 실으세요"라고 말해야 할까? 천만에, 나는 절대로 그러지 않을 것이다. 내 눈에 흙이 들어가기 전에는. 나는 이 때문에 양심의 가책을 느끼지도 않는다.

그러면 다시 우리의 이야기를 계속하기로 하자.

아인슈타인의 중력 렌즈

1916년, 아인슈타인은 일반 상대성 이론을 발표했다. 그는 이 이론이 옳다면 빛은 강한 중력장을 지나갈 때 그 경로가 휘어질 것이라고 말했다. 일상적인 상황에서는(예컨대 지구에서는) 중력장 때문에 공간이 휘는 정도는 전혀 알아챌 수 없을 만큼 미소하다. 그렇지만 특이한 상황은 항상 존재한다.

별에서 날아오는 빛이 태양의 가장자리를 스쳐서 지구에 오는 경우를 생각해 보자. 이 경우 별빛이 태양의 강한 중력장에 의해 약간 휘어질 것이므로, 그 별은 원래 있던 위치보다 약간 바깥쪽에 있는 것처럼 보일 것이다. 왜냐하면 우리의 눈은 그 빛을 휘어서 온 것으로 보지 않고, 직선으로 온 것으로 보기 때문이다. 그런데 그 빛이 태양의 가장자리를 스쳐 지나오는 곳에 위치한 별은 태양의 밝은 빛 때문에 평상시에는 관측할 수 없다. 그것을 볼 수 있는 때는 개기 일식이 일어날 때뿐이다.

그러나 1916년에는 유럽이 제1차 세계 대전의 소용돌이에 휘말려 있었으므로, 개기 일식 관측 팀을 조직한다는 것은 생각도 못할 일이었다. 그래도 영국의 천문학자 아서 에딩턴Arthur S. Eddington(1882~1944)은 아인슈타인의 논문을 보고는, 그 이론을 검증할 관측 계획을 세우기 시작했다. 전쟁은 1918년 11월 11일에 끝났으므로, 그 다음 해인 1919년 5월 29일에 일어날 개기 일식을 관측하기로 계획을 세웠다.

에딩턴은 두 개의 관측 팀을 조직하여, 하나는 브라질 북부로 또 하나는 아프리카 서해안 앞바다에 있는 섬으로 보냈다. 일식 때 태양 근처에 위치한 밝은 별들의 상대적 위치를 정확하게 측정한 다음, 태양이 천구 상에서 정반대쪽 위치에 있을 때 그 별들의 상대적 위치와 비교해 보았다. 그 결과는 아주 미소한 차이였지만, 아인슈타인의 이론이 옳다는 것을 확인하기에 충분했다.(그 후 이와 유사한 관측들이 더욱 정밀하게 이루어져, 아인슈타인의 이론이 옳다는 것이 재삼 확인되었다.)

그런데 중력장이 빛을 휘어지게 한다는 개념에서 한 가지 흥미로운 시나리오를 생각할 수 있다. 태양은 하늘에서 아주 큰 천체이기 때문에 멀리서 오는 별빛은 태양의 한쪽 가장자리를 지나오면서 약간 휘어지는 것에 그친다. 그런데 만약 멀리서 오는 별빛이 멀리 있는 다른 별의 가장자리를 스쳐 지나오는 경우에는 어떤 일이 일어날까? 그 별빛 중 일부는 중간에 있는 별의 한쪽 가장자리를 스쳐 지나오고, 또 일부는 반대쪽 가장자리를 스쳐 지나올 수 있다.

그리고 이 양쪽을 지나오는 빛은 모두 가운데 방향으로 휘어진다. 이경우 지구에서 볼 때에는 같은 별에서 오는 이 빛이 서로 다른 방향에서 오는 두 갈래의 빛으로 보일 것이다. 그러니까 멀리 있는 그 별이 중간에 있는 별 뒤쪽에 있는 하나의 별이 아니라, 중간에 있는 별 양 옆에 있는 2개의 별로 보이게 된다. 이것은 1924년 당시에는 그다지 진지하게 받아들여지지 않고 그냥 하나의 흥미로운 시나리오에 불과했다.

1936년에 아인슈타인은 이 문제를 수학적으로 깊이 분석해 보았다. 그리하여 중간의 별이 마치 렌즈처럼 멀리서 오는 별빛을 두 갈래로 나누었다가 초점의 위치에 있는 지구로 보낸다는 사실을 발견했다. 아인슈타인은 이 현상을 '중력 렌즈'라고 불렀다.

그리고 실제로 멀리 있는 별이 2개의 별로 보일 수 있음을 증명해 보였다. 이때 멀리 있는 별이 렌즈 역할을 하는 별의 중심에서 한쪽으로 약간 치우친 곳에 있다면, 그쪽 가장자리를 스쳐 지나오는 별빛이 반대쪽 가장자리를 스쳐 지나오는 빛보다도 더 많을 것이다. 그 결과 두 별빛 중 한쪽이 다른 쪽보다도 더 밝게 나타나게 된다. 그렇지만 이 별빛들은 똑같은 별에서 나온 빛이기 때문에, 그 스펙트럼이 똑같을 것이다.

그런데 만약 멀리 있는 별이 중간에 있는 별의 정중앙에 위치하면, 그 별빛은 중간 별의 모든 가장자리를 지나오게 된다. 그 결과 중간 별을 둘러싼 고리 모양의 별빛으로 나타날 것이다. 이것을 '아인슈타인의 고리'라고 부른다.

이것은 아주 흥미로운 가설이었으나, 1936년 당시의 아인슈타인이나 천문학자들은 실제로 중력 렌즈 현상을 하늘에서 발견할 가능성은 거의 없을 것이라고 생각했다. 무엇보다도 망원경으로 볼 수 있는 별은 많지만, 한 별이 다른 별 바로 뒤에 있을 확률은 매우 희박하므로 그런 예를 찾는 것은 소모적인 작업으로 보였다.

그뿐만 아니라 별의 중력장은 별빛을 휘게 하기에는 아주 약하다. 중간 별을 지나오는 두 갈래의 빛이 휘어지는 정도는 아주 미미하기 때문에, 그 빛들이 초점에 도달하려면 엄청나게 먼 거리를 지나야 한다. 다시 말해서 중력 렌즈 효과를 일으키는 별은 지구에서 아주 먼 거리에 있어야 하며, 휘어진 별빛이 출발한 별은 그것보다도 훨씬 더 먼 거리에 있어야 한다.

그렇게 먼 거리에서 오는 별빛은 아주 희미하므로 실제로 관측하기 어려울 것이며, 거기서 도움이 될 만한 스펙트럼을 얻는 것은 더더욱 가망 없는 일이다. 따라서 하늘에서 서로 가까이 있는 두 별은 똑같은 스펙트럼을 가진 하나의 별이 둘로 보이는 것인지, 아니면 서로 스펙트럼이 다른 별개의 두 별인지 알아내기가 어렵다.

물론 보통 별보다 훨씬 강한 중력장을 가진 별도 있다. 1915년, 미국 천문학자 월터 시드니 애덤스Walter Sydney Adams(1876~1956)는 시리우스의 짝별인 시리우스 B가 오늘날 우리가 '백색 왜성'이라 부르는 천체라는 사실을 알아냈다. 이 별은 질량이 태양과 비슷하지만 크기는 지구만 하기 때문에, 그 표면에 작용하는 중력장은 보통 별의 표면에 비해 무려 수만 배나 크다.(애덤스는 1924년에 일반 상대성 이론이 예측한 것처럼 시리우스 B에서 오는 빛이 자신의 강한 중력장 때문에 적색 이동이 일어난다는 사실을 보임으로써 이것을 증명했다.)

이 때문에 중력 렌즈 역할을 하는 별이 백색 왜성이라면, 멀리 떨어져 있는 별빛이 더 많이 휘어져서 초점 거리가 더 짧아질 수 있다. 그 결과 휘어진 별빛은 더 가까운 거리에서 날아오므로, 우리가 그것을 충분히 볼 수 있을 정도의 밝기를 가질 수 있다. 그렇지만 보통 별에 비해 백색 왜성은 그 수가 매우 적기 때문에, 초점 거리가 짧아지는 이점은 중력 렌즈 현상이 일어날 수 있는 낮은 확률과 상쇄된다.

이중 퀘이사

이 문제를 별에 국한해 생각한다면, 중력 렌즈는 아인슈타인의 이론적 연구만으로 이야기를 끝내야 할 것이다. 그러나 우주에는 별만 있는 게 아니다. 이것은 1936년에 이르러 분명해졌다.

1920년대에 들어 성운이 우리 은하 밖에 있는 외부 은하라는 사실이 밝혀졌다. 이 은하들은 수백만 광년, 수천만 광년, 수억 광년 거리에 수백만 개나 있었다.

은하도 별과 마찬가지로 중력 렌즈가 될 수 있다. 이런 종류의 은하 렌즈를 생각한다면, 별 뒤에 숨어 있는 별만 중력 렌즈의 후보가 될 수 있는 것은 아니다. 그러나 시간이 지나 답이 다 나온 뒤에 처음부터 제대로 생각하는 것은 얼마나 쉬운 일인가! 지금 나는 조금만 생각해도 별 다음 단계에 생각이 미치는 게 너무나도 당연해 보이지만, 1936년에는 아인슈타인조차 이것을 미처 생각하지 못했다.

그것을 깨달은 사람은 먼 은하들에 큰 관심을 갖고 있던 스위스 천문학자 프리츠 츠비키Fritz Zwicky(1898~1974)였다. 그는 생각보다 훨씬 많은 은하가 우주에 존재한다는 사실이 밝혀졌으니, 한 은하가 더 먼 은하(또는 초은하단이 더 먼 초은하단) 바로 앞에 위치하는 경우가 발견되는 것은 시간 문제이며, 거기서 중력 렌즈 효과를 관측할 수 있을 것이라고 했다.

그러면 은하와 은하 사이의 중력 렌즈 효과가 별과 별 사이에 일어나는 중력 렌즈 효과에 비해 관측상 어떤 이점이 있는지 알아보자.

첫째, 별은 빛나는 점으로 보이기 때문에, 한 점이 바로 다른 점 뒤에 위치할 확률은 매우 낮다. 반면에 은하는 크기가 아주 거대하기 때문에, 하늘에서 차지하는 면적이 작기는 하지만 점은 아니다. 그래서 반드시 한 은하가 다른 은하 바로 뒤에 직선상으로 위치하지 않고 약간 겹치기만 하더라도 중력 렌즈 효과가 일어날 수 있다. 따라서 별들이 서로 겹칠 확률보다는 은하들이 서로 겹칠 확률이 훨씬 높다.

둘째, 은하는 10억~1조 개의 별을 포함하고 있기 때문에, 가장 밝은 별보다 수백 배 이상 멀리 있더라도 볼 수 있고 그 스펙트럼도 분석할 수 있다. 또 어떤 은하가 멀리 있을수록 그 은하와 우리 사이의 공간에 다른 은하가 더 많이 존재하므로, 중력 렌즈 효과가 일어날 확률도 커진다.

셋째, 은하가 멀수록 중력 렌즈의 초점이 지구에 맺어질 가능성이 높아지므로(중력 렌즈의 초점 거리는 보통 매우 길기 때문에), 중력 렌즈 효과를 볼 가능성이 더 높아진다.

그렇다면 은하의 중력 렌즈 효과가 별의 중력 렌즈 효과에 비해 불리한 점은 없을까? 물론 있다. 별의 중력 렌즈 효과는 2개의 점 광원點光源이 일으키는 현상이기 때문에, 2개의 별로 나타나거나 아인슈타인의 고리(현실적으로 거의 일어나기 힘든 일이지만)로만 나타난다.

그런데 은하의 중력 렌즈 효과는 은하의 밝기가 전체적으로 균일하지 않고 다양하게 퍼져 있기 때문에 상당히 복잡한 양상으로 나타난다. 그 결과 은하의 상이 3개가 생길 수도 있고, 5개가 생길 수도 있다. 또한 이것들은 비대칭적으로 위치하기도 하고, 비틀어진 모습으로 나타나기도 한다. 따라서 얼핏 보아서는 그 상들이 중력 렌즈 효과 때문에 나타난 것인지 분간하기가 어렵다.

그리고 별 대신 은하를 생각한다 하더라도 중력 렌즈 효과를 발견할 수 있는 확률이 아주 크게 높아지는 것은 아니다. 츠비키가 은하 중력 렌즈 효과를 제안한 이후 40년이 넘도록 천문학자들은 하늘에서 중력 렌즈 효과의 단서를 전혀 발견하지 못했다. 중력 렌즈 효과를 관측하기에 유리한 천문학적 발견과 발전이 많이 이루어졌는데도 불구하고 말이다.

예컨대 츠비키는 신성에 두 종류가 있음을 지적했다. 보통의 신성은 백색 왜성의 표면에서 비교적 작은 규모의 폭발이 일어날 때 나타난다. 그러나 '초신성'은 별 전체 또는 대부분이 폭발할 때 나타나는 현상이다. 초신성은 짧은 기간에 보통 별보다 수십억 배나 밝게 빛난다. 초신성의 밝기는 은하 전체의 밝기와 비슷하므로, 은하만큼 먼 거리에 있는 것도 지구에서 볼 수 있다.

지금까지 먼 은하에서 폭발한 초신성은 400개 이상 발견되었다.(1987년에 대마젤란운에서 폭발한 초신성은 가장 가까운 것 중 하나이다.) 이러한 초신성에서 오는 빛이 도중에 강한 중력장 근처를 지나올 수가 있다. 만약 하늘의 비슷한 지역에서 거의 동시에(다소 먼 다른 쪽 경로를 통해 오는 빛은 우리에게 도달하는 데 시간이 조금 더 걸린다) 2개의 초신성이 나타났는데, 그 밝기가 똑같은 주기로 변하고 그 스펙트럼이 똑같다면, 이것은 분명히 중력 렌즈 효과의 결과라고 볼 수 있다.

그렇지만 초신성은 은하의 수에 비해 극히 적을 뿐만 아니라 갑자기 밝아졌다가 얼마 지나지 않아 사라진다. 이 때문에 비교적 항구적인 다른 중력 렌즈 효과에 비해 초신성 중력 렌즈 효과는 일시적으로만 나타날 것이다. 어쨌든 지금까지 초신성 중력 렌즈 효과는 발견되지 않았다.

1969년에 '펄서pulsar'가 발견되었다. 펄서는 초신성이 폭발하고 난 뒤에 거기서 생겨난 중성자별이다. 중성자별은 보통 별과 질량이 비슷하지만, 크기는 소행성 정도에 불과하다. 그래서 중성자별의 표면 중력은 백색 왜성보다 수백만 배나 강하다. 그런데 천문학자들은 블랙홀이 존재한다고 확신한다. 블랙홀은 물질이 상상할 수조차 없을 정도로 크게 압축된 상태이기 때문에, 블랙홀 주위의 중력장은 중성자별 주위의 중력장보다 훨씬 더 강하다.

따라서 먼 은하에서 오는 빛이 도중에 반드시 다른 은하를 만날 필요는 없다. 중성자별이나 블랙홀 근처를 지나오면서 빛이 휘어질 수도 있는데, 이 경우에는 보통 은하를 지나올 때보다 빛의 굴절이 훨씬 더 크게 일어난다. 더구나 초점 거리가 더 짧아지므로, 중력 렌즈 효과를 발견하기가 훨씬 더 쉽다.

그렇지만 가장 중요한 발견은 1963년에 처음 발견된 퀘이사였다. 퀘이사는 처음에는 우리 은하 안에 있는 보통 별로 생각했지만 실은 강한 전파원이라는 사실이 밝혀짐으로써 주목을 받게 되었다. 계속된 연구에서 퀘이사의 스펙트럼에서 큰 적색 이동이 발견되어 퀘이사가 아주 먼 거리에 있다는 사실이 밝혀졌다.

현재까지 2000여 개의 퀘이사가 발견되었다.* 퀘이사는 아주 밝고 활동적인 은하의 핵이다. 퀘이사는 아주 먼 곳에 있어, 밝은 중심부만 볼 수 있기 때문에 별처럼 보인다. 대개의 경우 중심부 바깥의 나머지 희미

---

* 아시모프가 이 글을 쓴 후에 더 많은 퀘이사가 별견되어 지금은 1만 2000여 개가 발견되었다. 망원경의 성능이 더욱 향상되고, 허블우주망원경으로 우주를 관측함에 따라 그 수는 갈수록 더 늘어날 것이다.—옮긴이

한 부분은 볼 수 없다. 가장 가까이 있는 퀘이사도 10억 광년 거리에 있으므로, 보통 은하들보다 훨씬 먼 거리에 있다. 최근에 발견된 어떤 퀘이사는 약 130억 광년 거리에 있는 것으로 측정되기도 했다.

중력 렌즈 효과를 발견하려고 한다면 퀘이사에 주목하지 않을 수 없다. 퀘이사는 아주 먼 거리에 있기 때문에 퀘이사와 우리를 잇는 직선에 다른 천체가 존재할 확률이 크게 높아진다. 퀘이사는 점광원과 비슷하기 때문에 그 중력 효과는 은하처럼 복잡한 양상을 띠지도 않는다. 또한 퀘이사의 수는 아주 적기 때문에, 만약 서로 가까운 곳에서 이중 퀘이사가 발견된다면, 그것은 중력 렌즈 효과 때문에 나타난 것이 아닌가 의심해 볼 만하다. 그리고 그 스펙트럼이 서로 비슷하다면, 그것은 중력 렌즈 효과로 나타난 게 분명하다.

실제로 1950년대 초반에 큰곰자리에서 이중 퀘이사의 모습이 촬영되었다. 이 둘은 아주 가까이 있어 거의 서로 겹친 것처럼 보였다.

1979년 3월 29일, 키트피크 국립천문대의 과학자들이 이중 퀘이사(0957+561로 알려진)를 자세히 연구했는데, 이 두 퀘이사는 약 6″(초)만큼 떨어져 있는 것으로 밝혀졌다.(이에 비해 달의 지름은 1865″에 이른다.) 두 퀘이사가 하늘에서 무작위적인 분포의 결과로 그렇게 바짝 접근해 존재할 확률은 매우 희박하다. 게다가 두 퀘이사의 스펙트럼을 비교해 보았더니, 모든 점에서 동일했다. 둘 다 똑같은 세기의 스펙트럼선들이 나타났고, 적색 이동의 정도도 똑같아 똑같은 거리에 위치하고 있었다. 따라서 두 퀘이사는 동일한 퀘이사에서 나온 빛이 중력 렌즈 효과로 갈라진 2개의 상임이 분명했다.

그렇다면 중력 렌즈 역할을 하는 천체의 정체는 무엇일까?

과학자들은 감도가 아주 높은 광감지 장비를 사용하여 이중 퀘이사와 우리 사이의 공간에서 아주 먼 거리에 있는(따라서 아주 희미한) 은하단을 발견할 수 있었다. 은하들의 집단인 은하단은 중앙의 거대 타원 은하(이 타원 은하는 근방의 작은 은하들을 집어삼키면서 성장한다)를 중심으로 돈다. 그 은하단에도 이러한 거대 타원 은하가 있었는데, 그것은 이중 퀘이사 바로 앞에 위치하고 있었다.(이것 때문에 이중 퀘이사의 위치를 찾는 데 어려움을 겪지는 않았다. 왜냐하면 이 타원 은하를 곧장 관통해 온 퀘이사의 전파를 포착할 수 있었기 때문이다.) 이 타원 은하가 중력 렌즈 역할을 한다는 것은 의심의 여지가 없다.

그 후 중력 렌즈 효과로 인정할 수 있는 사례가 7개 더 발견되었다.[*] 다만 이것들 중 어느 것도 최초의 것보다 더 분명한 증거를 보여 주지는 못했고, 퀘이사와 우리 사이에서 렌즈 역할을 하는 천체의 정체(타원 은하)가 분명히 밝혀진 것은 그중 하나뿐이다. 여기에 더해 중력 렌즈 효과로 추정되는 사례가 10개 정도 더 발견되었다. 그런데 이들 17개의 천체는 모두 퀘이사로 밝혀졌다.

1987년에는 아주 흥미로운 사례가 발견되었다. 사자자리에서 작은 천체가 하나 발견되었는데, 거기에서는 작은 고리 모양으로 전파 복사가 나오고 있었다. 이것은 아인슈타인이 50년 전에 예측한 '아인슈타인의 고리'의 특징을 지니고 있다. 이것은 아인슈타인이 예측한 이래 처음으로 발견된 것이다.

---

[*] 지금은 아주 많이 발견되었고, 우주 전체에는 최대 50만 개 정도 있지 않을까 추정된다.—옮긴이

잃어버린 질량

천문학자들은 중력 렌즈 현상의 아름다움과 희귀성, 놀라운 예측과 독창적인 관측 방법, 그리고 마침내 이루어진 발견에 환호하지만, 여기서 이야기가 다 끝난 것은 아니다. 중력 렌즈 효과를 이용하여 해결할 수 있는 문제들이 많이 남아 있으니 말이다.

첫째, 중력 렌즈 효과가 실제로 존재한다는 사실은 일반 상대성 이론을 지지하는 또 하나의 증거가 된다. 일반 상대성 이론은 지금까지 많은 검증을 거쳤으며, 현재 우리가 전체 우주를 수학적으로 기술할 수 있는 유일한 방법이다. 중력 렌즈 효과가 빚어내는 왜곡된 상들과 빛의 고리는 우리가 올바른 길을 가고 있으며, 우주를 제대로 이해하고 있다는 것을 다시 확인시켜 준다.

둘째, 유리 렌즈가 초점에 물체의 상을 확대시켜 보여 주는 것과 마찬가지로, 중력 렌즈도 물체의 모습을 확대시킨다.(이것은 츠비키가 최초로 지적했다.) 이것은 중력 렌즈가 상상을 초월하는 거대한 현미경 역할을 함으로써, 정상적으로는 볼 수 없는 퀘이사의 내부 구조를 보여 줄 수도 있다는 것을 의미한다. 천문학자들은 그런 정보를 얻길 학수고대하고 있는데, 퀘이사는 빅 뱅에서 시간이 얼마 지나지 않은 초기 우주에 나타난 천체로 보이기 때문이다. 초기 우주에 대해 우리의 지식을 넓혀 줄 수 있는 정보는 은하의 생성 과정과 우주의 탄생에 얽힌 비밀을 푸는 데 큰 도움을 줄 것이다.

또 앞에서 언급했듯이, 중력 렌즈가 빛을 여러 갈래로 나누어지게 할 때 갈라진 빛들은 각각 다른 경로로 나아가기 때문에, 한 경로가 다른 경로보다 더 길 수 있다. 중력 렌즈 효과에 의한 왜곡은 아주 미소하게 일어나기 때문에, 두 경로의 차이는 비율로 따지면 그렇게 크지는 않다. 그렇지만 비록 퀘이사의 실제 거리와 중력 렌즈 효과를 일으키는 천체의 거리를 모른다 하더라도, 이러한 현상이 일어나는 공간의 기하학으로부터 두 경로의 길이 차를 계산할 수 있다.

예를 들어 한 경로가 다른 경로보다 10억분의 1 정도 더 길다고 하자. 이것은 매우 미소한 것이지만, 퀘이사와 우리 사이의 거리가 50억 광년이라고 한다면, 빛은 다른 갈래의 빛보다 5년이나 늦게 도착하게 된다. 그러나 양쪽 빛이 이미 우리에게 도착했다면, 어느 쪽이 먼저 도착했는지 그리고 얼마나 먼저 도착했는지 어떻게 알 수 있는가?

만약 이 빛들의 세기가 항상 균일하다면 그것을 알아낼 방도가 전혀 없을 것이다. 그런데 퀘이사는 가끔 그 밝기가 변한다. 만약 여러 퀘이사 중에서 어느 하나의 밝기가 갑자기 밝아진다면, 다른 퀘이사에도 그와 같은 변화가 일어나는지 기다리면 된다. 우주의 기하학과 이 시간차를 이용함으로써 천문학자들은 퀘이사까지의 거리를 다른 어떤 방법으로 구하는 것보다도 정확하게 계산할 수 있다.

이런 방법으로 여러 퀘이사의 거리를 구하면, 그 적색 이동 정도로 '허블 상수'를 계산할 수 있다. 이 허블 상수는 대략적으로만 알려져 있으며, 그 값은 종종 논란의 대상이 되고 있다. 따라서 정확한 허블 상수를 구하면 우주의 크기와 나이에 대해 더 정확한 정보를 얻게 될 것이다.

이와 함께 퀘이사와 우리 사이에 위치하여 중력 렌즈 역할을 하는 천체에 대한 정보도 얻을 수 있다. 현재까지 알려진 중력 렌즈 효과의 사례들에서는 퀘이사와 우리 사이에 눈에 보이는 천체가 발견된 경우가 거의 없었다. 퀘이사에서 오는 빛이 중성자별이나 블랙홀을 지나오기 때문에 우리가 그것을 보지 못할 수도 있다. 그러나 이 경우에도 퀘이사의 빛이 얼마나 구부러졌는지를 보고 그 존재를 추정할 수 있다.

그것보다 훨씬 중요한 것은 우주에는 우리가 아직까지 찾아내지 못한 막대한 양의 질량이 존재할지도 모른다는 사실이다. 이 '잃어버린 질량'은 은하의 공전 속도에 관한 수수께끼나 은하단이 왜 그런 식으로 모여 있는지 설명해 줄 수 있다. 이것은 또한 우주가 닫혀 있으며, 영원히 팽창하는 대신에 언젠가는 수축으로 돌아서리란 사실을 알려 줄지도 모른다. 퀘이사의 빛이 휘어지는 현상에서 우리는 잃어버린 질량의 정체와 위치, 그리고 그 양에 대한 단서를 얻을지도 모른다.*

중력 렌즈 효과는 또한 오늘날 천문학자들을 괴롭히고 있는 몇 가지 수수께끼를 설명해 줄 수도 있다. 예를 들어 아주 큰 적색 이동을 나타내는 퀘이사가 훨씬 작은 적색 이동을 나타내는 천체들과 확실한 관련이 있는 경우들이 발견되었다. 또 빛보다 더 빠른 속도로 서로 멀어져

---

* 아시모프가 여기서 말한 '잃어버린 질량'은 암흑 물질과 암흑 에너지로 밝혀졌다. 최근에 우주에 존재하는 전체 물질과 에너지 중 겨우 4.4%만이 정상 물질로 이루어져 있다는 결론이 나왔다. 나머지 약 22%는 차가운 암흑 물질로, 약 73%는 암흑 에너지로 이루어져 있다. 여기서 '차가운'이라고 표현한 것은 단지 암흑 물질이 느리게 움직이고 있다는 것을 의미한다. 차가운 암흑 물질은 뭉치는 경향이 있다. 차가운 암흑 물질은 중력에 끌려 서서히 모여 덩어리를 이루는데, 별이나 은하를 비롯해 그 밖의 천문학적 구조는 이렇게 해서 생겨났는지 모른다.
차가운 암흑 물질의 존재는 그 중력 효과로 유추할 수 있다. 예를 들면, 나선 은하 속에 들어 있는 별들은 은하 중심 주위를 돈다. 수백 개의 나선 은하에 대해 그 회전 속도를 측정해 보았는데, 그 원심력은 중력과 균형을 이루어야 하지만 눈에 보이는 물질만으로는 그 중력 효과를 설명하기에 충분치 않았다. 따라서 보이지 않는 물질이 존재하는 게 분명한데, 차가운 암흑 물질이 바로 거기에 딱 들어맞는다.—옮긴이

가는 전파원들의 사례도 발견되었다. 중력 렌즈 효과를 이용하면 이 기묘한 현상을 설명할 수 있을지 모른다.

더구나 우주 역사가 시작할 무렵에 시공간 연속체에 생긴 주름인 우주 끈cosmic string에 대한 이야기도 있다. 우주 끈은 엄청나게 길고 매우 큰 질량을 가진 1차원적 존재로 생각된다. 우주 끈을 지나오는 퀘이사의 빛은 다른 천체를 지나올 때보다 더 큰 왜곡이 일어날 것이다. 그러면 초점 거리가 아주 짧아져 퀘이사의 두 상이 하늘에서 서로 멀리 떨어져 나타날 것이다.

실제로 서로 비슷한 퀘이사 2개가 157″라는 아주 큰 각도만큼 떨어져 발견된 사례도 있다. 이 둘은 서로 비슷한 스펙트럼을 가지고 있기 때문에, 천문학자들은 우주 끈의 존재를 뒷받침하는 증거를 최초로 발견한 것이 아닌가 하고 생각했다. 그러나 스펙트럼을 정밀 분석해 본 결과, 서로 완전히 같지 않은 것으로 밝혀졌다. 서로 다른 2개의 퀘이사였던 것이다.

중력 렌즈 효과를 이용하여 이와 같은 우주의 비밀을 풀기 위해서는 무엇보다도 우선 중력 렌즈 효과 사례들을 최대한 많이 발견해야 한다. 그래서 천문학자들은 지금도 하늘 전체를 훑어볼 수 있는 야심적인 계획들을 세우고 있다.

Isaac Asimov

우주의 비밀

나는 자기 모순적 진술인 역설을 볼 때마다 짜증이 난다. 우주는 절대로 자기 모순적 행동을 보이지 않는다는 게 나의 굳은 믿음이다. 그럼에도 불구하고 역설적 상황처럼 보이는 일이 일어난다면, 그것은 우리가 말해서는 안 되는 어떤 것을 말했기 때문이다.

그러한 역설의 한 예를 살펴보자. 어느 마을에 이발사가 딱 한 사람 있는데, 이 이발사가 면도를 하는 데에는 엄격한 규칙이 있다. 이발사는 마을의 모든 사람에게 면도를 해 줄 수 있지만, 스스로 면도를 하는 사람에게는 면도를 해 줄 수 없다. 여기서 문제는 이 이발사의 면도는 누가 해 주느냐 하는 것이다.

만약 이발사가 스스로 면도를 하는 사람이라면, 규칙에 따라 스스로 면도를 하는 사람에게는 면도를 해 줄 수 없으므로 스스로 면도를 해서는 안 된다. 반면에 스스로 면도를 하지 않는 사람이라면, 규칙에 따라 스스로 면도를 하지 않는 사람에게는 면도를 해 주어야 하므로 자신에게도 면도를 해 주어야 한다.

이러한 역설이 생기는 것은 이미 자기 모순의 씨앗을 감추고 있는 진술을 사용했기 때문이다. 이 상황에서 모순이 생기지 않게 하려면 다음과 같이 진술해야 한다. "이발사는 스스로 면도를 하며, 그 마을에 사는 사람 중 스스로 면도를 하지 않는 사람들의 면도도 해 준다." 그러면 역설 같은 것은 애당초 생겨나지 않는다.

또 다른 역설을 살펴보자. 독재적인 왕이 다음과 같은 포고령을 내렸다. "다리를 지나가는 모든 사람은 목적지와 그 곳에 가는 이유를 말해야 한다. 거짓말을 하면 교수형에 처할 것이며, 바른 대로 말하면 놓아 줄 것이다."

그런데 어느 날, 이 다리를 건너는 어떤 사람에게 목적지를 묻자, 그는 "나는 교수형을 당하기 위해 처형장으로 가는 길이오"라고 대답했다. 왕은 난처해졌다. 만약 그를 교수형에 처한다면 그는 진실을 말한 것이 되므로, 교수형에 처하지 말고 풀어 주어야 한다. 그러나 그냥 풀어 주면 그는 거짓말이 한 것이 되므로, 교수형에 처해야 한다.

이 경우에도 애초에 이러한 대답이 나올 것을 예상하여 안전 장치를 마련했어야 한다. 그러지 않은 이상 포고령은 자기 모순에 빠지는 걸 피할 수 없다.(현실적으로 이런 일이 일어난다면, 아마도 왕은 "저 건방진 놈을 당장 교수형에 처하라"라고 했거나, "그는 교수형을 당하고 나서야 진실을 말한 셈이 되었다. 이제 진실을 말했으므로, 그의 시신을 자유롭게 풀어 주도록 하라"라고 말했을 것이다.)

수학에서는 역설이 생겨날 가능성을 막기 위해 아예 그 싹을 없애려는 경향이 있다. 예를 들어 0으로 어떤 수를 나누는 것이 허용된다면,

모든 수가 똑같다는 증명이 성립한다. 이것을 방지하기 위하여 수학자들은 어떤 수를 0으로 나누는 것을 금지하고 있으며, 이 방법으로 모순이 생기는 것을 예방하고 있다.

수학에서는 이러한 역설이 사고를 자극하거나 수학의 엄밀성을 증대시키는 효과가 있다. 예를 들면, 기원전 450년에 그리스 철학자 제논Zenon은 역설 네 가지를 만들어 냈는데, 모두 운동이 불가능하다는 것을 보여 주는 역설이었다.

그중 가장 유명한 것은 '아킬레스와 거북' 이라는 제목으로 알려진 역설이다. 아킬레스(트로이 전쟁에 참가한 그리스의 영웅 중 가장 발이 빠른 사람)가 거북보다 10배 더 빨리 달린다고 가정하고, 아킬레스와 거북이 경주를 한다고 하자. 아무래도 거북이 불리하므로, 거북에게 아킬레스보다 10m 앞선 지점에서 출발하도록 배려했다고 하자.

아킬레스가 거북이 출발한 10m 지점까지 달리면, 그동안에 거북은 1m를 더 나아간다. 아킬레스가 다시 1m를 따라잡으면, 그동안에 거북은 0.1m를 앞서 가 있다. 이런 식으로 아킬레스는 거북에게 무한히 가까이 다가갈 수는 있지만, 결코 거북을 따라잡지는 못한다.

이 논증 자체는 아무 잘못이 없는 것처럼 보이지만, 우리는 현실에서 아킬레스가 곧 거북을 추월한다는 사실을 알고 있다. 실제로 갑과 을 두 사람이 경주를 할 때, 갑이 을보다 조금이라도 더 빠르다면, 을이 아무리 많이 앞선 위치에서 출발한다 하더라도 둘 다 최고 속도로 아주 긴 시간 동안 달릴 경우 결국은 갑이 을을 앞지르게 된다. 그렇다면 이것은 역설이 분명하다. 논리적인 추론은 아킬레스가 거북을 결코 따라잡을 수 없다는 것을 증명해 주지만, 실제 관찰 결과는 아킬레스가 금방 거북을 따라잡는다.

이 역설은 2000여 년간이나 수학자들의 골머리를 앓게 만들었다. 수학자들이 곤경에서 벗어나지 못한 이유 중 하나는, $10+1+\frac{1}{10}+\frac{1}{100}$ +…과 같은 무한급수의 합이 무한대라고 생각했기 때문이다. 따라서 그런 무한대의 거리를 달리는 데 걸리는 시간 역시 무한대일 거라고 생각했다.

그러나 수학자들은 이 명백해 보이는 가정—아무리 작은 수들이라도 그것을 무한대의 항까지 합하면, 그 합이 무한대가 될 것이라는—이 틀렸다는 것을 발견했다. 스코틀랜드 수학자 제임스 그레고리James Gregory (1638~1675)가 1670년경에 이 사실을 분명히 입증했다.

이것은 직관적으로도 아주 간단히 알 수 있다. 예를 들어 $10+1+\frac{1}{10}$ $+\frac{1}{100}+$…이라는 급수의 합을 계산해 보자. 10에 1을 더하면 11이 된다. 여기다 $\frac{1}{10}$을 더하면 11.1이 되고, 거기다 또 $\frac{1}{100}$을 더하면 11.11이 된다. 거기다 또 $\frac{1}{1000}$을 더하면 11.111이 되고, 이런 식으로 계속 다음 항을 더해 가면 그 합은 11.111111…이 된다. 이것을 분수로 나타내면, $11\frac{1}{9}$이다.

결과적으로 거북이 아킬레스보다 앞서 있는 거리들을 무한대의 항까지 합한 값은 $11\frac{1}{9}$m에 불과하다. 따라서 아킬레스는 $11\frac{1}{9}$m를 달리는 데 걸리는 시간이 지나면 거북을 따라잡게 된다.

그 합이 유한한 무한급수를 '수렴급수'라 하는데, 가장 간단한 예로는 각 항이 그 전항의 $\frac{1}{2}$인 $1+\frac{1}{2}+\frac{1}{4}+\frac{1}{8}+$…를 들 수 있다. 이 급수의 모든 항을 더해 가면 결국 전체의 합이 2가 된다는 것을 알 수 있다. 한

편, 그 합이 무한인 무한급수를 '발산급수'라고 한다. 1+2+4+8+⋯는 항이 증가할수록 그 값이 한없이 증가해 가므로, 그 합은 무한이다.

어떤 무한급수의 합이 수렴하는지 발산하는지 아는 일이 언제나 간단한 것은 아니다. 예를 들면, $1+\frac{1}{2}+\frac{1}{3}+\frac{1}{4}+\frac{1}{5}+\cdots$은 발산한다. 항들을 더해 가면 그 합은 점점 커진다. 물론 그 합이 증가하는 속도는 점점 느려지지만, 항수를 충분히 많이 택하기만 한다면 2나 3 혹은 4를 비롯해 여러분이 생각하는 어떤 수보다도 더 큰 합이 나온다.

나는 이것이 무한급수 중에서 가장 완만하게 발산하는 종류의 급수라고 알고 있다.

무한 반복

내 기억이 정확하다면, 나는 14세 때 고등학교 수학 시간에 수렴급수를 배웠다. 그때 나는 큰 감명을 받았다. 불행하게도 나는 타고난 수학자가 아니다. 갈루아Galois, 클레로Clairaut, 파스칼Pascal, 가우스Gauss처럼 십대 시절에 이미 미묘한 수학적 관계를 파악한 천재들도 있지만, 나는 그러한 천재들과는 하늘과 땅만큼 차이가 난다.

나는 수렴급수를 가지고 씨름을 하다가 모호하고 비체계적인 형태로 뭔가를 터득하긴 했는데, 그로부터 반세기가 지난 지금은 풍부한 경험을 바탕으로 십대 때 터득했던 그것을 훨씬 조리 있게 설명할 수 있게 되었다.

우선 $1+1+\frac{1}{2}+\frac{1}{4}+\frac{1}{8}+\frac{1}{16}+\cdots$의 급수를 우리가 눈으로 쉽게 볼 수 있는 대상으로 나타내는 방법을 생각해 보자. 이것은 한 변의 길이가

1cm, $\frac{1}{2}$cm, $\frac{1}{4}$cm…인 정사각형들의 급수로 생각해 볼 수 있다.

이 정사각형들을 한쪽으로 촘촘히 밀어붙여 맨 왼쪽에 가장 큰 정사각형을 두고, 그 다음에는 그 다음으로 큰 정사각형을 순서대로 죽 붙여서 세운다고 하자. 그러면 거기에는 그 크기가 점점 작아지는 정사각형들이 무한 개 늘어서게 될 것이다.

그런데 이것들을 모두 한데 모은 전체 길이는 2cm에 불과하다. 첫 번째 정사각형은 전체 길이의 절반을 차지하고, 두 번째 정사각형은 나머지 절반의 절반을 차지하고, 세 번째 정사각형은 나머지의 절반을 차지하고, 그 다음 정사각형은 또 그 나머지의 절반을…… 차지할 것이다.

자연히 정사각형의 크기는 점점 빠른 속도로 작아져 간다. 스물일곱 번째 정사각형은 원자 정도의 크기에 불과하며, 스물일곱 번째 정사각형이 놓였을 때 전체 길이 2cm에서 남은 길이도 원자 지름에 불과하다. 그렇지만 원자 지름에 불과한 그 속에도 역시 그 크기가 빠른 속도로 작아져 가는 정사각형들이 무한 개 들어간다.

스물일곱 번째의 정사각형은 한 변의 길이가 대략 1억분의 1cm에 불과하므로, 이 정사각형과 그 다음에 계속되는 정사각형들을 1억 배 확대해서 본다고 가정해 보자. 그러면 스물일곱 번째 정사각형은 이제 한 변의 길이가 1cm인 정사각형으로 나타나고, 그 다음에 한 변의 길이가 각각 $\frac{1}{2}$cm, $\frac{1}{4}$cm…인 정사각형들이 계속될 것이다. 요컨대 이렇게 확대한 모습은 크기로 보나 계속 이어지는 정사각형의 수로 보나, 처음에 우리가 시작했던 것과 똑같은 정사각형들이다.

더구나 쉰한 번째 정사각형은 양성자 정도의 크기에 불과하다. 그렇지만 이것을 한 변의 길이가 1cm인 정사각형으로 확대한다면, 그 뒤에

잇따르는 정사각형들의 집합 역시 크기나 수에서 처음에 시작했던 것과 똑같다. 우리는 이 과정을 무한히 계속 반복할 수 있다. 수백만, 수억, 수조 개의 정사각형까지 간다 하더라도, 여전히 최초의 것과 똑같은 정사각형들이 계속 남아 있다. 이러한 상황을 '자기 유사성 self-similarity' 이라고 한다.

그런데 이 모든 것이 불과 2cm 폭 안에서 일어난다. 물론 2cm라는 길이 자체에 어떤 마술적 요소가 숨어 있는 것은 아니다. 이것은 1cm의 길이 안에서도, 0.1cm의 길이 안에서도, 양성자의 길이 안에서도 일어날 수 있다.

이것은 1m 안에는 100cm가 들어 있다는 식으로 생각해서는 결코 이해할 수가 없다. 우리는 무한의 양을 직접 경험한 적이 없으며, 경험할 수도 없다. 우리는 다만 무한의 양이 존재할 때 생기는 결과를 상상할 수 있을 뿐이며, 그 결과는 우리의 일상 경험과는 너무나도 다르기 때문에 터무니없어 보인다.

예를 들어 직선 위에 무한히 존재하는 점들의 집합은 무한한 정수의 집합보다 차원이 더 높은 무한이다. 왜냐하면 직선 위에 존재하는 점들에 일일이 번호를 부여하는 게 불가능하기 때문이다. 만약 번호를 부여하기 위해 점들을 일렬로 늘어세운다고 하더라도, 항상 그 점들 사이에 번호가 부여되지 않은 점들이 발견될 것이다. 그리하여 번호를 부여받지 못한 점들이 무한히 존재하게 된다.

반면에 길이 1cm의 선 위에 존재하는 점들은 길이 2cm의 선 위에 존재하는 모든 점들과 일대일 대응시킬 수가 있다. 따라서 짧은 선 위에는 긴 선 위에 존재하는 것과 같은 수의 많은 점이 존재한다고 볼 수 있다.

사실 1cm의 선 위에 존재하는 점들의 수는 3차원 우주 전체에 집어넣을 수 있는 점의 수만큼이나 많다.

여러분은 이것을 자세히 설명해 주길 원하는가? 유감스럽게도 나는 그것을 더 쉽게 설명할 수 없으며, 어느 누구도 쉽게 설명해 줄 수 없을 것이다. 그것을 증명할 수는 있지만, 보통 방법으로는 이해하기가 쉽지 않다.

초눈송이의 자기 유사성

자기 유사성 개념으로 돌아가 보자. 자기 유사성은 수의 급수뿐만 아니라 기하학 도형에서도 발견할 수 있다. 예를 들면, 1906년에 스웨덴 수학자 헬게 폰 코흐Helge von Koch(1870~1924)는 일종의 초눈송이를 생각해 냈다. 이것은 다음과 같은 방법으로 만들 수 있다.

먼저 정삼각형(즉, 세 변의 길이가 모두 같은)을 하나 그린다. 각 변을 3등분하고, 그중 가운데 부분을 밑변으로 하는 새로운 정삼각형을 각 변 위에다 그린다. 그러면 6개의 팔을 가진 별 모양이 될 것이다. 이번에는 각각의 팔을 이루는 두 변을 각각 3등분한 다음, 앞서 한 것과 마찬가지 방법으로 가운데 부분에 새로운 정삼각형을 그린다. 그러면 가장자리에 18개의 정삼각형이 삐죽삐죽 돋은 도형을 얻을 것이다.

이번에는 그 18개의 정삼각형에서 가장자리에 위치한 두 변을 각각 3등분하여 같은 방법으로 새로운 삼각형을 그려 나간다. 이런 식으로 계속해서 새로운 삼각형을 만들어 나가면 바로 초눈송이(코흐가 발견했다 하여 '코흐 눈송이'라고도 한다)가 만들어진다.

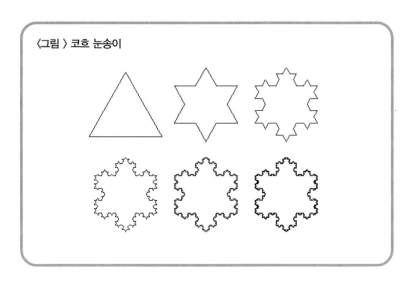

〈그림 〉 코흐 눈송이

맨 처음에 시작한 삼각형이 아무리 크더라도, 그리고 아무리 정교하게 그 위에 작도를 해 나간다 하더라도, 새로운 삼각형들은 얼마 후 더 이상 손으로 그릴 수 없을 정도로 작아지고 만다. 그러므로 그 모습은 상상으로 그리면서 그 결과를 추측해 볼 수밖에 없다.

예를 들어 이 초눈송이를 영원히 계속 만들어 나간다고 할 때, 각 단계의 초눈송이 둘레 길이로 이루어진 수열은 발산급수를 이룬다. 따라서 결국에는 초눈송이 둘레 길이는 무한대가 되고 만다. 반면에 각 단계의 초눈송이 면적으로 이루어진 수열은 수렴급수를 이룬다. 즉, 초눈송이의 둘레 길이는 무한대이지만, 그 면적은 처음 면적의 1.6배에 지나지 않는다.

이번에는 처음 삼각형의 한 변에 붙어 있는 큰 삼각형 하나를 집중적으로 살펴보기로 하자. 거기에는 점점 더 작은 삼각형들이 무한히 붙어 자라나므로, 무한히 복잡한 모양을 하고 있다. 그런데 거기에 붙어 있는 작은 삼각형 중에서 현미경으로 보아야만 겨우 볼 수 있는 아주 작은 삼각형을 하나 선택하여, 그것을 제대로 볼 수 있을 만큼 확대시킨다고 하자. 그러면 그것은 처음에 선택한 큰 삼각형과 똑같이 복잡한 모양을 하고 있을 것이다. 거기에 붙어 있는 더 작은 삼각형을 하나 선택한다 하더라도, 그것을 확대시킨 모양은 처음 삼각형과 똑같다. 아무리 작은 삼각형을 선택하더라도 처음 삼각형이 지닌 복잡한 모양을 그대로 지니고 있다. 따라서 초눈송이는 자기 유사성을 보여 준다고 할 수 있다.

또 다른 예를 살펴보자. 이번에는 줄기가 세 갈래로 갈라진 나무에서 시작하자. 그런데 세 갈래의 줄기는 각각 다시 세 갈래로 갈라지고, 새로 갈라진 줄기들은 다시 세 갈래로 갈라진다. 이런 식으로 새로운 줄기에서 다시 세 갈래로 영원히 갈라져 나가는 초나무는 자기 유사성을 보여 준다. 각각의 줄기는 아무리 작은 것이라 하더라도 전체 나무와 똑같은 복잡성을 지니고 있다.

이러한 종류의 곡선이나 기하학 도형은 다면체나 원, 구, 원기둥 같은 보통 기하학 도형에서 성립하는 간단한 법칙들을 따르지 않기 때문에, 처음에는 '병적' 도형이라 불렸다. 그러다가 1977년에 프랑스 출신의 미국 물리학자 브누아 만델브로Benoit Mandelbrot는 이러한 병적 곡선들을 체계적으로 연구한 끝에, 이것들은 기하학 도형이 지닌 가장 기본적인 성질마저도 지니지 않는다는 사실을 밝혀냈다.

우리는 기하학을 처음 배울 때 점은 0차원이고 선은 1차원이며, 평면은 2차원, 입체는 3차원이라고 배운다. 그리고 나중에는 입체가 시간 속에서 지속적으로 존재한다면 그것이 4차원이라는 것도 배운다. 심지어 기하학자들은 이것보다 더 높은 차원까지 다룬다는 사실도 배우게 된다. 그렇지만 그 차원들은 모두 0, 1, 2, 3, 4…와 같은 정수 차원이다. 정수 차원이 아닌 다른 차원을 생각할 수 있는가?

그런데 만델브로는 초눈송이의 경계선에는 끝없이 보풀이 일어나 있을 뿐만 아니라 각 점에서 갑작스럽게 방향이 획획 변하기 때문에, 그것을 정상적인 선으로 볼 수 없다는 사실을 알아냈다. 그것은 정확한 선도 아니고, 그렇다고 평면도 아니다. 즉, 그것은 1과 2 사이의 차원을 가지고 있다. 만델브로는 초눈송이의 차원을 log 4를 log 3으로 나눈 값으로 보아야 한다고 주장했다. 그 값은 약 1.26186이다. 따라서 초눈송이의 경계선은 $1\frac{1}{4}$ 을 약간 넘는 차원을 가진다.

그 후 초눈송이처럼 정수가 아니라 분수fractional 차원을 가진 도형을 '프랙탈fractal'이라 부르게 되었다.

그런데 프랙탈은 수학자들의 지나친 상상력이 만들어 낸 병적 기하학 도형이 아니라는 사실이 밝혀졌다. 반대로 이것들이야말로 부드럽고 단순한 것으로 이상화된 기하학 곡선이나 평면보다 현실 세계의 모습에 더 가까운 것으로 밝혀졌다. 오히려 반듯한 기하학 도형이야말로 수학자들의 상상에서 나온 산물이다. 그 결과, 만델브로의 연구는 점점 더 중요하게 받아들여지게 되었다.

프랙탈 우주

여기서 주제를 살짝 바꾸어 보기로 하자. 수년 전에 나는 록펠러 대학에서 시간을 보낼 기회가 있었는데, 거기서 하인즈 페이겔스Heinz Pagels를 만났다. 그는 키가 컸고, 백발을 기른 얼굴은 주름도 없이 탱탱했다. 그는 아주 쾌활하고 명석한 사람이었다.

그는 물리학자였으므로 물리학에 대해서는 나보다 훨씬 많은 것을 알고 있었다. 이거야 새삼 놀랄 일이 못 된다. 어떤 사람이라도 각자 나보다 훨씬 많은 것을 알고 있는 어떤 분야가 있을 테니까. 그는 또한 나보다 훨씬 총명해 보였다.

내가 자존심이 아주 강한 사람이라는 일반적인 견해에 여러분이 동의한다면, 나보다 더 총명해 보이는 사람을 싫어할 거라고 생각하기 쉬울 것이다. 그러나 사실은 그렇지 않다. 나는 나보다 더 총명한 사람들 (페이겔스는 내가 만난 그런 사람들 중 셋째로 총명한 사람이었다)이 아주 친절하고 쾌활하다는 사실을 알고 있다. 뿐만 아니라 그들이 하는 말에 귀를 기울이면 뭔가 자극을 받아 새로운 아이디어가 떠오르곤 한다. 내게 아이디어는 살아가는 밑천이다.

우리가 맨 처음 대화를 나눌 때, 페이겔스가 '인플레이션 우주'에 대해 이야기한 게 기억난다. 그것은 그 당시로서는 아주 새로운 개념이었는데, 그 내용은 우주가 빅 뱅에서 생겨난 직후에 잠깐 동안 엄청나게 빠른 속도로 팽창한 시기가 있었다는 것이다. 이 급격한 팽창이 일어났다고 가정하면 표준 빅 뱅 이론이 설명하지 못하는 어려운 문제들을 해결할 수 있었다.

페이겔스의 설명에서 내가 특히 흥미를 느꼈던 부분은, 우주가 아무것도 없는 상태에서 양자 요동으로 생겨났다는 사실, 즉 우주가 무無에서 탄생했다는 사실이었다.

나는 그 이야기에 흥미를 넘어 흥분을 느꼈다. 왜냐하면 인플레이션 우주론이 나오기 훨씬 이전인 1966년, 〈환상소설과 공상과학소설

Fantasy and Science Fiction〉 9월호에 실린 '나는 네 잎 클로버를 찾아 헤맨다I'm Looking Over a Four-leaf Clover' 라는 글에서 나는 우주가 무에서 빅뱅을 통해 탄생했다고 주장했기 때문이다. 사실 그 글에서 핵심 문장은 내가 '아시모프의 우주 원리' 라고 명명한 "태초에는 아무것도 없었다" 라는 구절이다.

그렇다고 내가 인플레이션 우주론을 생각해 냈다는 것은 아니다. 나는 다만 직관적으로 그럴 것이라고 느꼈을 뿐이며, 그것을 구체적인 이론으로 만들어 내는 능력은 없다. 이와 비슷하게 나는 14세 때 수렴급수와 관련이 있는 자기 유사성에 대해 뭔가 희미한 직관을 떠올렸지만, 그 당시나 그 이후에나 만델브로가 해낸 연구를 하지는 못했다. 비록 내가 무에서 우주가 탄생했다는 개념을 생각하긴 했지만, 100만 년이 지나도 나는 인플레이션 우주론을 자세하게 완성하지는 못할 것이다.(그렇다고 해서 내가 완전한 실패자는 아니다. 나는 일찍부터 내 직관력으로 공상과학소설을 잘 쓸 수 있다는 사실을 알았으니까.)

나는 그 후 페이겔스를 자주 만났으며, 그가 뉴욕 과학아카데미 원장이 된 후에는 더 자주 만났다. 그리고 언젠가 여러 사람과 함께 이런저런 잡담을 나누던 중에 페이겔스가 흥미로운 질문을 던졌다.

"언젠가 과학의 모든 문제에 답이 나와 더 이상 풀 문제가 없는 날이 올까? 아니면 모든 답을 얻는다는 것은 불가능한 것일까? 이 두 가지 가능성 중에서 어느 쪽이 옳은지 지금 우리가 알 수 있는 방법이 있을까?"

내가 먼저 의견을 말했다.

"나는 우리가 지금 그것을 쉽게 알 수 있다고 믿네."

페이겔스는 나를 쳐다보면서 말했다.

"어떻게 말인가, 아이작?"

"우주는 본질적으로 매우 복잡한 프랙탈의 성격을 지니고 있는데, 나는 과학의 연구 대상도 바로 그런 성격을 지니고 있다고 믿네. 따라서 우주의 어느 일부분이 이해되지 않은 채 남아 있고, 과학의 탐구에서 밝혀지지 않은 채 남아 있는 게 있다면, 그것이 이해되거나 해결된 전체 부분에 비해 아무리 작은 부분이라 하더라도 그 속에는 원래의 것과 다름없는 복잡성이 들어 있을 거야. 따라서 우리는 결코 끝에 도달할 수 없을 거야. 우리가 아무리 멀리 나아가더라도 우리 앞에는 처음과 마찬가지로 먼 길이 남아 있을 거야. 이것이 바로 우주의 비밀이야."

나중에 나는 이 이야기를 재닛에게 해 주었다. 그랬더니 재닛은 나를 진지한 눈으로 바라보더니, "그 아이디어를 이론으로 구체화해 보는 게 어때요?"라고 말했다.

"뭐하러? 이건 그냥 아이디어에 불과한 거야."

"페이겔스가 그것을 이용해 이론을 만들지도 모르잖아요."

"나는 그랬으면 좋겠어. 나는 이것을 구체화할 만한 물리학 지식이 없지만, 페이겔스라면 할 수 있을 거야."

"그렇지만 그가 그 아이디어를 당신에게서 들었다는 것을 잊어버릴 지도 모르잖아요?"

"그럼 어때서? 아이디어는 값싼 거야. 중요한 것은 아이디어를 가지고 무엇을 하느냐지."

컴퓨터로 만들어 낸 프랙탈 도형

1988년 7월 22일, 나는 재닛과 함께 뉴욕 주 북부 지방에 있는 렌설레이어빌 연구소로 향했다. 그 곳에서는 제 16차 연례 세미나가 열릴 예정이었는데, 주제는 생물유전학과 그것이 초래하는 과학적·경제적·정치적 부작용에 관한 것이었다.

그런데 추가된 주제가 하나 더 있었다. 마크 차트랜드Mark Chartrand는 매년 이 세미나에 참석하는 주요 멤버였는데, 이번에는 프랙탈 도형을 보여 주는 30분짜리 비디오테이프를 가져왔다.(내가 그를 처음 만난 것은 수년 전 그가 뉴욕의 헤이든 천문관 관장을 할 때였다.)

지난 몇 년 사이에 컴퓨터의 성능이 놀랍도록 발전하여 이제는 컴퓨터로 프랙탈 도형을 만들고, 그것을 수백만 배, 수백억 배로 확대시켜 볼 수 있게 되었다. 컴퓨터를 사용하면 초눈송이나 초나무처럼 간단한 (그래서 별로 흥미롭지 않은) 프랙탈 도형뿐만 아니라, 아주 복잡한 프랙탈 도형도 만들어 낼 수 있다. 게다가 그 비디오테이프는 인공적으로 색상 처리를 해 프랙탈 도형을 더욱 선명하고 아름답게 보여 주었다.

우리는 1988년 7월 25일 월요일 오후 1시 30분에 그 비디오를 보기 시작했다. 처음에는 심장 모양의 어두운 도형으로 시작했는데, 그 주위에 그것과 같은 모양의 작은 도형들이 가지처럼 붙어 있었다. 그것은 화면 위에서 조금씩 조금씩 확대되어 갔다. 한 가지에 초점을 맞추어 그것이 화면에 가득 찰 때까지 천천히 확대시키자, 거기에는 다시 수많은 가지들이 나 있었다.

그것을 보고 있자니 그 끝없는 복잡성의 세계로 천천히 빠져 들어가는 것 같았다. 조그마한 점들처럼 보이던 물체들이 점점 커지더니, 그 위에 다시 작은 물체들이 달린 복잡성을 드러냈다. 그것은 끝없이 계속되었다. 반시간 동안 우리는 도형의 다른 부분들이 확대되어 끝없는 아름다움을 만들어 내는 것을 보았다.

그것은 최면과 비슷했다. 나는 거기서 눈을 떼지 못하고, 온 정신을 집중시켜 바라보고 있었다. 나는 무한의 세계를 상상하고 이야기하는 데 그치는 것이 아니라, 실제로 그것을 경험하는 경지에 가까이 다가간 것 같았다. 비디오가 끝나자, 다시 현실로 돌아오기가 싫을 정도였다.

나중에 나는 재닛에게 꿈속에서 이야기하듯이 이렇게 말했다. "내가 그때 페이겔스에게 이야기했던 게 옳다는 확신이 들어. 그래, 우주와 과학은 영원히 끝이 없는 거야. 과학의 과제는 결코 완전히 해결되지 않을 것이고, 끝없는 복잡성 속으로 점점 더 깊이 빠져 들어갈 뿐이야."

재닛은 눈살을 찌푸리면서 말했다. "그런데 당신, 아직도 그 아이디어를 글로 쓰지 않았군요?"

"안 썼지."

우리가 그 연구소에 있는 동안 우리는 세계와 단절되어 있었다. 신문도 라디오도 텔레비전도 없었고, 우리는 오로지 세미나에 대해 생각하느라 바빴다. 그리고 27일, 집으로 돌아와 쌓여 있는 신문을 한 장 한 장 넘겨보다가 나는 그 사이에 놀라운 일이 벌어졌다는 사실을 발견했다.

우리가 렌셀레이어빌에 가 있는 동안 페이겔스는 콜로라도 주에서 열린 물리학회에 참석하고 있었다. 페이겔스는 열정적인 등산가이기도 했는데, 일요일인 7월 24일, 한 친구와 함께 높이 4200m의 피라미드봉을 등반했다. 그는 그 곳에서 점심을 먹고, 오후 1시 30분에(내가 비디오를 보기 시작하기 24시간 전에) 하산을 시작했다. 그러다가 흔들거리는 바위를 밟는 바람에 그는 중심을 잃고 말았고, 산중턱에서 굴러 떨어져 죽었다. 그의 나이는 불과 49세였다.

나는 아무 생각도 없이 신문을 넘기다가 이 놀라운 기사를 보았다. 그것은 전혀 예상치 못했던 큰 충격이었기 때문에 나는 슬픈 나머지 큰 소리로 울었던 것 같다. 깜짝 놀란 재닛이 달려와 어깨 너머로 그 부고 기사를 읽었다.

나는 슬픈 표정으로 재닛을 쳐다보면서 말했다. "이제 그는 내 아이디어를 써먹을 수도 없게 되었어."

그래서 결국 내가 이렇게 그 아이디어를 글로 쓰게 되었다. 물론 여기에는 내가 그토록 존경하던 페이겔스에 대해 뭔가를 이야기하고 싶은 생각도 포함되어 있다. 내 아이디어를 활자화한 것은 다른 한편으로는 페이겔스가 아니더라도 누군가가 내 아이디어를 이용하여 뭔가를 이루기를 바라는 마음도 있다.

어쨌든 나는 내 아이디어를 살리는 이론을 만들어 낼 수 없다. 내가 가진 능력은 단지 아이디어를 생각하는 것에서 끝난다. 그 이상으로는 나는 한 발짝도 더 나아갈 수 없다.

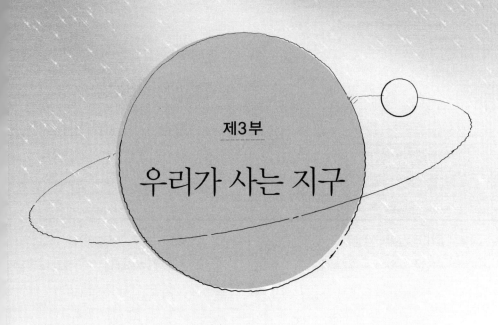

제3부

우리가 사는 지구

소금을 만드는 것들

내가 어렸을 때는 항생제가 나오기 전이라 베이거나 긁히거나 하는 상처가 났을 때에는 가정용 응급 처치를 했다. 세균 감염을 막기 위해 상처가 난 곳에 요오드팅크를 발랐다. 그래서 내 머릿속에는 요오드(아이오딘)가 세균 감염을 막아 주는 절대적인 치료제라는 인식이 박혔다. 상처 난 곳에 그것을 바를 때에는 몹시 쓰라렸지만, 나는 어린 마음에 그것을 세균들이 죽어 가는 신호라고 좋게 생각했다.

세월이 흐르면서 가정용 응급 처치도 변했다. 재닛은 의학 박사이기 때문에, 최신 항생제에 대해 모든 것을 소상하게 알고 있다. 재닛은 내 몸에 생기는 사소한 상처나 질병을 직접 치료하는 것을 큰 행복으로 안다.(물론 그것이 내게도 가장 큰 행복은 아니지만, 나는 재닛을 매우 사랑하기 때문에 그녀가 행복을 느낀다면 약간의 불편은 기꺼이 감수하려고 한다.) 어쨌든 재닛은 여러 종류의 연고와 물약과 항생제를 발라 준다.

그렇지만 나는 계속 약장 안에 조그마한 요오드팅크 병을 넣어 두고,

독수리처럼 예리한 재닛의 눈에서 상처를 감출 수 있을 때마다 몰래 요오드팅크를 꺼내 바르면서 세균이 죽어 가는 그 쓰라린 감촉을 즐긴다. 얼마 전에도 나는 바로 그 목적으로 요오드팅크를 사용했기 때문에(그러다가 재닛에게 들켜 일장 연설을 들었지만), 언젠가 화학 원소에 관한 글을 쓸 때 요오드에 대한 글을 써야지 하고 마음먹고 있었다. 그래서 지금 여기서 그 이야기를 쓰려고 한다.

염산에서 발견된 새로운 원소

요오드에 관한 이야기를 하기 전에 먼저 염산에 대한 이야기부터 시작하기로 하자.

중세의 연금술사들은 강산성을 띤 무기산을 세 가지 발견했다. 이것들은 화학 변화를 일으키는 작용이 약산인 아세트산보다 훨씬 강했다. 아세트산(초산)은 식초의 주성분으로, 옛날 사람들이 얻을 수 있었던 가장 강한 산이었다. 새로 발견된 강산 중 두 가지는 황산과 질산이었고, 세 번째는 염산이었다.

오늘날 우리는 염산을 누가 언제 발견했는지 정확하게 모른다. 그렇지만 염산을 제법 분명하게 밝힌 최초의 문헌은 1612년에 독일의 연금술사 안드레아스 리바우Andreas Libau(1560~1616)가 쓴 책에 등장한다.(리바우는 라틴어식 이름인 리바비우스Libavius로 더 잘 알려져 있다.)

물론 그는 그것을 염산이라고 명명하진 않았다. 염산이란 이름이 붙은 것은 19세기에 접어들어 근대적인 화학 명명법이 만들어지고 난 이후의 일이다. 리바우는 그것을 '스피리투스 살리스spiritus salis'라고 이름 붙였는데, 라틴어로 '소금의 정精'이란 뜻이다. 그런 이름을 붙인 것은 소금과 물에 점토를 넣고 가열하여 염산을 얻었기 때문이다. 소금은 기화하지 않는 데 비해 염산은 쉽게 기화했기 때문에 '정精'이라고 생각했다.

훗날 염산은 '해산海酸'으로 불리기도 했는데, 그 원료인 소금을 바닷물에서 얻기 때문이었다. 물론 소금은 육지에 있는 염수(소금이 높은 농도로 녹아 있는 물)에서도 발견된다. 그래서 영어권에서는 염산을 라틴어로 '염수'를 뜻하는 단어에서 따온 이름인 'muriatic acid'라고 부르기도 했다.(염산의 정식 영어 명칭은 hydrochloric acid이다.)

자, 그럼 여기서 1세기 반이라는 시간을 훌쩍 뛰어넘기로 하자. 1774년, 스웨덴 화학자 카를 빌헬름 셸레Karl Wilhelm Scheele(1742~1786)는 염산을 '연망간석'이라는 광물과 함께 가열해 보았다. 이 광물에는 오늘날 우리가 이산화망간MnO_2이라 부르는 성분이 들어 있었다.

그러자 거기서 숨이 막힐 정도로 역겨운 냄새가 나는 증기가 발생하여, 셸레는 기침을 하며 적잖은 고통에 시달려야 했다. 그럼에도 그는 그것을 계속 연구했으며(그 밖에도 여러 종류의 유독한 증기들도 다루었다. 그가 44세라는 비교적 젊은 나이에 세상을 떠난 것은 아마도 유독한 화학 물질을 많이 다루었기 때문일 것이다), 그 증기가 물에 약간 녹으며 금속을 부식시키고, 식물의 잎에서 녹색을 탈색시키며, 꽃의 색도 탈색시킨다는 사실을 알아냈다.

그 이유는 이렇다. 염산 분자HCl는 수소 원자 하나와 염소 원자 하나로 이루어져 있다. 그래서 이산화망간의 산소 원자가 염산의 수소 원자와 결합하면서 염소 원자를 떨어져 나가게 한다. 떨어져 나간 염소 원자는 다른 염소 원자와 결합하여 염소 분자가 된다. 이 염소 분자가 기체 상태의 염소 증기로 발생하는데, 셸레가 발견한 기체는 바로 염소라는 원소였다!

그런데 셸레는 역사상 아주 뛰어난 화학자 중 한 사람이었지만, 가장 운 나쁜 화학자이기도 했다. 그는 예닐곱 가지의 화학 원소를 최초로 분리하는 데 성공했지만, 단 하나의 원소에 대해서도 그것을 최초로 발견했다는 영예를 얻지 못했다. 연구 결과를 실은 논문이나 책의 발간이 지연되어 다른 사람에게 밀리거나, 함께 일했던 사람에게 공을 뺏기거나 그 밖의 이유로 그는 항상 뒷전으로 밀려났다.

염소 분자의 경우에는 그가 쓴 보고서가 최초였고 공동 연구자도 없었지만, 셸레는 자신이 만들어 낸 증기가 새로운 원소라는 사실을 알지 못했다. 그는 1700년대에 유행하던 플로지스톤설을 믿었는데, 이 이론은 연소 현상을 물질에서 '플로지스톤phlogiston'이라는 물질이 빠져나가기 때문에 일어난다고 설명했다. 그래서 그는 염산을 연소시켜서 발생한 그 증기를 '탈脫플로지스톤 염산'이라 불렀다.

셸레가 염소를 분리해 내던 그 무렵에 영국 화학자 조지프 프리스틀리Joseph Priestley(1733~1804)는 산소를 발견했다.(사실은 산소도 셸레가 먼저 발견했지만, 출판업자가 셸레의 보고서 출간을 지연시키는 바람에 그 영예를 프리스틀리에게 뺏기고 말았다.) 그리고 프랑스 화학자 앙투안 라부아지에Antoine Laurent Lavoisier(1743~1794)는 1778년경에 연소가 플로지스톤을 잃어서 일어나는 것이 아니라, 산소와 결합하는 과정임을 밝혀냈다.

이것은 셸레가 염산에서 플로지스톤을 제거한 것이 아니라, 산소를 첨가했다는 것을 뜻한다. 그래서 '탈플로지스톤 염산'은 '산화염산'으로 불리게 되었다. 그렇지만 셸레가 발견한 증기는 아직 아무도 원소로 생각하지 않았고, 다만 염산과 산소가 느슨하게 결합돼 있는 것으로 생각했다.

라부아지에는 모든 산에는 산소가 포함돼 있다는 주장을 폈다.(산소를 영어로 '옥시전oxygen'이라 하는데, '산을 만드는 것'이란 뜻의 그리스어가 그 어원이다.) 그래서 그는 염산이나 산화염산 모두에 산소가 들어 있다고 생각했다.

영국 화학자 험프리 데이비Humphry Davy(1778~1829)도 이 문제를 깊이 연구했는데, 1808년에 그는 염산에는 산소가 들어 있지 않다는 결론을 얻었다. 또한 연소할 때 산소와 결합하는 것은 수소이며, 셸레의 증기에도 역시 산소가 포함돼 있지 않고, 그것은 원소라는 결론을 내렸다. 그 증기는 더 간단한 원소로 분해되지 않았다.

그 증기는 녹색을 띠고 있었다. 그래서 데이비는 '녹색'을 뜻하는 그리스어를 따서 이 원소를 '클로린chlorine', 곧 염소라 이름 붙였다. 그는 염산이 수소와 염소를 포함하는 분자로 이루어져 있다고 믿었기 때문에, 염산을 영어로 '하이드로전 클로라이드hydrogen chloride' 또는 '하이드로클로릭 애시드hydrochloric acid'라 부르게 되었다. 우리말로는 염화수소산 또는 염산에 해당한다. 어쨌든 데이비의 주장은 모두 옳은 것으로 판명되었기 때문에, 염소를 발견한 사람의 명예는 셸레가 아니라 데이비에게 돌아갔다.

그렇지만 모든 사람이 데이비의 주장을 받아들인 것은 아니었다. 특히 스웨덴 화학자 옌스 야코브 베르셸리우스Jöns Jakob Berzelius(1779~1848)는 염소가 어떤 물질의 산화물이라는 주장을 굽히지 않았다. 베르셸리우스는 당대 최고의 화학자이자 화학계의 독재자였다. 이런 그가 데이비의 주장을 받아들이기를 거부하는 한, 데이비의 주장은 불확실한 것으로 남을 수밖에 없었다.

결국 확실한 것은 프랑스 화학자 베르나르 쿠르투아Bernard Courtois (1777~1838)가 등장할 때까지 기다려야 했다.

해초에서 요오드를 발견하다

쿠르투아는 디종의 초석礎石 제조업자의 아들로 태어나, 훌륭한 화학 교육을 받은 후 1804년에 아버지의 사업을 물려받았다. 그는 오늘날의 '공업화학자'에 해당하는 사람이었다.

그 당시 초석 제조는 아주 중요했다. 화학 용어로는 질산칼륨이라 부르는 초석은 화약의 필수 원료였다. 화약에 들어가는 다른 원료인 황과 목탄은 풍부하여 쉽게 구할 수 있었지만, 초석은 그렇지 않았다.

쿠르투아는 나폴레옹 전쟁 기간에 아버지의 사업을 물려받았는데, 그 당시 프랑스군은 화약 부족 때문에 어려운 처지에 놓여 있었다. 프랑스군의 숙적인 영국 해군이 바다를 봉쇄하고 있었다. 초석 산지는 모두 해외에 있었는데, 해상 봉쇄로 수입이 불가능해지는 바람에 쿠르투아의 사업도 어려운 처지에 놓이게 되었다.

쿠르투아는 해안에서 채취한 해초로 초석을 얻으려고 시도해 보았다. 그는 해초를 태운 재로 초석을 얻어 그것을 물에 녹였다. 그렇지만 그 물에는 불필요한 불순물도 함께 녹았다. 쿠르투아는 이 불순물을 제거하기 위해 황산을 가해 불순물을 침전시킨 뒤에 그것을 여과했다.

그런데 쿠르투아는 물론이고 그 당시 아무도 모르는 사실이 있었는데, 바로 그 해초 속에는 그때까지 알려지지 않은 화합물이 소량 들어 있었다. 1811년 말경, 쿠르투아는 약간 많은 황산을 가했는데 놀랍게도 보라색 증기가 발생했다. 이 증기는 염소와 비슷한 자극성 냄새가 났고, 찬 물체에 닿자 검은색 결정으로 변했다.

쿠르투아는 그 결정을 연구한 끝에 그 물질이 수소와 인, 금속과 결합한다는 사실을 알아냈다. 그것은 또한 암모니아와도 결합하면서 폭발성 물질이 되었다.(그렇지만 화약을 대체할 수 있을 만큼 폭발력이 뛰어나진 않았다.) 그것은 탄소나 산소하고는 잘 결합하지 않았다. 이 모든 것으로 미루어 보건대, 이 새로운 물질은 염소와 비슷했다.

쿠르투아는 또한 그 물질을 아무리 가열해도 더 간단한 물질로 분해되지 않는다는 사실을 알아냈다. 그는 새로운 원소를 발견한 것이 아닐까 하고 생각했지만, 거기서 연구를 중단해야만 했다. 무엇보다도 돈과 시간이 부족했다. 그는 파산 지경에 이른 공장을 운영하면서 가족을 부양하는 데 전념해야 했다.

또 한 가지 이유는, 그가 새로운 물질이 원소인지 아닌지를 결정하는 것과 같은 어려운 문제를 해결하기에는 자신의 화학적 능력이 모자르다고 판단했기 때문이다. 그래서 그는 연구를 중단하고, 발견한 것을 발표하지도 않았다. 사실 쿠르투아는 평생 동안 과학 논문을 단 한 편도 발표하지 않았다.

그렇지만 1812년에 그는 자신이 연구한 모든 정보를 그 지방의 유명한 화학자 니콜라 클레망Nicolas Clément(1778~1841)과 샤를 베르나르 데조르므Charles Bernard Desormes(1777~1862)에게 알렸다. 두 사람은 그 연구를 계속해 그 결과를 1813년에 프랑스 학사원에 보고했다. 그러면서 그들은 그 발견의 공을 쿠르투아에게 돌렸다. 새로운 물질의 성질을 자

세히 검토한 클레망은 쿠르투아와 마찬가지로 그것이 염소와 흡사한 성질을 가졌다는 것을 발견했다. 그래서 그는 그 증기는 새로운 원소라고 발표했다.

그 무렵 다른 화학자들도 이 새로운 물질을 연구하고 있었다. 그중에는 데이비와 프랑스 화학자 조제프 루이 게이-뤼삭Joseph Louis Gay-Lussac(1778~1850)도 있었다. 두 사람은 그 물질이 염소를 닮은 새로운 원소라는 데 의견을 같이했다. 게이-뤼삭은 그 원소에 그 증기의 보라색을 나타내는 이름을 붙였다. 그리스어로 '보라색'은 'ion'이고 '보라색 같은'은 'iodes'이므로, 프랑스어로 iode('요드'로 발음됨)라고 정했다. 영어에서는 염소chlorine의 접미사 'ine'를 취하여 그 이름을 'iodine(아이오딘)'이라고 한다.

그런데 데이비가 먼저냐 게이-뤼삭이 먼저냐를 놓고 약간의 논란이 있었다. 그 논란은 정치적 성격이 강했다. 데이비는 영국 최고의 화학자였고 게이-뤼삭도 그에 못지않게 프랑스에서 유명한 화학자였으며, 그때 두 나라는 한창 치열하게 싸우는 중이었으니 말이다. 그러나 그 발견의 공로는 이 두 사람에게 돌아가지 않았고, 당연한 일이지만 쿠르투아에게 돌아갔다.

요오드가 원소라는 사실은 이제 화학자들 사이에 보편적으로 받아들여졌다. 요오드가 원소라는 것을 보여 주는 명백한 증거들이 있었기 때문이다. 그런데 요오드가 원소라면, 요오드와 유사한 물질인 염소 역시 원소일 가능성이 높아졌다. 이에 1820년경에 완고하고 독재적인 베르셀리우스도 마침내 굴복할 수밖에 없었다.

그렇지만 이 모든 우여곡절과 영예에도 불구하고, 쿠르투아에게 재정적 도움이 된 것은 전혀 없었다. 초석 제조 사업은 결국 파산하고 말았고, 그는 요오드를 제조하여 생계를 이어가려고 했지만 그것마저 신통치 않았다. 1831년에 그는 요오드를 발견한 공로로 6000프랑의 상금을 받았지만, 그것도 잠깐 사이에 다 써 버리고 찢어지는 가난 속에서 1838년에 눈을 감았다.

브롬의 발견

그러나 이것으로 이야기가 끝난 것은 아니다. 프랑스 화학자 한 사람을 더 만나 볼 필요가 있기 때문이다. 그 사람은 앙투안 제롬 발라르Antoine Jerôme Balard(1802~1876)로, 1824년에 몽펠리에에 있는 약학 전문학교에서 조수로 일하고 있었다.

그 무렵 그는 요오드를 만들 수 있는 다른 재료를 발견하려고 노력했다. 이를 위해 바닷물이 드나드는 습지에 사는 여러 가지 식물을 연구했다. 그 식물들의 재를 추출하여 증류한 다음 거기에 어떤 화학 약품을 집어넣자, 그 액체가 갈색으로 변했다.

그는 그 갈색 물질을 가지고 연구를 계속하여, 마침내 염소나 요오드처럼 숨 막히는 자극성 냄새를 지닌 불그스름한 액체를 얻었다. 그 성질을 조사해 보았더니 염소와 요오드의 중간에 해당하는 성질을 나타냈다. 그 액체는 염소보다는 어두웠지만, 요오드보다는 밝은 색을 띠고 있었다. 그것은 요오드나 염소와 같은 화학적 성질을 가지고 있었지만, 화학적 반응성은 요오드보다는 더 강하고, 염소보다는 더 약했다.

한때 발라르는 그 물질을 요오드와 염소의 화합물—굳이 이름을 붙이자면 염화요오드—로 생각했다. 그렇지만 이 새로운 물질은 더 이상 간단한 물질로 분해되지 않았고, 거기서 염소나 요오드를 분리해 낼 수가 없었다. 그래서 그는 그것이 새로운 원소 물질이라고 발표했으며, 그 물질을 추출해 낸 식물이 사는 염수에서 이름을 따와 'muride'라고 이름 붙였다.

그러나 게이 뤼삭을 포함한 프랑스 과학 아카데미의 과학자들은 발라르가 지은 이름을 받아들이지 않았다. 이유는 아마도 그 이름이 시대에 뒤떨어진 용어인 'muriatic acid(염산을 가리키던 옛날 이름)'를 연상시켰기 때문일 것이다. 대신에 그들은 그 증기가 지닌 역겨운 냄새에 착안하여, '악취'라는 뜻의 그리스어에서 따온 'brome(브롬)'이라는 이름을 지어 주었다.(브롬은 영어로는 브로민bromine이라고 한다.)

그런데 대부분의 발견이 그렇듯이, 브롬의 경우에도 발견 일보 직전까지 갔다가 아깝게 실패한 사례들이 있었다. 1825년, 독일의 젊은 화학도인 카를 뢰비히Carl Löwig(1803~1890)는 염천鹽泉에 녹아 있는 물질에서 붉은색 액체를 얻었다. 그는 그것을 독일의 유명한 화학자 레오폴트 그멜린Leopold Gmelin(1788~1853)에게 보여 주었는데, 그멜린은 그것을 보자마자 새로운 원소가 아닌지 자세히 연구해 보라고 권했다.

뢰비히는 그멜린의 지시대로 연구에 착수했으나, 그것을 밝혀내기 전에 브롬을 발견했다는 발라르의 논문이 먼저 나오고 말았다. 그렇지만 뢰비히는 오랫동안 화학자로 일하며 훌륭한 업적을 남겼으므로—그 대부분은 브롬 화합물의 연구에 관한 것이었다—새로운 원소의 발견 공로를 아깝게 놓친 것을 특별히 비극적이라고 할 수는 없다.

좀더 안타까운 사례는 젊은 독일 화학자 유스투스 폰 리비히Justus von

Liebig(1803~1873)의 경우였다. 그는 뢰비히보다 훨씬 앞서서 붉은색 액체 시료를 구해 자세하게 시험을 했으며, 그것을 유리병 속에 넣고 라벨까지 붙여 실험실의 시약장에 넣어 두었다.

브롬이 발견되었다는 소식을 들은 리비히는 시약장으로 달려가 유리병을 꺼내 그 내용물을 다시 시험해 보았다. 그 안에는 순수한 브롬이 몇 달이나 잠들어 있었다. 그리고 그 유리병에 붙인 라벨에는 '염화요오드'라고 자신이 써 붙인 글씨가 적혀 있었다. 그렇지만 리비히는 연구를 계속해 역사에 이름을 남긴 화학자가 되었으므로, 그 역시 그렇게 비극적인 운명이라고 할 수는 없다.

세 쌍 원소

브롬이 염소와 요오드의 중간 성질을 가지고 있다는 사실은 이렇게 명백히 밝혀졌다. 독일 화학자 요한 볼프강 되베라이너Johann Wolfgang Döbereiner(1780~1849)는 그것을 수치로 나타냈다. 그는 브롬의 원자량이 염소와 요오드 원자량의 중간에 해당한다는 사실에 주목했다. 염소의 원자량(약 35)과 요오드의 원자량(약 127)을 합한 뒤 그것을 2로 나누면 약 81이 된다. 그런데 브롬의 원자량은 약 88이다.

서로 비슷한 성질을 지닌 세 원소 황, 셀렌(셀레늄), 텔루르(텔루륨)의 경우도 살펴보자. 황(32)과 텔루르(128)의 원자량을 합한 다음 그것을 2로 나누면 약 80이 되는데, 셀렌의 원자량은 약 79이다.

되베라이너는 1829년에 원소들은 3개씩 집단을 이루고 있다고 주장했다. 그는 이것을 '세 쌍 원소triad'라 불렀다. 이것은 중요한 개념이었다. 되베라이너의 시대에는 50여 종의 원소가 알려져 있었는데, 원소들의 성질은 제각각 달랐다. 거기에는 아무런 규칙도 없는 것처럼 보였지만, 과학자들은 본능적으로 거기에 숨어 있을지도 모르는 어떤 질서를 찾으려고 했다.

되베라이너의 세 쌍 원소 개념은 화학 원소들 사이에 존재하는 어떤 질서를 찾으려는 최초의 시도였는데, 브롬이 발견됨으로써 그러한 노력은 더욱 활기를 띠게 되었다. 왜냐하면 염소와 브롬과 요오드는 가장 확실한 세 쌍 원소의 예였기 때문이다.

그렇지만 세 쌍 원소 개념은 여러 가지 이유로 널리 확산되지 못했다. 첫째, 그 당시에 비록 50여 종의 원소가 발견되었다곤 하지만 아직 발견되지 않은 원소가 많이 있었고, 발견되지 않은 그 구멍들은 원소들을 질서정연하게 배열하려는 시도를 어렵게 만들었다.

둘째, 많은 원소의 원자량이 그 당시 정확하게 알려져 있지 않았다. 따라서 세 쌍 원소 개념이 잘 들어맞는 것으로 보이는 원소들의 관계가 장래에는 그렇지 않은 것으로 밝혀질지도 모르고, 반대로 그런 관계가 성립하지 않는 것으로 생각되었던 세 원소가 실제로는 그런 관계가 있는 것으로 밝혀질지도 몰랐다.

셋째, 원소들 사이의 진정한 질서는 매우 복잡 미묘할 것으로 예상되었는데, 세 쌍 원소 개념과 같은 단순한 관계는 그러한 질서가 될 수 없을 것으로 보였다.

그럼에도 불구하고 되베라이너의 제안은 화학자를 비롯해 사람들의 상상력을 자극하여, 무질서하게 섞여 있는 원소들 사이에서 어떤 질서를 찾으려는 노력을 기울이게 했다.

세 쌍 원소 개념이 나오고 나서 40년이 지난 1869년, 러시아 화학자 드미트리 이바노비치 멘델레예프Dmitri Ivanovich Mendeleev(1834~1907)는 마침내 원소들의 질서를 찾아내어 그것을 주기율표로 만들었다. 이것은 라부아지에가 1778년에 연소의 본질을 밝히고 나서 1896년에 앙투안 앙리 베크렐Antoine Henri Becquerel(1852~1908)이 방사능을 발견하기까지 일어난 화학적 발견 중 가장 위대한 업적이었다.

이렇게 세 쌍 원소 개념으로 원소들을 같은 집단으로 묶자, 이 원소 집단에 이름을 붙여 주는 것이 좋을 것 같았다. 염소는 나트륨과 화합하여 염화나트륨, 즉 소금을 만든다. 브롬과 요오드는 나트륨과 화합하여 각각 브롬화나트륨과 요오드화나트륨을 만드는데, 이것들은 많은 점에서 소금과 비슷하다. 이러한 이유 때문에 염소, 브롬, 요오드는 그리스어로 '소금을 만드는 것'이란 뜻으로 '할로겐halogen', 또는 할로겐족 원소라고 부르게 되었다.

할로겐족 원소

그런데 할로겐족 원소에는 염소와 브롬과 요오드밖에 없을까? 그렇지 않다. 이 세 원소 중에서는 염소의 원자량이 가장 작지만, 염소보다 원자량이 더 작은 '플루오르'라는 할로겐족 원소가 있다.

할로겐족 원소들의 성질은 원자량에 따라 그 성질이 순차적으로 나타나는데, 플루오르도 예외가 아니다. 요오드는 상온에서 고체 상태로 존재하고, 브롬은 액체 상태로 존재한다. 그렇지만 염소와 플루오르는 상온에서 모두 기체 상태로 존재한다. 끓는점은 요오드가 $184°C$, 브롬이 59°C, 염소는 -35°C, 플루오르는 -187°C이다.

또한 브롬은 요오드보다 화학적 반응성이 더 강하고, 염소는 브롬보다 더 강하며, 플루오르는 이들 중에서 반응성이 가장 강하다. 사실 플루오르는 모든 화학 원소 중에서 반응성이 가장 강하다. 그래서 다른 원자들과 아주 쉽게 결합하며, 그 결합을 끊기는 매우 어렵다.

플루오르가 특정 종류의 화합물 속에 포함돼 있다는 사실은 화학자들이 일찍부터 눈치 채고 있었으나, 거기서 플루오르를 분리하여 원소 상태의 기체로 분리해 내는 데에는 오랜 시간이 흘렀다. 1886년에야 프랑스 화학자 페르디낭 프레데리크 앙리 무아상Ferdinand Frédéric Henri Moissan(1852~1907)이 마침내 원소 상태의 플루오르를 분리하는 데 성공했으며, 그 공로로 1906년에 노벨 화학상을 수상했다.

그런데 요오드 다음에 다섯 번째 할로겐족 원소가 또 하나 있다. 이것은 1914년에 영국 물리학자 헨리 그윈-제프리스 모즐리Henry Gwyn-Jeffreys Moseley(1887~1915)가 '원자 번호' 개념을 창안하면서 발견했다.

원자 번호는 각 원소에 정수의 번호를 부여함으로써 주기율표를 완성하는 데 큰 도움을 주었다. 이것은 주기율표 상에서 각 원소의 자리가 정확하게 정해졌다는 것을 의미한다. 즉, 원자 번호를 매김으로써 어떤 두 원소 사이에 다른 원소가 더 이상 존재할 수 없다거나, 아니면 그 사이에 한두 개의 원소가 더 들어갈 여지가 있는지 알 수 있게 된 것이다.

플루오르의 원자 번호는 9번, 염소는 17번, 브롬은 35번, 요오드는 53번이다. 주기율표에서 원자 번호 85번 자리에 다섯 번째 할로겐족 원소가 존재해야 했는데, 그 원소는 아직 발견되지 않은 상태였다.

모즐리가 원자 번호를 창안하던 당시에는 이것이 그다지 놀라운 일이 아니었다. 그 당시에는 이미 방사능이 발견되었는데, 원자 번호 83번 이후의 원소는 모두 방사성 원소이고, 안정한 동위 원소가 존재하지 않는 것으로 생각했다. 다만 90번과 92번 원소(토륨과 우라늄)는 거의 안정한 상태로 존재하여, 지각에 어느 정도 존재한다. 이 두 원소는 붕괴하면서 원자 번호가 83번보다 큰 다른 원소로 변한다. 이렇게 변환된 원소의 양은 극히 미미하지만, 그 방사능을 검출함으로써 그 존재를 확인할 수 있다.

1931년, 미국 화학자 프레드 앨리슨Fred Allison은 자신이 고안한 '자기광학'이란 기술을 이용해 다섯 번째 할로겐족 원소를 발견했다고 보고하면서, 그 이름을 알라바민alabamine이라고 붙였다. 그렇지만 그의 발견은 실수로 밝혀졌고, 주기율표에서 그 자리는 계속 빈칸으로 남게 되었다. 과학자들은 이 다섯 번째 할로겐족 원소를 그냥 '85번 원소' 또는 '에카요오드'라고 불렀다.('에카eka'는 산스크리트어로 '하나'를 뜻하므로, '에카요오드'는 요오드보다 하나 위라는 뜻이다.)

그런데 85번 원소를 토륨이나 우라늄 원소의 붕괴 생성물에서 발견할 수 없더라도, 그것을 실험실에서 만들어 내는 것은 가능할지도 몰랐다. 원자 번호가 83번인 비스무트에 알파 입자를 충돌시킨다고 가정해 보자.(알파 입자는 원자 번호가 2번인 헬륨의 원자핵이다.) 만약 알파 입자가 비스무트 원자핵과 융합한다면, 원자 번호가 85번인 원자핵이 만들어질 것이다.

1940년, 이탈리아 출신의 미국 과학자 에밀리오 세그레Emilio Segré (1905~1989)가 이끄는 캘리포니아 대학의 물리학자들은 이 실험을 하여, 그들이 에카요오드를 만들었다고 생각했다. 그런데 그 당시 유럽에는 제2차 세계 대전이 한창 진행되고 있었고, 미국도 참전 분위기가 점점 고조되어 가고 있었다. 이 때문에 이들의 연구 결과는 뒷전으로 밀려나고 말았다.

그들은 1947년에 이 연구를 다시 계속해 에카요오드를 극소량 만들었다. 이 원소는 그리스어로 '불안정한'이란 뜻으로 '아스타틴astatine'이란 이름을 얻게 되었다. 아스타틴은 실제로 매우 불안정한 원소로, 그중에서 가장 안정한 동위 원소인 아스타틴-210의 반감기는 8.3시간에 불과하다.

그러면 안정한 할로겐족 원소인 플루오르, 염소, 브롬, 요오드만 좀 더 자세히 살펴보기로 하자. 일반적으로(약간의 예외는 있지만) 우주에는 큰 원자보다 작은 원자가 더 많이 존재한다. 따라서 지각의 구성 물질에는 할로겐족 원소 중에서는 플루오르가 가장 많이 존재하고, 그 뒤를 이어 염소, 브롬, 요오드의 순으로 많이 존재해야 자연스럽다.

그 무게를 ppm 단위의 수치로 나타내보면, 플루오르는 700ppm, 염소는 200ppm, 브롬은 3ppm, 요오드는 0.3ppm 존재한다. 가장 흔한 할로겐 화합물은 나트륨 화합물과 칼륨 화합물로, 이것들은 물에 잘 녹는다. 따라서 이 화합물들은 대체로 육지에서 물에 씻겨 내려가 바다로 흘러들어간다.(바다가 짠 이유는 바로 이 때문이다.)

요오드는 바다 속에도 염소보다 훨씬 적게 들어 있다. 바닷물 속에 들어 있는 요오드화나트륨의 양은 염화나트륨의 8000분의 1에 불과하다. 1온스(28.35그램)의 요오드를 얻으려면 바닷물이 500톤이나 필요한 셈인데, 이것은 결코 실용적인 방법이 못 된다.

그런데 사실 요오드는 소량만 섭취하면 된다. 인체에 들어 있는 요오드는 겨우 14mg에 불과하고, 그것도 대부분 갑상선에 들어 있다. 그럼 그 소량의 요오드는 어떻게 섭취할까? 다행히도 요오드는 바다 생물에게도 필수 성분이다. 그래서 해초를 비롯해 바다 식물은 바닷물을 여과하여 요오드를 그 조직 속에 농축시킨다.(쿠르투아가 해초에서 요오드를 얻을 수 있었던 것은 바로 이 때문이다. 만약 바닷물에서 요오드를 얻으려고 했다면, 결코 성공하지 못했을 것이다.) 따라서 해산물에는 우리에게 필요한 요오드가 풍부하게 들어 있다.

그러면 해산물이 흔하지 않은 내륙에서는 요오드를 어떻게 섭취할 수 있을까? 이 경우에도 다행히 바다의 물보라가 햇빛을 받아 아주 작은 소금 입자(물론 이 속에는 요오드화나트륨이 포함되어 있다)로 변한 뒤, 바람에 실려 멀리 내륙 지방으로 운반된다. 그리하여 소량의 요오드 화합물이 토양에 들어가게 되고, 식물이 그것을 흡수하여 우리가 식물을 먹을 때 몸속으로 들어온다.

알프스 산맥이나 로키 산맥, 미국 중서부 지방처럼 토양 속의 요오드 함량이 아주 낮은 곳도 있다. 이런 장소에서는 요오드 결핍증이 풍토병으로 나타난다. 그 결과 갑상선이 비대해져 여러 가지 갑상선종을 일으키기도 한다.

그렇지만 요오드가 발견되면서 갑상선종의 치료에 서광이 비치게 되었다. 요오드가 부족한 지방에는 소량의 요오드화나트륨을 녹인 수돗물을 보냄으로써 요오드 결핍으로 인한 질병을 예방할 수 있게 되었다. 또한 소금에 요오드화나트륨을 첨가하여 '요오드 첨가 소금'을 만들 수도 있다.

게다가 요오드는 입으로 투여하는 항생제보다는 톡톡 쏘는 요오드의 자극을 더 신뢰하는 나 같은 구식 사람들 사이에서 소독약으로도 사용되고 있다.

Isaac Asimov

진정한 지배자

나는 고대 그리스 역사가 훌륭한 이야깃거리를 제공해 주는 노다지란 사실을 새삼 절감할 때가 많다. 그리고 어떤 이유로 나는 그 모든 이야기를 다 기억하고 있다.

테미스토클레스Themistocles의 예를 들어 보자. 아테네의 지도자였던 그는 페르시아의 침입을 예상하고 아테네 시민을 설득하여 함대를 만들었다. 기원전 460년, 마침내 페르시아군이 북쪽에서 휩쓸고 내려와 아테네를 짓밟고 불바다로 만들었다. 아테네 시민은 섬들로 피난했고, 아테네 해군이 그 섬들을 방어했다. 아테네 함대(그리스의 다른 도시 국가들에서 온 전함들도 함께)는 아테네와 살라미스 섬 사이에 있는 좁은 해협에서 페르시아 함대와 일전을 치르기 위해 기다리고 있었다.

그 함대의 명목상 지휘자는 스파르타의 에우리비아데스Eurybiades였다.(그 당시 스파르타는 그리스의 도시 국가들 중 군사 강대국이었다.) 스파르타군은 육지에서는 용감무쌍했으나, 바다에서는 약했다. 아테네가 이미 페르시아군에게 점령된 것을 본 에우리비아데스는 스파르타를 지키기 위해 철수하길 원했지만, 테미스토클레스는 끝까지 싸우자고 했다.

테미스토클레스가 너무나도 완강하게 자기 주장을 내세우자, 그 유창한 언변에 화가 난 에우리비아데스는 지휘봉을 쳐들어 내리치려고 했다. 그러자 테미스토클레스는 팔을 벌리고 가슴을 내밀면서, "자, 치시오. 그렇지만 내 말을 들어 주시오"라고 말했다.

결국 에우리비아데스는 거기서 적을 기다리기로 결정했다. 테미스토클레스는 그가 마음을 돌리지 않도록 하기 위하여 페르시아 왕 크세르크세스Xerxes에게 첩자를 보내, 살라미스 해협의 양끝에 페르시아 함대를 배치하면 그리스 함대를 완전히 가둘 수 있다고 계책을 알려 준다.

마침내 결전의 날이 왔다. 그리스 함대는 자신들이 완전히 포위된 것을 알고는, 살아남기 위해서는 오로지 싸우는 수밖에 없다고 결심하고 결사적으로 싸워 페르시아 해군을 격파했다. 살라미스 해전은 페르시아 전쟁의 흐름을 바꾼 결정적인 전투가 되었다. 전투가 끝난 뒤, 그리스 해군의 지휘관들이 모여 누구의 공이 가장 컸느냐를 놓고 투표를 했다. 모든 지휘관은 각자 자신이 최고의 수훈자라고 투표했지만, 그 다음 수훈자는 모두 테미스토클레스라고 투표했다.

그런데 테미스토클레스가 이렇게 아주 유명해진 후에 어느 산간 마을에서 온 남자가 테미스토클레스를 업신여기는 말을 한 일화가 있다. 그는 테미스토클레스에게 이렇게 말했다고 한다. "만일 당신이 내가 사는 산골짜기의 작은 마을에서 태어났더라면, 오늘날의 명성은 결코 누리지 못했을 것이오." 그러자 테미스토클레스는 이렇게 응수했다고 한다. "당신은 아테네에서 태어났더라도 오늘날 나와 같은 명성을 누리지 못했을 거요."

그렇지만 테미스토클레스에 관한 일화 중에서 내가 가장 좋아하는 이야기는, 그가 자신의 어린 아들을 가리키면서 "저 애가 바로 그리스의 지배자요"라고 말한 것이다.

"저 어린애가요?" 그 말을 들은 사람이 놀라서 물었다.

"물론이지요. 아테네는 그리스를 지배하고, 나는 아테네를 지배합니다. 그런 나를 지배하는 사람이 내 아내인데, 내 아내를 지배하는 것이 바로 저 아이랍니다."

자, 지금부터는 지구를 지배하는 자가 누구인가 알아보자.

질병의 원인

1600년대 말엽, 안톤 판 레이우엔훅Anton van Leeuwenhoek(1632~1723)이라는 네덜란드 사람이 취미로 렌즈를 갈고 있었다. 그가 만든 훌륭한 렌즈 중 어떤 것은 그 크기가 머리핀 정도에 불과했지만, 그것을 통해서 작은 물체를 200배나 확대해 볼 수 있었다. 그래서 그는 당대의 어느 누구보다도 작은 물체를 자세히 관찰할 수 있었다. 죽기 전까지 50년 이상 그가 유리를 갈아 만든 렌즈의 수는 모두 419개나 되었다.

레이우엔훅은 1673년에 최초로 단세포 생물을 발견했다. 그것은 크기가 너무 작아서 현미경이 아니고는 볼 수가 없었지만, 큰 고래와 다름없이 분명히 살아 있었다. 그는 모세혈관과 적혈구, 효모균, 정자도 보았다.

그러나 그가 이룬 최대의 발견은 1683년에 자신의 렌즈로 볼 수 있었던 가장 작은 물체를 관찰하여 그림으로 그린 것이었다. 그 당시 그는 그것이 무엇인지 몰랐고, 그 후 1세기가 지나도록 그것을 다시 본 사람은 아무도 없었다. 하지만 오늘날 그 그림을 본 사람들은 레이우엔훅이 세균(박테리아)을 최초로 발견했다는 사실을 알 수 있다.

박테리아bacteria는 레이우엔훅이 붙인 이름은 아니다. 그는 자신이 본 살아 있는 작은 물체를 모두 '극미동물animalcule(라틴어로 '작은 동물'이란 뜻)'이라고 불렀다. 오늘날 우리는 이것들을 통틀어 미생물microorganism(그리스어로 '작은 동물'이란 뜻)이라 부른다.

실제로 세균을 최초로 연구한 사람은 덴마크 생물학자 오토 프리드리히 뮬레르Otto Friedrich Müller(1730~1784)였다. 그가 관찰한 것은 사후에 출간된 책에 실렸다. 그는 미생물을 체계적으로 분류하려고 최초로 시도한 사람이기도 하다. 그는 그보다 50여 년 앞서 스웨덴 식물학자 카를 폰 린네Carl von Linné(1707~1778)가 유행시킨 분류법에 따라 미생물을 종種과 속屬으로 분류하려고 시도했다. 린네는 눈으로 쉽게 볼 수 있는 동물과 식물을 대상으로 했고, 분명히 눈에 보이는 차이점과 비슷한 점을 바탕으로 분류를 할 수가 있었다.

그러나 미생물은 그 크기가 매우 작아서 미생물 간의 특징을 관찰하기가 아주 어려웠다. 그래서 전체적인 모습만으로 판단할 수밖에 없었는데, 세균의 경우에는 특히 그랬다. 그것은 마치 동물과 식물을 그 그림자만 보고 분류하려는 것과 같았다. 그렇지만 뮬레르는 어떤 세균은 작은 막대처럼 생기고, 또 어떤 세균은 코르크 마개뽑이처럼 생긴 것을 눈으로 볼 수 있었다. 그래서 전자를 '간균桿菌, bacillus(라틴어로 '작은 막대'라는 뜻)'이라 명명했고, 후자를 '나선균spirillum(라틴어로 '작은 나선'

이란 뜻)'이라 명명했다.

　그 당시에는 뮐레르가 본 것보다 더 자세히 세균을 관찰하기가 불가능했다. 현미경에 쓰이는 렌즈에 빛이 통과할 때에는 파장에 따라 굴절되는 정도가 제각각 다르다. 따라서 어느 파장의 빛에 초점을 맞추면 다른 파장의 빛들은 초점이 맞지 않아서, 보려고 하는 물체의 상 주위에 흐릿한 색의 띠가 나타났다.(이것을 색수차 현상이라 부른다.)

　그러다가 1830년, 영국의 렌즈 제작자 조지프 잭슨 리스터Joseph Jackson Lister(1786~1869)가 두 종류의 유리를 사용하여 현미경 렌즈를 만드는 데 성공했다. 두 종류의 유리도 파장에 따라 빛을 각각 다르게 굴절시켰지만, 적절하게 결합하면 한 렌즈의 색수차 현상과 다른 렌즈의 색수차 현상을 상쇄시킬 수 있었다. 그래서 이 렌즈를 '색지움 렌즈'라 불렀다. 이제 색지움 렌즈로 만든 현미경을 사용함으로써 물체의 상 주위에 흐릿한 색이 나타나지 않고 초점이 분명하게 맺어졌으며, 세균과 같은 작은 물체를 자세히 연구하는 것이 비로소 가능해졌다.

　1860년대에 프랑스의 화학자이자 생물학자인 루이 파스퇴르Louis Pasteur(1822~1898)는, 특정 종류의 미생물이 사람과 사람에게로 옮아가기 때문에 질병이 발생한다고 주장했다. 이것은 의학의 역사에서 단일 발견으로는 가장 위대한 업적으로 평가할 만한데, 파스퇴르는 질병의 원인을 미생물이라고 정확하게 지적했다.

　독일 식물학자 페르디난트 율리우스 콘Ferdinand Julius Cohn(1828~1898)은 파스퇴르의 연구에 영감을 얻어 최초로 평생을 세균 연구에 몰두한 과학자가 되었다. 1872년, 콘은 세균에 관한 논문을 세 권의 책으로 발표했는데, 이를 통해 세균학이 탄생했다. 그는 뮐레르보다 더 자세히 세균을 분류했고, 세균 포자와 뜨거운 온도에서도 살아남는 그 능력에 대해 최초로 기술했다.

콘은 세균을 간균과 나선균으로 나눈 물레르의 분류법을 그대로 받아들였지만, 거기서 한 걸음 더 나아갔다. 막대 모양의 세균 중 일부는 다른 것보다 더 길다는 사실에 주목한 것이다. 그는 더 기다란 세균은 이전처럼 간균이라고 불렀지만, 더 짧은 막대 모양의 세균을 처음으로 '박테리아bacteria(라틴어로 '작은 막대' 라는 뜻)' 라고 불렀다.

그 후 박테리아는 이 미생물들을 통틀어 일컫는 이름으로 쓰이게 되었다. 물론 다른 용어들도 여전히 함께 쓰이고 있었다. 독일 병리학자 크리스티안 빌로트Christian A. T. Billroth(1829~1894)는 작은 공 모양의 세균을 '구균球菌, coccus(그리스어로 '장과漿果' 란 뜻)' 이라고 명명했다. 구균의 변종으로는 연쇄상구균, 포도상구균, 폐렴쌍구균 등이 있다. 또 프랑스 생물학자 샤를 세디요Charles Sedillot는 질병이나 부패, 발효를 일으키는 모든 미생물을 'microbe(그리스어로 '작은 생물' 이란 뜻)' 라고 불렀다. 'microbe' 는 지금도 가끔 일반적인 세균을 가리키는 뜻으로 쓰인다.

20세기 초에는 더 일반적인 용어가 사용되기 시작했다. 이 용어는 세균에 사용하기에는 가장 적합하지 않은 용어이지만, 일반 대중은 그런 뜻으로 널리 사용했다. 그것은 'germ(라틴어로 '눈' 또는 '싹' 이란 뜻)' 이라는 용어인데, 생명이 자라날 수 있는 작은 물체라면 어떤 것이라도 'germ' 이라고 부를 수 있었다.

따라서 씨앗에서 실제로 살아 있는 물질을 함유하고 있는 부분(우리말로는 '눈' 또는 '배' 에 해당하는 부분)은 germ이라고 부를 수 있다. 또한 생명은 정자와 난자에서 생겨나기 때문에 이것들은 'germ cell', 곧 생식 세포라 부른다. 배아가 발달할 때 나중에 기관으로 발달해 갈 원시 세포 집단은 'germ layer'라 부르는데, 우리말로는 배엽胚葉으로 번역된다.

끝으로 질병에 대한 파스퇴르의 생각은 '질병의 세균설germ theory of disease'이라 부르는데, 병원체는 세균만 있는 게 아니므로 정확한 용어가 아니다. 바이러스나 곰팡이, 원생동물, 기생충도 병을 일으키기 때문이다.

지구상에 존재하는 유일한 생명체

세균과 다른 세포들의 가장 큰 차이점은 그 크기이다. 세균이 아닌 단세포 생물은 유심히 관찰하면 맨눈으로도 볼 수 있을 정도로 크다. 하나의 세포 안에 살아가는 데 필요한 모든 기능을 다 집어넣어야 하기 때문이다. 예를 들어 아메바는 폭이 약 200μm(0.2mm)나 된다.

다세포 생물을 이루는 세포들은 크기가 좀더 작다. 이 세포들은 독립적으로 살아가기 위해 모든 것을 다 갖출 필요가 없다. 다른 세포들과 할 일을 분담하면 되기 때문이다. 예를 들어 사람의 간 세포는 폭이 12μm(마이크로미터)에 불과하여, 아메바만 한 크기가 되려면 간 세포 2400여 개가 있어야 한다.

그런데 전형적인 세균의 크기는 폭이 2μm에 불과하다. 세균은 지구상에서 자유롭게 살아가는 생물체 중에서 가장 작다. 우리가 알고 있는 가장 작은 세균은 폭이 0.02μm이다. 이 세균들을 모아 아메바 하나만

한 크기로 만들려면 약 2억 개가 있어야 한다.(물론 세균보다 더 작은 생물체인 바이러스가 있다. 그렇지만 바이러스는 자유롭게 살아간다고 말할 수 없다. 바이러스는 살아 있는 다른 세포 속에서만 살아갈 수 있다.)

그러면 세균은 생물의 분류 체계에서 어디에 속할까? 나는 어릴 때 모든 생물은 동물과 식물이라는 2개의 계로 분류된다고 배웠다. 그리고 세균은 조금 거슬리긴 하지만 식물계에 속하는 것으로 이해했다. 또한 동물계와 식물계에는 다세포 생물만 포함시키고, 모든 단세포 생물은 원생생물계라는 세 번째 계로 분류했다.

현재 통용되는 분류 체계를 알려면 1831년으로 돌아가 볼 필요가 있다. 그때 영국 식물학자 로버트 브라운Robert Brown(1773~1858)은 세포 안에 작은 구조들이 있다는 사실을 처음 발견했다. 그는 그것을 '핵nucleus(라틴어로 '호두 알맹이'란 뜻)'이라 불렀는데, 세포 안에 들어 있는 그것이 마치 껍데기 속에 들어 있는 호두 알맹이 같았기 때문이었다.

나중에 밝혀지게 되지만, 세포핵 속에는 세포의 생식을 지배하는 유전 물질이 들어 있다. 이 유전 물질은 세포 분열 시에 원래의 것과 거의 비슷하게 복제되어 모세포에서 딸세포로 전달된다. 크게 보면, 부모 생물에서 그 자손으로 유전 물질이 전달되는 것으로 나타난다.

동물이든 식물이든 모든 다세포 생물의 세포에는 핵이 들어 있다.(적혈구처럼 핵이 없는 불완전한 세포도 일부 있다. 이 세포들은 단명하며, 성장하거나 분열하지 않는다.) 따라서 동식물을 막론하고 모든 다세포 생물은 핵을 가진 세포들로 이루어진 진핵생물眞核生物, eukaryotes(그리스어로 '진짜 핵'이란 뜻)이라고 볼 수 있다. 그와 함께 단세포로 이루어진 아메바 같은 동물 세포나 조류藻類 같은 식물 세포도 진핵생물이다. 다시 말해,

다세포나 큰 단세포로 이루어진 동식물이 진핵생물계에 포함된다.

반면에 세균 세포는 핵이 없다. 이것은 세포가 유전 물질이 없다는 뜻이 아니다. 세균이 성장하고 증식하려면 반드시 유전 물질이 있어야 한다. 세균의 경우에는 유전 물질이 핵 안에 들어 있는 것이 아니라, 세포 전체에 분산되어 있다. 혹은 세균 세포 자체를 자유롭게 살아가는 세포핵이라고 볼 수도 있는데, 그 때문에 세균 세포의 크기가 그렇게 작은 것이다.(그렇지만 세균 세포는 진핵생물의 세포핵 밖에 있는 구조들도 포함하고 있다.)

세균 세포들―그리고 분명한 핵이 없고 유전 물질이 세포 전체에 분산되어 있는 모든 세포들―은 '원핵생물原核生物, prokaryotes(그리스어로 '핵 이전'이란 뜻)'이라 부르는데, 이들은 진핵생물계와 대비되는 원핵생물계를 이룬다. 이렇게 하여 우리는 생물계를 세균과 그 밖의 것들로 나눌 수 있다. '원핵생물'이란 이름은 세균이 진핵생물보다 더 원시적이라는 뜻을 담고 있다. 세균은 진핵생물이 존재하기 이전부터 이미 존재하면서 진화해 왔기 때문이다.

화석의 기록을 살펴보면, 우리만큼 복잡한 다세포 생물들의 화석을 발견할 수 있다. 그중 상당수는 몸집이 아주 크다. 오늘날 살고 있는 생물과 닮은 것으로 미루어 보아 이들 화석은 모두 진핵생물이라는 게 확실하다.

발견된 것 중 가장 오래된 화석은 약 6억 년 전의 것이지만, 이것이 가장 오래된 생물의 형태는 아니다. 왜냐하면 가장 오래된 화석들도 이미 상당히 복잡한 형태를 갖추고 있는 것으로 보아, 그 이전에 이미 상당 기간 진화해 온 것으로 보이기 때문이다. 게다가 지구의 나이는 약

46억 년으로 추정되는데, 남아 있는 화석들은 그 마지막 8분의 1의 시기에 존재한 셈이므로, 그 이전에도 생물이 진화할 수 있는 시간이 충분히 있었을 것이다.

그리고 중요한 것은 껍데기나 뼈, 이빨과 같은 단단한 구조를 갖춘 다세포 생물이라야 쉽게 화석으로 남을 수 있다는 것이다. 이렇게 본다면 그 이전에 단단한 구조를 갖추지 못한 다세포 생물이 분명히 존재했을 것이며, 그중 가장 오래된 것은 약 8억 년 전에 존재했을 것이다.

여기서 더 먼 과거로 거슬러 올라갈 수도 있다. 미국 고생물학자 엘소 스테렌버그 바군Elso Sterrenberg Barghoorn(1915~1984)은 1954년부터 캐나다 온타리오 주 남부에서 오래된 암석들을 연구했다. 그는 암석을 아주 얇게 썰어 현미경으로 관찰해 거기서 원생생물만 한 크기의 원형 구조들을 발견했다. 더구나 그 속에는 세포 내 구조를 닮은 더 작은 구조들의 흔적이 남아 있었다.

그것은 단세포 생물의 화석임이 분명했으며, 가장 오래된 것은 약 14억 년 전의 것으로 밝혀졌다. 이것은 가장 오래된 다세포 생물의 화석보다 2배나 오래된 것이지만, 그렇다고 해도 진핵생물의 역사는 지구의 역사에 비하면 3분의 1에 불과하다. 더구나 진핵생물은 단세포 생물이면서도 상당히 복잡한 구조를 가지고 있으므로, 그렇게 진화하는 데 상당한 시간이 걸렸을 것이다.

바군과 동료 과학자들은 또 진핵생물이 들어 있기 힘들 만큼 오래된 암석에서 아주 작은 구조들을 발견했다. 이것으로 볼 때 원핵생물은 진핵생물보다 훨씬 이전에 존재한 것이 확실하다. 현재까지 암석에서 발견된 가장 오래된 원핵생물의 흔적은 약 35억 년 전의 것으로 추정된다.

이것은 원핵생물이 지구의 나이가 10억 년쯤 되었을 때 존재했다는 것을 의미한다. 이들은 그 후 약 20억 년 동안 지구상에 존재한 유일한 생명체였다. 그동안 이들은 지구의 진정한 지배자였다.

모든 생물이 사라진 뒤…

일단 지구상에 등장한 진핵생물은 처음에는 단세포 식물과 동물의 형태로, 그 다음에는 여러 종류의 다세포 식물과 동물의 형태로 지구를 지배해 간 것으로 보인다. 바다의 지배적인 생물(어류)과 육지의 지배적인 생물(처음엔 양서류, 그 다음에는 파충류, 포유류—그중에서도 특히 인간—의 순으로)은 모두 진핵생물이다.

그런데 '지배적'이라는 말을 어떻게 정의해야 할까? 지구상에 존재하는 식물의 질량은 동물의 10배나 된다. 그리고 동물은 식물계에 기생하는 존재로서만 살아갈 수 있다. 만약 식물이 모두 사라진다면, 동물도 모두 사라지고 말 것이다. 그러나 반대로 동물이 모두 사라진다 하더라도 대부분의 식물은 살아남을 것이다.

아주 객관적인 시각을 가진 외계인이 지구를 본다면, 지구는 식물의 세계로 보일 것이다. 그리고 그중에서 많이 진화한 나무들이 '지배자'로 보일 것이고, 식물들 사이로 하찮은 기생충들이 귀찮게 돌아다니는 것으로 보일 것이다.(사람의 몸도 수조 개의 세포와, 피부나 창자에 기생하는 하찮고 귀찮은 기생충으로 이루어져 있다. 기생충이 우리의 몸을 먹고 산다고 해서 그들을 우리의 지배자라고 하지는 않는다.)

다른 각도에서 한번 바라보기로 하자. 진핵생물은 어떻게 생겨났을까? 이에 대해 여러 종류의 원핵생물이 서로 도우며 살다가 결국 결합하여 진핵생물이 생겨났다고 생각하는 과학자들이 있다.

이 견해에 따르면 유전 기능이 발달한 원핵생물이 산소 이용 기능이 뛰어난 원핵생물과 결합했다는 것이다. 이들이 결합하면서 유전 기능이 뛰어난 부분은 핵이 되었고, 그 바깥에 산소 처리 기능이 뛰어난 미토콘드리아가 자리잡게 되었다. 그 밖의 세포 기능을 수행하는 부분들은 각자 특별한 기능을 가진 원핵생물이 결합함으로써 생겨나게 되었다.

결론적으로 말해서, 진핵 세포들이 결합하여 다세포 식물과 동물이 생겨난 것처럼 진핵생물은 원핵생물들이 결합해 생겨났다. 이 견해를 강력하게 주장한 사람은 미국 생물학자 린 마굴리스Lynn Margulis(1938~)이다.

그렇다면 지구상에 존재하는 생물은 다음의 세 범주로 나눌 수 있다. (1) 세균과 같은 원핵생물, (2) 아메바처럼 원핵생물들이 결합한 것, (3) 사람처럼 원핵생물들이 결합한 것들이 결합한 것. 이것은 마치 미국의 주를 사람들의 결합으로 보고, 미국 연방 정부를 주들의 결합(사람들의 결합들의 결합)으로 보는 것과 유사하다.

효율적이고 인도적인 정부는 사람들에게 각자 혼자서 완전히 고립된 상태로 살아가는 것보다 훨씬 나은 삶을 제공한다. 그러나 개인의 입장에서 보면, 미국을 이루는 기본 단위는 바로 개인들이다. 정부가 없으면 비록 미개하고 가난하게 살지는 모르지만, 어쨌든 사람들은 살아갈 수 있다. 그렇지만 국민이 없으면 정부는 존재할 수 없다. 이 대목에서 나는 지구를 지배하는 것은 원핵생물이라고 말하고 싶은 충동을 강하게 느낀다.

또 다른 시각에서 한번 바라보자. 진핵생물은 약 14억 년 전에 출현했고, 최초의 다세포 생물은 약 8억 년 전에 출현한 것으로 보이지만, 원핵생물은 아직도 존재하고 있고 번성하고 있다. 원핵생물은 그 수가 매우 많고 또 급속하게 증가해 가기 때문에, 진핵생물(단세포 생물이든 다세포 생물이든)보다 훨씬 빠른 속도로 진화한다.

그 결과, 진핵생물이 적응하지 못한 환경에서도 원핵생물은 그럭저럭 적응해 살아간다. 원핵생물은 어떤 진핵생물도 살 수 없는 온도나 염분 속에서도 꿋꿋이 살고 있다. 다른 생물들은 섭취하지 못하는 무기 화합물을 섭취하면서 살아가는 종류도 있다. 그리고 어떤 형태의 생물체도 견딜 수 없는 극한 환경 속에서도 포자의 형태로 살아남는다.

우리가 원핵생물을 죽이려고 화학 약품을 개발하면 원핵생물은 그 화학 약품에 점차 적응하기 때문에, 원핵생물을 계속 억제하려면 끊임없이 새로운 화학 약품을 개발해야 할 것이다. 이들을 굴복시키는 것은 불가능하며, 만약 우주적인 것이건 인공적인 것이건 큰 재앙이 발생해 지구상의 모든 생물이 멸종하는 사태가 일어난다 하더라도, 이들 원핵생물은 맨 마지막에 가서야 사라질 것이다. 심지어 모든 생물이 사라진 뒤에도 이들은 살아남을지 모른다.

자, 그렇다면 과연 지구의 지배자는 누구라고 생각하는가? 편견이나 자기애를 버리고 냉정하게 생각한다면 말이다.

진핵생물, 진정세균, 고세균

그런데 아직도 세균을 분류하는 문제가 남아 있다. 물레르나 콘 같은 초기의 생물학자들은 세균을 단지 외관상으로만 분류하려고 시도했으며, 그 결과 각각의 종이 서로 어떤 연관이 있는지 알 수 없는 이름들이 많이 남게 되었다.

그러다가 마침내 생화학 기술이 발전하고, 과학자들이 세포 구성 물질의 화학적 성분, 세포가 지닌 유전 인자, 그것들이 일으키는 화학 반응 등을 연구하면서 원핵생물의 진화 과정과 서로 간의 관계를 연구하는 데 큰 진전이 이루어졌다.

세균들 간의 관계를 알아내기 위해 최근에 고안된 한 체계는 리보솜 ribosome에 초점을 맞추고 있다. 리보솜은 진핵생물과 원핵생물을 막론하고 모든 세포 속에 들어 있는 작은 세포 내 기관으로, 단백질 합성 과정에 관여한다. 각각의 세포가 고유의 특징을 나타내는 것은 각 세포 속에서 일어나는 화학 반응이 서로 다르기 때문인데, 화학 반응은 생성된 단백질의 성질에 따라 달라지므로 리보솜은 시간이 지나면서 아주 서서히 변화하는 것으로 보인다.(리보솜은 합성되는 단백질의 종류에는 별다른 영향력을 미치지 못한다.) 따라서 리보솜의 차이는 두 종의 사이에 존재하는 진화상의 거리를 알려 주는 척도가 된다.

이처럼 리보솜을 기준으로 보면, 세균은 분명하게 두 집단으로 나눌 수 있다. 한 종류는 우리가 흔히 마주치는 보통 세균으로, 그 화학 반응은 일반적인 세포들에서 일어나는 것과 동일하다. 이들을 '진정세균 eubacteria(그리스어로 '진짜 세균'이란 뜻)'이라 부른다. 또 한 종류의 세균은 아주 다른 리보솜을 가지고 있으며, 그 화학 반응과 생활 방식도 아주 다르다. 이들을 '고세균 archaebacteria(그리스어로 '오래된 세균'이란 뜻)'이라 부른다.

진정세균과 고세균은 리보솜 화학이라는 측면에서 볼 때에는 서로 아주 다르다. 그 차이는 이들과 진핵생물의 차이만큼이나 크다. 그렇다면 지구상에 살고 있는 모든 생물은 진핵생물, 진정세균, 고세균의 세 부류로 나눌 수 있다.

고세균은 우리가 알고 있는 자유롭게 살아가는 생물 중에서 가장 오래되고 가장 원시적인 생물로 생각된다. 고세균은 다시 세 집단으로 나눌 수 있다. 그중 한 종류는 산소를 이용하지 못하고, 최종 산물로 이산화탄소 대신에 메탄을 내놓는 화학 과정을 이용한다. 이들을 '메탄 생성 미생물methanogene'이라 부른다. 그리고 또 한 종류는 뜨거운 산성물 속에서 번성하므로, '호열호산성 세균themoacidophile'이라 부른다. 그리고 마지막 한 종류는 염분 농도가 높은 물을 좋아하므로, '호염성 세균halobacteria'이라 부른다.

이 세 종류의 고세균은 모두 공통의 조상에서 갈라져 나온 것으로 생각되는데, 그 조상은 현존하지 않거나 아직 발견되지 않았기 때문에 그 정체를 알 수가 없다. 가장 원시적인 이 세포를 '프로게노트progenote(그리스어로 '태어나기 전'이란 뜻)'라는 이름으로 부르는 것을 본 적이 있긴 하다.

아마도 이 고세균으로부터 진정세균과 진핵생물이 생겨났을 것이다. 이들이 서로 다른 고세균으로부터 생겨났는지는 알 수 없다. 최초의 진정세균은 호열호산성 세균에서 생겨났고, 최초의 진핵생물은 메탄 생성 미생물에서 생겨났다는 주장이 있으나, 나는 그것을 아직 받아들이지 않고 있다. 나는 진정세균이 먼저 고세균의 한 종류에서 생겨났으며, 그 다음에 진정세균들이 결합하여 진핵생물이 생겨났다고 생각한다.

그렇지만 이것을 뒷받침해 주는 증거는 없다. 다만 나는 이것이 적절한 과정이라고 생각할 뿐이다.

진정세균은 다시 여러 종류의 집단으로 나뉘는데, 그중에서 엽록소를 포함한 종류가 특히 흥미를 끈다. 엽록소를 포함한 단세포 생물 중 가장 잘 알려진 것은 조류藻類인데, 그중에서 한 종류는 그 색 때문에 오랫동안 '남조류藍藻類'라고 불러왔다.

그런데 사실은 남조류는 조류가 아니다. 조류는 진핵생물이고, 남조류는 원핵생물이다. 그러니까 이들은 서로 소속이 다른 것이다. 이러한 이유 때문에 남조류는 처음에는 타협의 산물로 '남조식물'이라 부르다가, 나중에 남조세균cyanobacteria(그리스어로 '파란 세균'이란 뜻)이라 부르게 되었다. 이 남조세균이 다른 진정세균과 결합하여 식물 세포 속에서 엽록소를 함유한 '엽록체'가 된 것으로 보인다.

또한 남조세균은 약 20억 년 동안 아마도 세상에서 유일하게 광합성을 하는 생물로 존재하며 산소를 만들어 냈다. 따라서 오늘날 우리가 숨쉬고 살아가는 산소 대기를 만들어 낸 것은 바로 이들인 셈이다.

○ 오늘날 사용되고 있는 일반적인 분류 체계

바이러스, 세균, 남조류 등은 핵막이 없어 핵의 구별이 뚜렷하지 않은 세포인 원핵세포로 이루어져 있기 때문에 '원핵생물계'에 속한다. 한편 진핵세포 생물 중에서 단세포 생물은 '원생생물'이라는 독립된 계로 다룬다. 여기에는 여러 무리의 단세포 조류, 점균류, 원생동물 등이 포함된다. '균류'에는 버섯, 곰팡이, 효모 등이 포함된다. 균류는 진핵 세포로 이루어져 있고, 보통 1개의 세포 내에 여러 개의 핵이 있으며, 엽록체가 없어 광합성은 하지 못한다.

현대의 분류 체계 중 가장 정교한 것은 5계界 체계이고, 균류를 원생생물계의 한 문門으로 보는 4계 체계도 많이 쓰인다.

〈표〉 5계

계	종류
원핵생물계 원생생물계	바이러스, 세균, 남조류, 리케차 원생식물: 단세포성 조류 원생동물: 단세포성 동물—아메바류, 편모충류, 　　　　　섬모충류, 포자충류 등의 원생동물
균류 식물계 동물계	

Isaac Asimov

고온 핵융합과 저온 핵융합

내 아내 재닛은 나의 건강을 지나치게 걱정한다. 하늘에 구름이 한 조각이라도 걸려 있으면 꼭 우산을 챙겨 준다. 나는 거리에 안개가 조금이라도 끼어 있으면 등산화를 신어야 한다. 기온이 20°C 이하로 떨어지면 털모자를 써야 한다. 내가 먹는 음식에 기울이는 세심한 신경이나 가벼운 기침만 해도 날아오는 신문조의 추궁 등은 더 말해서 뭐하랴!

여러분은 내가 이러한 배려를 고맙게 생각할 거라고 짐작할지 모르겠다. 그러나 비슷한 처지에 놓인 남자들에게 물어보고 싶다. 당신은 그것을 고맙게 생각하느냐고. 나는 그럴 거라고 생각하지 않는다.

사실, 나는 이 문제에 대해 많은 불평을 했고, 불만이 심할 때에는 아주 논리적으로 열변을 토하기도 했다. 그래서 사람들의 공감을 얻었느냐고? 천만에. 내 불평에 대해 친구나 아는 사람들은 나를 차가운 눈초리로 바라보면서, "그건 다 아내가 자네를 사랑하기 때문이야"라고 말

262 우주의 비밀

한다. 사람들은 그게 얼마나 짜증나는 일인지 모른다.

최근에 나는 어느 좌담회에 참석하기 위해 리무진을 탄 적이 있었다. 운전기사는 외국인이었는데, 완벽한 운전 솜씨와 뛰어난 지성을 가졌지만 영어를 완전하게 구사하지는 못했다. 자신의 약점을 잘 알고 있는 운전기사는 나와 대화를 하면서 약간이나마 영어를 익히길 원했고, 나는 그가 잘 배울 수 있도록 신경을 써서 정확하게 발음을 했다.

어느 장소를 지나치다가 그는 따뜻한 햇살과 부드러운 미풍을 느끼면서 근처에 있는 공원의 풍경을 바라보았다. 그리고는 "음, 아주……조운……날씨군요"라고 말했다.

이 말에 나는 문득 억울한 감정이 복받쳐 올라 평소의 어조로 돌아가 "그래요! 그런데 내 아내는 우산을 가져가라고 하지 뭡니까?"라고 말했다. 그러면서 나는 그 불만스러운 도구를 쳐들고는 흔들어 보였다. 그러자 운전기사는 신중하게 단어를 고르더니, "그렇지만 당신……아내는……그녀는 당신을 싸랑해요"라고 말했다.

나는 또 졌다 싶어 몸을 좌석에 파묻었다. 문화적 차이를 뛰어넘어 모두가 이 음모에 가담하고 있는 것 같다!

믿거나 말거나, 내가 이 글을 쓰려고 마음먹은 것은 바로 이 일 때문이다.

과학적 실수

과학도 문화적 차이를 뛰어넘어 통용되는데, 과학적 실수도 예외가 아니다. 여기서 내가 말하는 과학적 실수는 사기를 가리키는 것이 아니다.

유능한 과학자가 전혀 나쁜 의도 없이 저지른 정직한 실수를 말한다. 내가 다른 책에서 다룬 그러한 실수의 예로는 1903년에 프랑스 물리학자 르네 블롱들로René P. Blondlot가 N선을 발견했다고 세상을 떠들썩하게 한 일을 들 수 있다.

놀랍긴 하지만 수상쩍은 발견에 대해 지나치게 흥분하는 프랑스인 특유의 기질 탓이라고 생각하는 사람이 있을지도 모르겠다. 어쨌든 흥분을 잘하는 프랑스인의 기질은 잘 알려져 있으니까. 그러나 그렇지 않다! 그런 일은 언제 어디서나 일어난다.

1962년, 소련 물리학자 보리스 데르야긴Boris V. Deryagin은 중합수重合水, polywater를 발견했다고 보고했다. 중합수는 아주 가느다란 관 속에서 물 분자들이 비정상적으로 압축되어 나타나는 새로운 형태의 물로 생각되었다. 중합수는 밀도가 보통 물의 1.4배나 되고, 100°C가 아니라 500°C에서 끓는다고 보고되었다.

그러자 곧 전 세계의 화학자들이 데르야긴이 한 실험을 그대로 반복해 보았고, 그 결과가 옳다고 확인했다. 중합수는 사람의 세포 같은 아주 비좁은 환경에서 중요한 역할을 할지도 몰랐다. 중합수의 발견에 대해 과학자들은 크게 흥분했다.

그러나 그때 물이 담긴 용기의 유리 성분이 녹아들면 보고된 중합수와 같은 성질이 나타날 수 있다는 보고들이 슬슬 흘러나왔다. 그렇다면 중합수는 실제로는 나트륨-칼슘 규산염이 물에 용해된 것이란 말인가? 애석하게도 그랬다. 중합수는 N선과 마찬가지 운명을 맞아 쓸쓸히 사라지고 말았다.

이 대목에서 "러시아 사람들도 흥분을 잘하니까"라고 말하는 사람이 있을지도 모르겠다. 하기야 정신없이 설치는 러시아 사람의 기질은 널리 알려져 있지 않은가?

그렇다면 이번에는 보스턴의 순수 혈통을 물려받은 미국 천문학자 퍼시벌 로웰의 경우를 살펴보자. 로웰은 화성에서 운하를 보았다고 보고했고, 그러한 운하들이 그어져 있는 화성 지도까지 만들었다. 운하들은 오아시스에서 만나며, 어떤 경우에는 2개가 겹치기도 했다. 로웰은 운하가 화성에 고도의 기술 문명이 발달한 고등 생물이 존재함을 말해 주는 증거라고 확신했다. 그는 말라 가는 화성의 사막 지역에 물을 대기 위해 운하를 파 극지방의 얼음에서 물을 끌어온다고 설명했다.

다른 사람들도 화성을 관측하여 로웰이 운하라고 말한 검은 선들을 보긴 했다. 그러나 대부분의 천문학자는 그것을 보지 못했다. 세월이 흐르면서 로웰의 주장과 반대되는 증거들이 쌓였고, 오늘날 우리는 화성 탐사선에서 보내 온 사진에서 확인된 바와 같이 화성에는 운하가 없다는 사실을 분명히 알고 있다. 로웰은 광학적 착시 현상에 속았던 것이다.

그렇다면 놀라워 보이는 발견들은 항상 잘못된 것일까? 물론 그렇지는 않다.

1938년, 독일 화학자 오토 한Otto Hahn(1879~1968)은 우라늄 원자에 중성자를 충돌시키는 실험을 했다. 그 실험 결과는 우라늄 원자가 둘로 쪼개졌다고 가정할 때에만 설명이 가능했다. 그렇지만 그때까지 그러한 현상은 한 번도 알려진 적이 없었기 때문에, 한은 그것을 발표하면 자신의 명성에 금이 갈까 우려하여 발표를 하지 않았다.

그런데 그와 함께 연구했던 오스트리아 화학자 리제 마이트너Lise

Meitner는 1938년에 유대인이라는 이유로 독일에서 추방되어 스웨덴으로 갔다. 마이트너는 자신은 잃을 게 없다는 생각에서 우라늄 핵분열에 관한 논문을 쓰면서 조카인 오토 프리슈Otto Frisch에게 그 이야기를 했다.

프리슈는 그것을 덴마크 물리학자 닐스 보어Niels Bohr(1885~1962)에게 이야기했다. 마침 보어는 과학 회의에 참석하기 위해 미국을 방문하려던 참이었다. 보어가 그 회의에서 핵분열 반응에 관한 이야기를 하자, 미국 물리학자들은 즉시 실험실로 돌아가 그 실험을 해 보고 우라늄 핵분열 반응을 확인했다. 그 뒤에 일어난 이야기는 오늘날 우리가 익히 아는 바와 같다.

한이 독일인이고 마이트너가 오스트리아인이기 때문에 이런 결과가 나온 것일까? 절대로 그렇지 않다. 이 밖에도 1926년에 뛰어난 독일 화학자들이 '마수륨(테크네튬의 별칭)'을 발견한 이야기도 들려주고 싶지만, 그것은 다음 기회로 미루기로 하자.

고온 핵융합 반응

이번엔 핵분열과 반대 개념인 핵융합에 대해 알아보자. 핵분열 반응에서는 큰 원자핵이 2개의 작은 원자핵으로 쪼개진다. 핵융합 반응에서는 2개의 작은 원자핵이 결합해 하나의 큰 원자핵이 만들어진다.

핵분열은 다소 쉽다고 볼 수 있다. 일부 큰 원자핵은 자연적으로도 붕괴하는 경향이 있다. 원자핵을 이루는 양성자와 중성자를 핵자核子라고 부르는데, 핵자들은 강한 상호 작용이라는 아주 강한 힘으로 들러붙어 있다. 그런데 강한 상호 작용은 미치는 거리가 아주 짧다. 그래서 큰 원자핵에서 자연적으로 일어나는 진동 운동은 원자핵을 아슬아슬한 분열 상황으로 몰아간다. 실제로 우라늄 원자는 자연 발생적으로 이따금씩 핵분열을 일으킨다.

만약 원자핵에 약간의 에너지를 가해 주기만 하면, 핵분열은 즉각 일어날 수 있다. 특히 우라늄-235처럼 원자핵이 매우 불안정해 핵분열 일보 직전의 상태에 있는 경우에는 핵분열이 더욱 잘 일어난다. 그저 우라늄-235에 중성자 하나를 쏘아 주기만 하면 된다. 원자핵은 양전하를 띠고 있지만, 중성자는 전하가 없으므로 아무런 반발력도 받지 않고 원자핵 속으로 들어갈 수 있다. 중성자 하나가 더 늘어난 원자핵은 더욱 불안정해져 핵분열을 일으킨다.

핵융합 반응은 이것보다 훨씬 복잡하다. 2개의 작은 원자핵을 융합시키려면, 이 둘을 아주 가까운 거리까지 접근시켜야 한다. 그렇지만 원자핵은 모두 양전하를 띠고 있기 때문에 서로 간에 반발력이 작용해 서로 밀어낸다. 두 원자핵을 융합시킬 만큼 가까이 접근시키려면 거의 불가능해 보일 정도로 엄청난 에너지가 필요하다.

그렇지만 핵융합 반응은 우주에서 일어나고 있으며, 그것도 아주 흔하게 일어나고 있다. 핵융합 반응은 (1)구성 물질 대부분이 수소이고, (2)태양 질량의 10분의 1 이상 되는 질량을 가진 물질이 모여 있는 곳에서는 자연 발생적으로 일어난다.

우주에서 핵융합 반응이 대규모로 일어나는 곳 중 우리에게 가장 가까운 장소는 태양 중심부이다. 거기서는 핵융합 반응이 어떻게 일어날까? 첫째, 태양(그리고 태양과 같은 보통 별들) 중심부는 그 온도가 무려 1500만 °C에 이른다. 이렇게 높은 온도에서는 원자에서 전자가 떨어져 나가고 원자핵만 따로 남게 된다. 이것은 아주 중요한 사실이다. 우리 주위에 있는 보통 원자들은 전자들이 원자핵의 외곽을 둘러싸고 범퍼와 같은 역할을 해, 원자핵들끼리 바짝 접근하는 것을 방해한다.

게다가 태양 중심부 같은 고온에서는 원자핵들이 매우 **빠른** 속도로 움직인다. 빨리 움직일수록 에너지가 더 크므로, 태양 중심부 같은 고온에서는 원자핵들이 서로의 반발력을 극복하고 충돌할 수 있을 만큼 충분히 큰 에너지를 지니고 있다. 또 태양의 강한 중력은 바깥층에 있는 물질을 중심부로 끌어들임으로써 원자핵의 밀도를 높인다. 태양 중심부의 밀도는 우리 주위에 있는 보통 물질들의 밀도보다 수천 배나 높다.

태양 중심부처럼 밀도가 높은 곳에서는 고속으로 움직이는 원자핵이 다른 원자핵과 충돌하지 않고 그냥 지나갈 확률이 낮다. 설사 한 원자핵을 비켜간다 하더라도 그 다음의 원자핵과 충돌하고 말 것이다. 결국 태양 중심부의 높은 온도와 밀도는 핵융합 반응을 촉진한다. 온도나 밀도 중 어느 하나가 매우 높으면, 다른 것은 다소 낮아도 된다. 반대로 어느 하나가 다소 낮으면, 다른 것이 매우 높아야 한다.

핵융합 반응이 일어나려면 온도와 밀도가 어느 수준 이상의 값을 가져야 하며, 그러한 상태가 충분히 오랫동안 지속되어야 한다. 이때 필요한 온도와 밀도, 지속 시간은 이미 알려져 있다. 남은 것은 이 조건들을 동시에 충족시키는 조건을 만드는 것이다.

그런데 가장 유리한 조건에서도 핵융합 반응이 일어나려면 아주 높은 온도가 필수적이기 때문에, 이것을 '고온 핵융합 반응'이라 부른다.

수소를 핵융합시키는 방법

고온 핵융합 반응을 지구에서 일으킬 수 있을까? 물론이다!

그것은 이미 수소폭탄에 이용되고 있다. 수소폭탄은 사실은 핵융합 폭탄이다. 핵융합 폭탄을 만들려면 핵융합 반응을 일으킬 수 있는 물질을 모으고, 핵융합 반응에 필요한 온도와 압력을 얻기 위해 핵분열 폭탄(히로시마에 투하한 것과 같은 원자 폭탄)을 기폭제로 사용하면 된다.

그런데 여기서 잠깐! 수소에는 세 가지 동위원소가 있다는 사실을 언급하고 넘어가야겠다. 보통 수소(수소-1)는 그 원자핵이 양성자 1개만으로 이루어져 있다. 중수소(수소-2)는 그 원자핵이 양성자 1개와 중성자 1개로 이루어져 있고, 삼중수소(수소-3)는 그 원자핵이 양성자 1개와 중성자 2개로 이루어져 있다.

보통 수소보다는 중수소가 핵융합 반응을 일으키기 더 쉬우며, 중수소보다는 삼중수소가 핵융합 반응을 일으키기 더 쉽다. 보통 수소는 가장 흔한 원소로, 태양 중심부에서 핵융합 반응을 일으키는 물질도 바로 이 보통 수소이다. 그렇지만 지구에서는 보통 수소로 핵융합 반응을 일으키기가 쉽지 않다. 삼중수소를 사용하는 것이 가장 유리하겠지만, 삼중수소는 방사능이 있어 수년 만에 붕괴하고 말기 때문에 계속 보충해야 하는 불편이 따른다. 따라서 삼중수소를 핵융합 재료로 사용하는 것은 비실용적이다.

그래서 핵융합 폭탄의 재료로는 중수소를 사용한다. 중수소는 희귀하긴 하지만 필요한 만큼 구할 수 있다. 물론 삼중수소도 약간 섞는다. 먼저 핵분열 폭탄이 삼중수소와 중수소의 핵융합 반응을 촉발시키고,

여기서 발생한 열이 일어나기 조금 더 어려운 중수소끼리의 핵융합 반응을 촉발시킨다.(나는 그 자세한 과정을 다 알진 못하며, 알고 싶지도 않다.)

최근에 삼중수소를 만들어 내는 미국의 원자력 발전소에서 수년간 방사능이 누출되었다는 사실이 밝혀졌다. 그러나 '강한 미국'을 만들고자 하는 정부는 이 사실을 비밀에 부치고 그 발전소를 계속 가동했다. 그들에게는 추상적 개념인 강한 미국을 유지할 수만 있다면, 미국 국민에게는 무슨 일이 일어나더라도 아무 상관이 없었기 때문이다.(여러분은 이것이 이해가 되는가? 솔직하게 말해, 나는 도저히 이해가 되지 않는다.)

주제넘게 나서기 좋아하는 사람들이 그것을 더 이상 참지 못하고 폭로한 덕분에, 이제 그 삼중수소를 만들던 원자력 발전소들은 폐쇄되고 말았다. 이것은 삼중수소 공급이 점점 줄어든다는 것을 의미하며, 재고가 모두 사라지고 나면 새로운 삼중수소 생산 발전소를 만들지 않을 경우 수소폭탄을 폭발시킬 수 없게 된다. 그러나 새로운 발전소를 만들려면 수년 이상의 시간과 수십억 달러의 비용이 들 것이다.

아, 그런데 이런 이야기는 우리의 본론에서 벗어난 것이다. 우리는 수소폭탄에 대해서는 아무 관심이 없다.(최소한 이 글에서는.) 우리가 알고 싶은 것은 핵융합 반응을 원자폭탄을 기폭제로 사용하지도 않고, 파괴적인 폭발이 일어나지 않도록 제어할 수 있는 방법은 없느냐 하는 것이다.

우리가 원하는 것은 약간의 수소를 핵융합시키고, 거기서 나오는 에너지로 다시 약간의 수소를 핵융합하고, 거기서 나오는 에너지로 다시 약간의 수소를 핵융합시키는 방법이다. 즉, 한 번의 핵융합 반응에 사용되는 수소의 수를 항상 소량으로 조절함으로써 핵폭발이 일어나지 않도록 하는 것이다. 이때 발생하는 에너지 중에서 핵융합 반응을 계속 일으키는 데 사용하고 남는 에너지는 우리가 필요한 곳에 쓸 수 있다. 핵융합 에너지는 깨끗한 에너지일 뿐만 아니라, 지구가 존재하는 한 거의 무한한 에너지를 공급해 줄 수 있다.

이러한 핵융합 반응을 실현시키려면 적당한 시간 동안 알맞은 온도와 밀도를 유지해야 한다. 그런데 현재나 가까운 장래에 중수소의 밀도를 크게 높일 가망은 없어 보이므로, 낮은 밀도를 보완하려면 태양 중심부보다 더 높은 온도를 유지하는 수밖에 없다. 다시 말해 1500만 °C 이상의 온도가 아니라, 1억 °C 이상의 온도가 필요하다.

물리학자들은 이 조건을 만들어 내기 위해 중수소 기체를 강한 자기장 속에 집어넣고 가열하는 방법, 그리고 사방에서 강한 레이저 광선을 동시에 고체 중수소를 향해 발사함으로써 중수소 원자들이 미처 달아나지 못하고 핵융합 반응을 일으키게 하는 방법을 연구해 왔다.

그러나 이 방법들은 아직까지 성공을 거두지 못했다. 수천만 달러 이상을 들여 만든 거대한 장치들도 아직 중수소 원자핵들로 핵융합 반응을 일으키는 데 성공하지 못했다.

저온 핵융합 반응

핵융합 반응을 일으키는 다른 방법은 없을까? 핵융합 반응을 일으키는 핵심 방법은 중수소 원자핵들을 충분히 오랜 시간 동안 바짝 접근시켜서 자연 발생적으로 융합하도록 하는 것이다. 온도를 높이는 것은 원자핵 사이의 반발력을 극복할 수 있는 힘을 제공하기 위해서이다.

그런데 열을 가하지 않고 중수소 원자핵들을 결합시키는 방법은 없을까? 실내 온도에서 핵융합 반응을 일어나게 하는 천재적인 방법이 있지는 않을까? 그렇다면 그것은 '저온 핵융합 반응'이라고 부를 수 있다. 이제 그런 방법을 한번 생각해 보자.

보통 중수소 원자는 전자의 음전하와 원자핵의 양성자가 지닌 양전하가 서로 균형을 이루고 있어 전체적으로는 중성이다. 그래서 두 중수소 원자는 별 문제 없이 서로 접촉할 수 있다. 이때 두 원자핵의 양성자들 사이의 거리는 중수소 원자의 지름(약 1억분의 1cm)과 거의 같다.

모든 입자는 파동의 성격도 지니고 있다. 따라서 이 양성자들도 파동으로 생각할 수 있으며, 파동의 각 부분은 또한 입자의 성격을 지니고 있다.(이것은 어려운 수학을 사용하지 않고서는 제대로 설명할 수가 없다. 그렇지만 우리의 목적을 위해 파동의 이미지만 이용하기로 하자.) 파동의 어느 부분에 입자가 존재할 확률은 그 파동 부분의 세기에 비례한다. 파동은 중심 부분이 가장 강하고, 거기서 거리가 멀어짐에 따라 급속히 약해지다가 결국은 사라져 버린다. 이것은 양성자 입자가 대개 파동의 중심 부분에 존재한다는 것을 의미한다. 그러나 파동의 중심에서 멀리 떨어진 곳에 존재할 확률도 아주 낮긴 하지만 0은 아니다.

실제로 양성자는 중심부에서 아주 멀리 떨어진 곳에 존재할 수 있다. 이때 두 양성자가 접촉한다면 핵융합이 일어날 것이다.(이것을 '터널 효과'라고 한다. 이것은 입자가 파동의 성질을 지님으로써 입자로서는 도저히 지나갈 수 없는 장벽을 뚫고 지나간 것처럼 보이기 때문에 붙은 이름이다.) 그러나 두 양성자가 원자 지름만큼 떨어져 있다면, 터널 효과가 일어날 확률이 매우 낮다. 그래서 상당량의 원자핵이 핵융합 반응을 일으키는 것을 보려면, 우주의 역사에 해당하는 시간만큼이나 오랜 시간을 기다려야 할 것이다.

그렇다면 원자의 크기를 더 작게 하면 어떨까? 전자도 파동으로 표현할 수 있는데, 전자는 양성자 주위를 원 궤도로 도는 전자 파동의 거리까지만 양성자에 바짝 접근할 수가 있다. 절대로 그것보다 더 가까이 다가갈 수는 없다. 이것은 정상 수소 원자의 최소 크기인데, 핵융합 반응을 일으킬 만큼 충분히 작지는 않다.

그런데 뮤온muon이라는 입자가 있다. 뮤온은 단 두 가지만 제외하면 나머지 성질은 전자와 똑같다. 하나는 질량인데, 뮤온은 전자보다 207배나 무겁다. 이 사실은 뮤온의 파동이 전자의 파동보다 훨씬 짧다는 것을 의미한다. 만약 수소 원자의 전자를 뮤온으로 대체한다면, 뮤온은 그 짧은 파동 때문에 원자핵에 훨씬 가까이 다가갈 수 있다. '뮤온-중수소'는 지름이 보통 원자의 100분의 1에 지나지 않으며, 뮤온은 전자와 똑같은 음전하를 띠기 때문에 뮤온-중수소는 전체적으로 전하가 중성이다. 따라서 두 뮤온-중수소 원자는 아무 문제없이 서로 접근할 수 있다.

이런 상황이라면 터널 효과가 일어날 만큼 두 양성자를 충분히 가까이 접근시킬 수 있고, 그러면 실온에서도 핵융합 반응이 일어날 수 있을 것이다. 그렇다면 여기에 문제는 없을까? 물론 있다! 뮤온이 전자와 다른 또하나의 사실은 안정하지 않다는 점이다. 전자는 가만히 내버려 두면 영원히 변하지 않고 그대로 있지만, 뮤온은 100만분의 1초 만에 전자 1개와 한 쌍의 중성미자neutrino로 분해되고 만다.

따라서 핵융합 반응이 일어날 시간이 충분치 않다. 뮤온을 촉매로 사용하는 저온 핵융합 반응은 이론적으로 가능하긴 하지만, 전혀 실용성이 없어 예상 밖의 해결책이 나올 여지마저 없다. 몹시 애석한 일이 아닐 수 없다!

성급한 결론

그 밖에 또 다른 방법은 없을까?

수소 원자는 크기가 가장 작은 원자이기 때문에, 때로는 큰 원자 결정 속으로 들어가 원자들 사이의 공간에 자리를 잡을 수 있다. 대표적인 예로는 백금처럼 보이는 금속인 팔라듐을 들 수 있다. 팔라듐은 실온에서 자기 부피의 약 900배나 되는 수소나 중수소를 흡수한다. 팔라듐 금속 속으로 흡수된 중수소 원자들은 자유로운 기체 상태에 있을 때보다 서로 훨씬 더 가까이 위치하게 된다. 게다가 팔라듐 원자들에 에워싸여 그 자리에 붙들려 있어 더 이상 돌아다니지도 못한다.

문제는 중수소 원자들이 터널 효과가 일어날 수 있을 정도로 서로 바짝 접근하여, 저온 핵융합 반응이 실용성이 있는 속도로 일어나느냐 하는 것이다. 두 화학자는 그것이 충분히 시도해 볼 만한 일이라고 생각했다. 그들은 유타 대학의 스탠리 폰스B. Stanley Pons와 마틴 플라이시먼 Martin Fleischmann이었다. 두 사람은 5년 반 동안 숙련된 화학과 학생이라면 누구나 만들 수 있는 간단한 전기 분해 장치를 가지고 저온 핵융합 반응을 일으키려고 노력했으며, 자신들의 돈을 약 1만 달러나 들여 가면서 연구에 매달렸다. 그럼 그들이 어떤 결과를 얻었는지 알아보자.

그들은 먼저 중수D_2O(물 분자에서 수소 원자 대신에 중수소 원자가 들어 있는 것)가 담긴 용기를 가지고 시작했다. 거기에 리튬을 소량 첨가하여 중수와 반응을 일으키게 해 중수 속에서 전류를 전달하는 이온을 만들었다. 그런 다음, 그 용액 속에 백금 전극과 팔라듐 전극을 담가 전류를 통했다. 전류는 중수를 산소와 중수소로 분해시켰으며, 분해된 중수소는 팔라듐에 흡수되었다. 점점 더 많은 중수가 전기 분해됨에 따라 점점 더 많은 중수소가 생겨나 팔라듐에 흡수되었고, 마침내 저온 핵융합 반응이 일어났다.

그들은 저온 핵융합 반응이 일어났다는 사실을 어떻게 알았을까? 팔라듐 전극을 그들이 만든 장치 속에 집어넣자, 4배나 더 많은 열이 발생했다. 이 열은 어디서 나온 것일까? 아무리 생각해도 그 열의 출처를 달리 찾아낼 수 없었으므로, 그들은 그 열이 저온 핵융합 반응에서 나온 것이라고 결론 내렸다.

여기까지는 그렇다고 치자. 폰스와 플라이시먼은 분명히 훌륭한 연구 업적을 이룬 과학자들이다. 그러니 그에 합당한 대우를 받을 자격이 있다. 그러나……

만약 누군가 실용적인 저온 핵융합 반응을 최초로 발견했다면, 그는 즉시 세계에서 가장 유명한 화학자로 인정받을 것이고, 노벨상은 떼어 놓은 당상이나 다름없다. 게다가 특허를 출원한다면 엄청난 돈도 거머쥐게 될 것이다. 폰스나 플라이시먼도 사람인 이상 자신들의 발견이 제대로 된 결과이길 바랐을 것이다.(상상할 수 없을 정도로 간절히.) 그래서 저온 핵융합 반응이 일어났다는 아주 작은 징후가 발견되자, 실제로는 그렇지 않았을 가능성도 충분히 있는데도 불구하고, 성급하게 저온 핵융합 반응이 일어났다고 결론 내린 것은 아닐까? 사실 누구나 그런 유혹에 빠지기 쉽다.

그래도 확실한 증거를 충분히 확보할 때까지 기다렸어야 했다. 유례없는 연구 성과라면 발표하기 전에 돌다리도 두드려 보고 건너는 신중한 자세가 필요하다. 그러나 남에게 그렇게 신중한 자세를 요구하는 것은 쉽지만, 막상 자신이 그런 상황에 처했을 때 몸소 실천하기는 쉽지 않다.

사실 그들이 연구하던 분야에서 최초가 되지 못하면, 폰스와 플라이시먼은 얻는 게 아무것도 없다. 실험 과정 자체에 별로 특별한 것은 없었다. 과학자들은 팔라듐의 기묘한 성질을 알고 있었고, 터널 효과도 이해하고 있었으며, 뮤온의 촉매 작용도 알고 있었고, 폰스와 플라이시먼이 만든 것과 같은 전기 분해 장치도 언제든지 만들 수 있었다. 그렇다면 얼마나 많은 화학자나 물리학자가 팔라듐 촉매를 이용한 저온 핵융합 반응을 소리 소문 없이 연구하고 있는지 알 수 없는 일이었다. 실제로 폰스와 플라이시먼은 브리검 영 대학에서 그런 방향의 연구를 진행하는 과학자 팀이 있다는 사실을 알고 있었다.

사실 이 두 팀은 1989년 3월 24일에 권위 있는 과학 잡지인 〈네이처〉에 동시에 논문을 보내기로 합의했다. 그러나 폰스와 플라이시먼은 저온 핵융합 반응을 먼저 발견했다는 인정을 받고 싶은 충동을 이기지 못했던 것 같다. 그들은 결국 약속을 어기고 3월 23일에 기자 회견을 열어 그 사실을 발표해 버렸다.

그들의 행위는 여러 가지 이유로 과학자들(특히 물리학자들)을 분노하게 만들었다.

(1)중요한 과학적 발견을 언론에 먼저 흘리는 것은 정도가 아니다. 먼저 그것을 과학 논문으로 자세하게 써서 과학 학술지에 제출하고 동

료 과학자들의 검증을 받은 뒤, 필요하면 수정을 한 다음에 발표해야 한다. 이것은 길을 빙 돌아가는 것처럼 보일지 모르지만, 과학을 제대로 할 수 있는 유일한 방법이다. 폰스와 플라이시먼은 불완전하거나 모호할 수도 있는 연구 결과를 직접 대중을 상대로 발표함으로써 연구의 우선권을 보장받으려고 했다. 만약 이런 일이 일상화된다면, 과학은 혼란에 빠져 그 기반이 무너져 내리고 말 것이다.

(2)폰스와 플라이시먼은 자신들의 연구 과정을 자세하게 공개하지 않았는데, 이것 역시 비과학적인 행동이다. 당연히 모든 과학자는 그 실험을 직접 재현해 보아 그들이 얻은 결과가 옳은지 알아보고 싶어 한다.(우라늄 핵분열의 경우에도 그랬던 것처럼.) 그러나 공개된 자료가 불완전했기 때문에, 과학자들은 자신이 하고 있는 실험이 어떤 것인지 알 수가 없었다. 나중에 폰스와 플라이시먼이 〈네이처〉에 논문을 제출했을 때에도 불완전한 형태로 제출했기 때문에, 〈네이처〉는 더 자세한 자료를 요구했지만 폰스와 플라이시먼은 그것을 거부했다.

(3)폰스와 플라이시먼은 적절한 대조 실험을 하지 않았다. 그들이 발표한 논문에서는 보통 물을 가지고 대조 실험을 했다는 언급을 전혀 찾아볼 수 없다. 설사 주어진 조건에서 중수소는 핵융합 반응을 일으키고 보통 수소는 핵융합 반응을 일으키지 않는다 하더라도, 대조 실험은 반드시 함께 해야만 한다. 만약 보통 수소를 가지고 한 실험에서도 열이 발생했다면, 그 열은 핵융합 반응이 아닌 다른 과정에서 나온 게 분명하기 때문이다.

(4)폰스와 플라이시먼은 핵융합 반응의 주요 증거로 열을 들었다. 그러나 열은 어떤 발생원에서도 나올 수 있다. 그것은 생각할 수 있는 모

든 형태의 에너지에서 나오는 공통적인 산물이다. 이것도 아니고 저것도 아니니까 핵융합 반응이 분명하다고 말하는 것은 충분치 않다. 핵융합 반응이 일어나지 않았지만 전혀 생각하지 못했거나 알려지지 않은 과정을 통해 열이 발생할 수도 있기 때문에, 이런 종류의 반증만으로 어떤 과학적 사실을 주장해서는 안 된다. 필요한 것은 핵융합 반응이 일어났다는 확증이지, 다른 것이 일어나지 않았다는 반증이 아니다. 예를 들어 만약 중수소 원자들이 핵융합 반응을 일으켰다면, 반드시 중성자나 삼중수소 혹은 헬륨-4가 생성되어야 한다. 그런데 이런 물질이 생성되었다는 내용은 그들의 보고서에 없었다.

브리검 영 대학의 과학자들은 중성자를 발견했다고 보고했지만, 그 수는 폰스와 플라이시먼이 보고한 열을 생성하는 데 필요한 중성자 수의 10만분의 1에 불과했다. 그 수가 너무나도 적기 때문에 이것이 주위에 항상 떠다니고 있는 중성자들에서 나온 것이 아니라고 주장하기 어려웠다.

(5) 이들이 기자 회견을 한 직후, 유타 주 주지사는 미 연방 정부에 수백만 달러의 연구 자금을 요청했다. 일본인이 이 연구를 훔쳐 일본에서 실용적인 저온 핵융합 반응을 먼저 개발하는 것을 막기 위해서라는 것이 그 이유였다. 이것은 매우 불유쾌한 상업적 동기가 개입하는 듯한 인상을 풍겼고, 성급하고 불완전한 과학 기술에 대해 경제적 동기만 지나치게 강조한 꼴이 되었다.

(6) 폰스와 플라이시먼은 화학자들이 모인 어느 학회에서, 물리학자들이 수백만 달러 이상을 들이고도 해내지 못한 일을 자신들은 거의 아무 비용도 들이지 않고 해냄으로써 그들을 구원했다고 말했다. 그러자

그 모임은 이내 격론이 벌어지는 장으로 변하고 말았다. 정직하고 합리적인 연구를 조롱할 필요까진 없었다. 물리학자들도 사람인 이상 화학자들에게 심한 말을 하게 되었고, 진지한 과학적 토론장이 되어야 할 장소가 서로 험한 말을 하며 추태를 보이는 장소로 변하고 말았다.

지금 나는 저온 핵융합 반응이 발표된 지 10주일이 지난 후에 이 글을 쓰고 있다. 그런데 시간이 지나면서 폰스와 플라이시먼의 실험 결과는 사실이 아닐 가능성이 점점 커져 가는 것 같다. 그것은 아마도 화성의 운하 N선이나 중합수처럼 사라져 갈 것 같다. 전 세계가 실용적인 저온 핵융합 반응을 이용할 수 있었을지도 모르는데, 몹시 애석한 일이다.

그렇지만 긍정적인 전망을 하면서 글을 마치기로 하자. 연구 보고서들이 전부 다 제출된 상태는 아니다. 그래서 아직도 만에 하나, 아니 그것보다도 더 희박하지만 저온 핵융합 반응이 사실로 확인될 가능성은 남아 있다. 우리는 이 글이 책으로 출간될 무렵엔 어느 쪽이 옳은지 확실히 알 수 있을 것이다.

또 설사 폰스와 플라이시먼의 연구가 신기루로 밝혀진다 하더라도, 현재 팔라듐 전극을 사용한 전기 분해 장치가 활발하게 연구되고 있다. 거기서 또 의외의 성과가 나올지 누가 알겠는가? 아마도 흥미로운 결과가 나오리라 기대한다. 또한 다른 방법으로 저온 핵융합 반응이 성공할 수도 있을 것이다. 나는 그렇게 되길 간절히 바란다. 비록 내게 아무리 유리한 조건으로 내기를 걸라고 해도 절대로 걸진 않을 테지만……

그러나 결국 그 결과가 분명히 밝혀졌다. 저온 핵융합 반응은 사망선고를 받았다.

일상적인 거래

나는 강연을 하길 좋아하지만, 애석하게도 내가 원하는 만큼 충분히 많이 하진 못한다. 첫째, 내 직업은 글을 쓰는 작가이므로 강연의 즐거움 때문에 글 쓰는 시간을 많이 희생할 수 없기 때문이다.(비록 내가 늘 요구하는 높은 강연료를 준다고 하더라도.) 둘째, 나는 여행을 좋아하지 않으므로 집에서 몇 시간 이상 거리에 있는 장소에 가야 한다면(특히 겨울철에는), 제의를 수락할 수 없다.

그렇지만 강연 장소가 집에서 가깝고, 내가 시간을 내기 쉬운 저녁 시간에 강연을 할 수 있다면, 설사 내가 잘 모르는 주제에 관한 것이라 해도 제의를 거절하지 않는 편이다. 나는 그 주제에 관한 내용을 금방 공부할 수 있으며, 또한 스스로 무한한 능력과 지성을 가지고 있다고 생각하기 때문에, 어떤 주제라도 나름의 방법으로 잘 요리할 수 있다고 확신한다.

올해 초에는 '스마트 카드smart card'의 미래에 대한 강연을 제의받았다. 나는 제비뽑기에서 꽝을 뽑은 기분이 들었다. 스마트 카드라니? 그렇지만 강연료도 괜찮았고, 장소와 시간도 알맞았으므로 거절할 생각은 없었다. 그래서 나는 그 사람들에게 다음과 같은 내용의 편지를 보냈다. "기꺼이 제의를 수락하고자 합니다. 그런데 스마트 카드가 무엇인지 말해 주시겠습니까? 자기들끼리 포커 게임을 할 수 있는 카드를 말하는가요?"

그러자 즉시 스마트 카드에 관한 정보가 날아왔다. 스마트 카드란 신용 카드와 거의 같은 모양과 크기이지만 완전히 컴퓨터화된 카드로, 사람에 관한 모든 정보를 담고 있고, 처리하고자 하는 모든 금융 거래를 크게 단순화시켜 준다고 한다.

그것을 보자 나는 크게 안심이 되었다. 이미 1975년에 순전히 내 머릿속에서 나온 생각만으로 이 주제에 관한 글을 쓴 적이 있었기 때문이다. 나는 다만 그것이 '스마트 카드'라고 불리게 되었다는 것을 몰랐을 뿐이다. 그래서 나는 자신감을 가지고 강연을 했고, 그것은 매우 성공적이었다고 말할 수 있다. 다만 그중에 내가 이전에 깊이 다루지 않았던 새로운 내용이 약간 있으므로, 그것을 여기서 소개하고자 한다.

호미니드의 생활 방식

역사 속에서 인류가 오늘날의 모습을 갖추게 된 시점이 언제인지 살펴보는 데서 이야기를 시작하기로 하자.

생물학의 관점에서 볼 때에는 그 시점을 오스트랄로피테쿠스가 최초로 등장한 약 500만 년 전으로 볼 수 있다. 오스트랄로피테쿠스는 호미니드hominid의 요건을 갖추었다고 말할 수 있는 최초의 동물이었다. 즉, 현존하거나 멸종한 어떤 유인원보다도 현생 인류와 닮은 점이 더 많은 종이었다.

현존하는 침팬지보다 약간 작고, 두뇌의 크기나 생활 방식도 침팬지와 크게 다르지 않았는데도 오스트랄로피테쿠스에게 인류의 친족이라는 영예(만약 이것을 영예라고 부를 수 있다면)를 부여하는 데 대해 의문이 들 수도 있다.

그러나 유인원과 오스트랄로피테쿠스 사이에는 중요한 차이점이 있다. 오스트랄로피테쿠스의 등뼈는 우리와 마찬가지로 허리 부분에서 뒤쪽으로 굽어 있다. 이 사실과 남아 있는 오스트랄로피테쿠스의 관골(궁둥이뼈)과 대퇴골(넓적다리뼈)로부터 오스트랄로피테쿠스는 우리처럼 직립보행을 했다는 사실을 알 수 있다.

유인원이나 곰을 비롯해 다른 동물들도 뒷발로 설 수는 있지만, 그것은 편안한 자세가 아니어서 오랫동안 그렇게 서 있을 수는 없다. 그렇지만 호미니드는 얼마든지 오랫동안 서 있을 수 있다. 게다가 조류와 같은 두발동물과 달리 호미니드는 앞다리가 지나치게 분화되는 것을 피하고, 대신 놀랍도록 정교하게 움직이는 손이라는 부속 기관이 발달되었다. 직립보행과 함께 다른 손가락과 마주보는 엄지손가락이 달린 손은 호미니드가 현존하거나 멸종한 모든 생물과 분명히 구별되는 특징이다.

그렇긴 하지만 모든 종은 각자 나름대로 환경에 적응해 왔고, 인류 못지않게 놀라운 적응을 한 종들도 있다. 공정한 시각에서 바라본다면, 많은 생물에게 일어난 적응은 인류의 등뼈나 손보다 훨씬 대단한 것으로 보일 수도 있다.

그렇다면 단순히 생물학적인 미묘한 변화가 아니라, 호미니드와 다른 생물 간의 문화적 차이가 분명하게 드러날 정도로 호미니드의 생활 방식이 눈부시게 발전한 시기는 언제일까? 이 질문에 대해 내가 늘 제시해 온 쉬운 답은 그 차이가 불의 사용과 함께 생겨났다는 것이다. 우리가 알고 있기로는 불이 사용되기 시작한 것은 최소한 50만 년 전이며, 최초로 불을 사용한 인류는 비교적 뇌가 작았던 호모 에렉투스*Homo erectus*였다.

불의 사용은 확실히 호미니드와 다른 생물의 문화적 차이를 분명하게 보여 주는 특징이다. 우리가 아는 한 현생 인류(호모 사피엔스) 중 불을 사용하지 않은 집단은 하나도 없다. 반면에 현존하거나 멸종한 생물 중에 불을 사용한 종은 하나도 없다. 다른 종들은 불을 보면 도망가기만 했을 뿐, 불을 이용해 보려는 시도를 전혀 하지 않았다.

그런데 불의 사용보다 더 오래된 사건은 없을까? 즉, 불을 사용하기 전에 호미니드와 다른 생물을 구별할 수 있는 특징은 없을까?

사람은 도구를 사용하지만, 다른 동물들도 도구를 사용한다. 침팬지는 막대기를 사용할 수 있다. 비버는 댐을 만들고, 거미는 거미줄을 치며, 새는 둥지를 만든다. 이 모든 것은 도구로 간주할 수 있다. 그렇지만 가장 원시적인 호미니드가 사용한 도구는 호미니드가 아닌 다른 동물이 사용하는 어떤 도구보다도 더 정교하다고 나는 생각한다. 또한 도구를 만든 행동을 이성적 행동과 본능적 행동으로 구별할 수도 있겠지만, 그렇게 판단할 수 있는 근거는 불확실한 측면이 많다. 이 때문에 도구의 사용을 살펴볼 때, 우리는 정도의 차이를 다룰 뿐 종류의 차이를 다루지 않는다.

그런데 호미니드의 특징을 도구의 사용이 아니라 도구를 만들 수 있는 능력으로 정의한다 하더라도, 그것 역시 어디까지나 정도의 차이에 지나지 않는다. 예컨대 비버는 어느 정도까지는 통나무를 자신이 원하는 모양으로 깎아 만든다. 침팬지도 잔가지에서 잎을 뜯어낸 후에 그것으로 흰개미를 잡는다.

약 200만 년 전에 우리와 같은 호모속屬으로 분류할 수 있는 호미니드가 최초로 출현했다. 호모 하빌리스*Homo babilis*라 불리는 이들은 석기를 사용했다. 이들은 단순히 석기를 사용하기만 한 게 아니라, 아주 원시적인 방식이기는 하지만 석기를 다듬어 사용했다.

해달도 연체동물의 껍질을 깨는 데 돌을 사용하지만, 해달은 자연 상태 돌을 그대로 사용한다. 호모 하빌리스는 최초로 이 단단한 물질을 변형시켜 사용한 종이다. 그렇다면 호미니드와 다른 생물을 구별하는 최초의 문화적 또는 기술적 발전은 돌을 다듬어 연장을 만든 것이라고 볼 수 있다.

거래의 발명

나는 여기서 어떤 영감이 퍼뜩 떠올라 독창적인 아이디어를 생각해 냈는데, 내가 알기로는 이것을 생각한 사람은 내가 최초이다.

돌을 다듬어 사용하기 이전에 호미니드는 주로 뼈나 나무로 만든 도구를 사용했을 텐데, 이 재료들은 돌보다 변형시키기가 훨씬 쉬웠다. 그러한 도구들은 문제될 게 아무것도 없었다. 그것은 누구라도 만들어 사용할 수 있었다. 기다란 뼈는 뼈 주위의 살을 씹어서 발라내면 얻을 수 있고, 나무에서 가지를 꺾기만 하면 얼마든지 원하는 막대를 얻을 수 있다. 씹는다든가 나무를 꺾는다든가 하는 데에는 특별한 기술이 필요하지 않다.

그러나 여러 가지 목적에 사용하기 위해 모서리나 끝이 날카로운 돌을 의도적으로 만들게 되자, '기술' 문제가 등장했다. 그중 어떤 사람들은 다른 사람들보다 돌 세공 기술이 아주 뛰어났는데, 이것은 이들이 다른 사람들보다 훌륭한 석기를 더 많이 가지게 되었다는 것을 의미한다.

어떤 사람이 뼈나 나무로 만든 도구를 가지고 있고 다른 사람은 그것이 없다고 할 때, 그것이 없는 사람은 언제든지 새 것을 장만할 수 있다. 뼈는 늘 동물의 몸속에서 자라고, 나뭇가지는 나무에서 자라니까. 그런데 어떤 사람이 훌륭한 석기를 가지고 있는데, 다른 사람은 그것이 없고 그것을 만들 수 있는 기술도 없다면 어떤 일이 일어나겠는가? 그것이 없는 사람은 다른 사람의 도구를 힘으로 강제로 뺏든가, 소유자가 한눈을 판 사이에 훔쳐오는 수밖에 없을 것이다. 어느 경우든 싸움은 불가피하며, 나쁜 감정과 상처가 남게 될 것이다.

그러다가 언젠가 석기가 없는 사람이 식량을 약간 장만하여, 석기를 가진 사람에게 이렇게 말하는 날이 왔을 것이다. "이것 봐, 자넨 돌칼을 5개나 가지고 있어. 그렇지만 5개의 돌칼이 다 필요한 건 아니잖아. 내게 하나를 주면 내가 어렵게 일해서 모은 이 식량을 줄게. 그러면 자네는 내가 한 것과 같은 수고를 할 필요 없이 가만히 앉아서 식량을 얻을 수 있지 않은가?"(물론 그는 이 말을 호모 하빌리스가 사용한 여러 가지 꿍얼거리는 소리와 몸짓으로 했을 것이다.)

이 최초의 사건이 언제 어디서 어떻게 일어났는지 우리는 알 수도 없고 추측도 할 수 없지만, 불이 발명되기 이전의 어느 시점에 호미니드는 이러한 물물교환을 시작했을 것이다. 말하자면 거래가 발명된 것이다.

아무리 간단한 형태로 일어났다 하더라도 물물교환은 굉장한 발전이었다. 그것은 사람들에게 자원을 골고루 나누어 주는 기능을 했다. 물물교환을 함으로써 각자는 자신의 기술과 노동과 행운뿐만 아니라, 다른 사람의 기술과 노동과 행운까지도 이용할 수 있게 되었다. 물물교환을 하는 사람은 자신에게 절실하게 필요하지 않은 것을 주는 대신에 자신에게 꼭 필요한 것을 얻는다. 그 결과 모든 사람이 이익을 볼 수 있다.

이것은 생물 세계에서 아주 새로운 변화였다. 수컷 새는 둥지에서 알을 품고 있는 암컷에게 먹이를 물어다 주고, 어미는 새끼를 보호하고, 원숭이는 다른 원숭이의 등을 긁어 주지만, 이러한 행동들은 융통성이 전혀 없이 일어나므로 물물교환하고는 질적으로 다르다.

전반적인 생활 수준을 향상시키기 위하여 의도적으로 물물교환을 하는 행위는, 그리고 그 과정에 이성과 판단이 개입하는 것은 오로지 호미니드만 발명한 것이다. 그 역사는 약 200만 년이나 되는 것으로 추정된다. 따라서 돌 세공이나 그보다 더 중요한 거래의 발전은 호미니드가 생물의 역사에서 유례를 찾아볼 수 없는 특별한 존재가 된 순간으로 볼 수 있다.

거래가 발명되자, 두 호미니드 집단이 서로 만날 때 일어날 수 있는 상호 반응은 두 가지가 되었다. 하나는 영토의 소유권을 확보하기 위해 싸우는 것이고, 또 하나는 각자 상대방이 원하는 물건들을 갖고 서로 거래를 하는 것이다. 물론 둘 중 싸움 쪽이 더 전통적인 상호 반응이고, 일어날 가능성이 더 높다는 것은 의심의 여지가 없다. 그렇지만 기술이 발전함에 따라 각 호미니드 집단이 귀중한 물건을 다양하게 소유하게 되자, 거래 가능성도 높아지게 되었다.

일반적으로 문화와 문명의 발달사를 통해 본다면, 사회 집단 간에는 늘 파괴적인 상호 반응(전쟁)과 건설적인 상호 반응(교역)을 놓고 선택이 일어났으며, 전체적으로는 건설적인 상호 반응이 더 우세하게 나타나 문화와 문명이 계속 정교하고 다양하게 발달했다고 할 수 있다.

건설적인 상호 반응이 점차(아마도 따분할 정도로 느리게) 우세해진 것은 기술의 발전을 촉진했을 뿐만 아니라, 그런 방향의 발전을 불가피하게 만들었다. 교역의 필요성은 교통의 발달을 가져왔고, 활동의 지평선을 넓혀 주었다. 교역을 할 수 있는 범위가 넓어질수록 분배 가능한 자원의 양도 늘어날 뿐만 아니라, 그만큼 생활 수준도 더 향상되기 때문이다. 물론 그 당시 사람들이 이러한 일들을 미리 예견하고 의도적으로 교역을 활발하게 추진했던 것은 아니었다. 교역을 통해 각자의 이익을 추구해 가다 보니 자연적으로 그런 결과를 낳게 되었을 것이다.

예를 들어 뗏목과 배는 왜 발달했겠는가? 강에 배를 띄우고 즐거운 시간을 보내기 위해서였을까? 도로를 만들고 당나귀가 끄는 수레를 발명한 것은 무슨 이유에서였을까? 당나귀 경주에 내기를 걸기 위해서였을까?

절대로 그렇지 않다. 배와 수레를 발명한 것은 강과 도로를 통해 상품을 교역하고 수송하기 위해서였다. 문명의 여명기에도 발트해 연안에서 지중해 지역으로 호박琥珀이 수출되었고, 여러 지역에서 문명이 비교적 발달된 지역의 변경과 그 너머로 도자기가 전달되었다.

문명이 발달하자 기술과 강제적인 통제에서 큰 혜택을 입은 지배층은 교역보다는 약탈을 선호하는 야만족을 물리치는 데 발달된 기술을 이용하는 방법을 터득하게 되었다. 그리고 야만족이 승리를 거두어 교역이 중단되고 생활 수준이 하락했을 때에도 야만족 지배자들은 그것이 자신들에게 바람직한 상황이 아니라는 것을 곧 깨달았다. 그들은 자신들이 정복한 곳의 문명을 놀라울 정도로 빠르게 받아들였다. 이렇게 하여 이기거나 지거나 간에 문명은 점점 전 세계로 퍼져 나가게 되었다.

그러나 문명은 물물교환만으로는 크게 발전해 나갈 수 없었다. 물물교환은 생활 수준을 일반적으로 향상시키는 효과는 있었지만, 불리한 점도 있었다.(만사가 그렇듯이.) 예를 들면, 물물교환의 대상이 되는 물건 중에는 그 성격이 디지털적이어서 분할하거나 다른 것과 비교하기가 곤란한 것도 있었다. 염소 한 마리는 닭 세 마리 반의 가치를 가질 수도 있는데, 닭 반 마리는 알을 낳지 못한다. 또한 항아리나 낫의 경우, 항아리 반쪽이나 낫 반쪽은 아무 쓸모가 없다.

그렇다면 많은 물물교환에서 서로가 손해를 봤다고 생각하는 경우가 불가피하게 생길 수 있다. 그리스 신화에서 헤르메스Hermes가 상인의 신인 동시에 도둑의 신이기도 한 것은 아마도 이런 이유 때문이 아닐까? 어려서 순진하던 시절에 나는 이 사실을 매우 의아하게 생각했다. 그렇지만 늙고 때가 약간 묻은 지금은 현명한 그리스인이 이 두 가지를 구별하기 어려웠던 탓일 거라고 이해한다. 오늘날이라면 콧방귀 신을 비평가의 신인 동시에 바보의 신으로 모실 수 있을 것이다.

잠시 이야기가 옆길로 샜다. 다시 돌아가자.

다행히도 기원전 3000년경에 중동 지역에서는 금속을 잘 알고 있었다. 금, 은, 구리를 비롯해 온갖 종류의 금속을 천연 상태 그대로 혹은 광석을 제련하여 얻을 수 있었다. 또 구리와 주석의 합금인 청동도 만들어 썼다. 이들 금속은 아주 귀한 물건이었다. 청동은 단단하여 도구나 무기의 재료로 돌보다 훨씬 나았다. 구리와 은과 금—그중에서도 특히 금—은 장신구로 큰 인기를 끌었으며, 여러 가지 매력적인 모양으로 쉽게 만들 수 있었다. 장신구를 갖고자 하는 욕구는 사람의 마음속에 깊이 뿌리박힌 것이라, 금속(특히 금)을 소유하는 자는 선망의 대상이 되었다.

　금이 아름답다는 것은 두말할 나위가 없다. 게다가 금은 아주 귀해서 적은 양이라도 지니고 있으면 큰 자기 만족을 느낄 수 있다. 뿐만 아니라 금은 그냥 놔두었을 때 녹이 슬거나 녹거나 광택을 잃거나 하는 일도 일어나지 않는다. 또한 금은 디지털적이 아니라 아날로그적이다. 금은 무게가 얼마가 나가도 상관이 없다. 금덩어리가 반으로 쪼개진다 하더라도 각각의 반 조각은 정확하게 원래 덩어리의 반에 해당하는 가치를 지닌다. 따라서 큰 소 한 마리를 적당한 양의 금과 바꾸는 것이 가능하다. 금은 운반하기에 편리할 뿐만 아니라, 그 무게를 얼마든지 조절할 수 있으므로 그것이 염소 세 마리 가치에 해당하는지 네 마리 가치에 해당하는지 고민할 필요가 없다.

　장신구로서의 용도를 제외한다면 금 자체는 별 가치가 없다. 하지만 교역을 촉진하는 데에는 이렇듯 무한의 가치를 지니고 있다. '교환의 매개물'인 '돈'의 발명이 교역에 촉매 작용을 했다는 것은 의심의 여지가 없는 사실이다. 그러므로 금의 존재와 교환은 생활 수준을 향상시켰고, 그와 함께 문화와 문명 수준을 끌어올리는 변화를 가져왔다.

그렇다 해도 금은 어딘가에 사용해야 했다. 그러나 이집트의 파라오는 온갖 종류의 황금 보물과 함께 피라미드에 묻혔으며, 도굴꾼의 침입을 막기 위해 만반의 예방 조처를 취했다. 그런데 항상 파라오의 무덤은 순식간에 보물을 도굴당했으며, 기자의 피라미드* 중 가장 큰 '대피라미드'인 쿠푸 왕의 무덤 역시 같은 운명을 겪었다.(투탕카멘 왕의 무덤은 요행히 무사했지만, 그것에 대해서는 언급하지 않기로 하자.)

나는 어리고 순진했을 때에는 도굴꾼에 대해 큰 분노를 느꼈지만, 나이를 먹으면서 그들을 문명의 구원자로 생각하게 되었다. 유통되고 있던 금을 무덤 속에 사장시키면 이집트와 그 주변 세계의 경제가 무너졌을 게 아닌가? 도굴꾼은 땅 속에 묻힌 금을 다시 유통시키는 영웅적인 행동을 했다. 물론 그들이 붙잡혔을 경우, 어떤 일을 당했을지는 굳이 설명할 필요가 없을 것이다.

여전히 불편한 점은 있었다. 상인과 무역상은 금의 무게를 달기 위하여 항상 저울을 가지고 다녀야 했으니 말이다. 그 저울들은 모두 눈금이 정확하게 매겨져 있고, 길이도 똑같은 것들이어야 했다. 그리고 저울추로 사용되는 것은 그 값이 정확해야 했다. 정직하지 못한 저울추나 저울을 사용하는 것은 또다시 상인과 도둑의 구별을 모호하게 만들 수 있었다. 성경에서 뭐라고 말했던가? "속임수 저울은 주님께서 역겨워하시고 정확한 추는 주님께서 기뻐하신다."(잠언: 11장 1절.)

기원전 8세기에는 중요한 발명이 또 한 가지 일어났다. 소아시아 서

---

* 나일 강 서안의 바위 고원에 세워진 제4왕조 시대의 세 피라미드. 고대 7대 불가사의 중 하나.—옮긴이

쪽에 있던 리디아 왕국에서는 금의 무게를 재는 일을 정부가 완전히 통제했다. 그들은 금을 작은 원반 모양으로 만들고, 거기다가 정확한 무게와 정직성을 나타내는 왕의 상징을 찍어 넣었다. 즉, '주화'를 발명한 것이다.

그와 함께 저울이 사라지게 되었고, 무게를 속이지 않는가 하는 의심도 어느 정도 사라졌다. 교역과 상업이 다시 활발해지고 경제가 발전했다. 리디아는 주화의 발명으로 엄청난 이익을 얻었다. 마지막 왕인 크로이소스Kroisos는 엄청난 부를 소유하여, 지금도 영어에는 큰 부자를 가리킬 때 '크로이소스처럼 부유하다as rich as Croesus'라는 표현이 남아 있다. 주화의 사용은 자연히 빠른 속도로 문명 세계 전체로 퍼져 나갔다.

그런데 간혹 있는 일이지만 정부 자체가 부정직할 수도 있다. 통치자는 금화에 금이 아닌 다른 금속을 섞어 넣고, 액면가보다 가치가 낮은 이 금화로 빚을 갚음으로써 돈을 절약하고 싶은 유혹을 항상 느끼게 마련이다. 그러나 이러한 일은 항상 부메랑 효과를 가져온다. 사람들이 가치가 떨어진 돈을 받기를 점점 꺼려하면 거래가 줄어들고 상업이 쇠퇴하여, 경제가 불황에 빠지고 국민의 생활 수준이 하락하게 된다. 그러면 정부는 금화의 가치를 더욱 떨어뜨리지 않을 수 없게 되어 사태가 더욱 악화된다.

반면에 정직함을 지킨 나라의 주화는 거래나 사업을 위해 서로 찾게 된다. 그래서 이런 나라들은 숱한 전쟁을 겪으면서도 튼튼한 경제를 유지할 수 있었다. 콘스탄티노플에서 발행한 '베잔트bezant' 금화와 베네치아에서 발행한 '두카트ducat' 금화는 정직한 주화의 예인데, 이것을 발행한 나라들은 오랫동안 번영을 누렸다.

금 자체가 지닌 고유의 가치 때문에 금화를 사용하는 데에는 약간의 불편이 따르기도 했다. 가령 정부가 정확한 무게를 가진 금화를 발행한다 하더라도, 개인들이 금화 가장자리를 조금씩 깎아낼 수가 있다. 이렇게 손에 들어오는 금화마다 조금씩 금을 깎아내면 나중에는 상당량의 금을 모을 수 있다. 이것은 전체 국민의 호주머니를 도둑질하는 짓이다. 그래서 금화를 만들 때 가장자리를 작은 톱니 모양으로 우툴두툴하게 만들어 금화를 깎아내면 금방 표시가 나는 방법도 썼다.

일반적으로 기술적 진보가 일어날 때마다 그에 대응해 천재적인 절도 방법이 새로 발명되곤 한다. 이에 맞서 다시 천재적인 방어 수단이 등장하고, 그것은 또다시 더 천재적인 절도 방법의 등장을 낳고……. 훔치는 자와 지키는 자 사이의 도전과 응전이 끝없이 이어진다. 그렇지만 전체적으로는 정직한 쪽이 승리한다.(냉소적인 경향이 있는 사람들의 생각과는 반대로.) 그렇지 않다면 인류의 문명과 문화는 역사가 보여 주는 것처럼 발전하지 못했을 것이다.

전자 상거래 시대의 도래

서로마 제국이 멸망한 뒤, 중세 시대에는 교회가 고리 대금업을 크게 비난했기 때문에 경제가 침체 상태에 빠졌다. 고리 대금업이 금지되면, 돈을 빌릴 수가 없어 자금 부족 때문에 사업을 크게 벌이기가 어렵다. 그러나 기독교 교리에 구애받지 않는 유대인이 고리 대금업(기독교인이 그들에게 허용한 직업 중 유일하게 큰 이익이 남는 것)을 떠맡음으로써 어쨌든 경제가 그럭저럭 기어갈 수 있었다. 그 직업에 종사한 데 대해 그들에게 돌아간 것은 돈 말고는 샤일록Shylock이라는 불명예스러운 명성이 었지만 말이다.

르네상스 시대가 되자 이탈리아인은 마침내 돈과 고결함 사이에서 선택을 해야 했는데, 그들은 돈을 택했다. 그들은 이자를 받고 돈을 빌려 주는 은행을 설립했고, 은행들은 신용장을 통해 서로 거래했다. 이탈리아의 부자 상인들은 예술을 후원했고, 그 덕분에 르네상스는 전성기를 구가할 수 있었다.

중세 때 중국에서는 지폐(그때까지 사용해 오던 금속 화폐가 아니라, 요구가 있으면 액면가에 해당하는 금속 화폐를 주겠다는 약속)를 만들어 사용했는데, 이것은 점차 유럽에까지 전파되었다.*

지폐는 거래의 편이성을 크게 증대시켰다. 최소한 정부가 지폐를 금속 화폐로 바꿔 줄 수 있는 능력을 국민이 신뢰하는 한은 그랬다. 그러나 금의 양은 한정돼 있는 반면, 종이는 거의 무한정이었다. 각국 정부는 사람들이 동시에 종이돈을 금으로 바꿔 달라고 요구하지는 않을 것이라는 생각에서, 종이돈을 무한정 찍어내 정부의 빚을 갚고 싶은 충동을 억누르기가 어려웠다.

그러나 지폐의 공급이 증가함에 따라 사람들은 점점 가치가 떨어지는 이 종이돈을 받기를 꺼려하게 된다. 그러면 물건을 팔 때 이전보다 더 많은 종이돈을 요구하게 된다.(종이돈을 많이 모아두면 많은 동전으로 바꿀 수 있을 것이라는 생각에서.) 즉, 인플레이션이 일어나게 되는데, 이

* 세계 최초의 지폐는 10세기 말에 중국 상인들 간에 사용된 예탁 증서 형태의 교자交子로 알려져 있다. 공식적인 지폐는 1170년에 남송 시대에 발행되었는데, 남송 시대에 상업이 발달하면서 화폐의 수요가 커져 지폐가 발행된 것이다.—옮긴이

것은 종종 급속도로 일어나 파국을 초래하기도 했다. 이와 함께 위조 지폐 문제도 생겨났다. 이에 대응하기 위해 조폐 공정이 한층 정교하고 복잡해졌지만, 위조 지폐범들 역시 이에 대응하여 더욱 고도의 천재성을 발휘했다.

화폐 제도의 개선은 오늘날까지도 계속되고 있다. 이제는 각 개인이 액면가가 고정돼 있는 돈이 아니라, 자신이 원하는 만큼의 돈을 스스로 발행하여 가질 수 있게 되었다. 수표라는 이 종이는 센트 단위까지 기입할 수 있으며, 서명을 해야만 유효하다. 지폐 뭉치로 두툼한 지갑을 가지고 다니는 것보다는 필요할 때 수표를 써서 주는 편이 확실히 더 간편하다. 물론 수표도 요구가 있을 때 진짜 돈을 지불하겠다는 약속에 불과하므로, 사람들은 낯선 사람에게서 수표를 받는 것을 꺼리는 경향이 있긴 하다. 그의 은행 계좌에 대금을 지불할 만큼 돈이 충분히 예치되어 있는지 알 수 없기 때문이다.(또, 위조 수표 문제도 있다.)

그 후 신용 카드가 등장하면서 거래가 훨씬 간편해졌다. 청구 금액을 지불할 능력이 있는지 없는지 쉽게 확인할 수 있을 뿐만 아니라, 각 개인은 한 달에 한 번만 결제를 하면 되기 때문이다.

그리고 이제 스마트 카드가 등장했다. 이제 더 이상 돈을 물리적으로 교환할 필요가 없다. 소나 닭도, 금이나 은도, 화폐나 수표도 교환할 필요가 없다. 이제 우리는 전자 상거래를 할 수 있는 능력을 갖게 된 것이다. 거래의 흐름은 이전보다 훨씬 더 간편해졌다. 전자 상거래는 빛의 속도로 일어나므로, 전 세계가 동일한 거래망으로 묶여서 지구상의 어디에 있는 사람하고도 수초 안에 거래를 할 수 있게 되었다.

몇 사람의 자원을 일부 사람에게 전달해 주는 도구로 시작되었던 원시적인 물물교환이 지금은 전 세계의 자원을 모든 사람에게 도움을 주도록 전달해 주는 도구로 발전한 것이다. 이것은 현재 우리가 유토피아에 살고 있다는 것을 뜻할까? 마땅히 그래야 하겠지만, 아직도 남은 문제들이 있다. 인구 과잉이나 심각한 오염과 같은 물리적 문제는 제쳐 둔다 하더라도, 돈을 처리하는 것만 해도 많은 문제가 있다.

예를 들면, 개발도상국은 자원 개발과 경제 구조 개선에 자금을 투자함으로써 거기서 번 돈으로 빌린 돈을 갚고 국민의 생활 수준을 향상시킨다는 명분으로 돈을 쉽게 빌릴 수 있다. 그런데 종종 그 돈은 지도층의 부패와 무능력 때문에 극소수의 호주머니 속으로 들어가 버리고, 그 나라는 여전히 가난한 채 남아 있으면서 갚을 능력이 없는 부채만 늘게 된다면?

또한 세계의 경제 구조가 점점 복잡하게 변해 감에 따라, 자신이 지닌 권력이나 영향력을 이용해 일반 국민에게 손해를 끼치더라도 자신만의 부를 추구하려는 자들이 나오게 마련이다. 워싱턴 정가에서 사리사욕을 위해 로비를 하거나 영향력을 행사하는 사람이나 월 스트리트에서 활동하는 내부 거래자가 바로 그런 사람들이다.

이제 우리는 장래 문제를 생각하지 않을 수 없다. 결국은 이러한 파괴적인 힘이 건설적인 힘을 짓누르고 문명과 문화의 붕괴를 가져오고 말 것인가?

현재로서는 단지 그런 파국이 닥치지 않을까 의심만 할 수 있을 뿐이다.

우주의 비밀

초판 1쇄 발행 2011년 2월 14일
초판 3쇄 발행 2013년 1월 29일

지은이 아이작 아시모프
옮긴이 이충호
펴낸이 박선경

기획/편집 • 권혜원, 이승민
마케팅 • 박언경
표지 디자인 • 고문화
본문 디자인 • 김남정
일러스트 • 임종철
제작 • 펙토리

펴낸곳 • 도서출판 갈매나무
출판등록 • 2006년 7월 27일 제395-2006-000092호
주소 • 경기도 고양시 덕양구 화정동 965번지 한화오벨리스크 2115호
전화 • 031)967-5596
팩시밀리 • 031)967-5597
홈페이지 • blog.naver.com/kevinmanse
이메일 • kevinmanse@naver.com

isbn 978-89-93635-20-1/03400
값 14,000원